浙江省土地质量地质调查行动计划系列成果
浙江省土地质量地质调查成果丛书

嘉兴市土壤元素背景值

JIAXING SHI TURANG YUANSU BEIJINGZHI

解怀生　褚先尧　姚晶娟　汪一凡　康占军　张　翔　等著

图书在版编目(CIP)数据

嘉兴市土壤元素背景值/解怀生等著. —武汉:中国地质大学出版社,2023.10
ISBN 978-7-5625-5537-7

Ⅰ.①嘉…　Ⅱ.①解…　Ⅲ.①土壤环境-环境背景值-嘉兴　Ⅳ.①X825.01

中国国家版本馆 CIP 数据核字(2023)第 053200 号

嘉兴市土壤元素背景值	解怀生　褚先尧　姚晶娟　汪一凡　康占军　张　翔　等著	
责任编辑:唐然坤	选题策划:唐然坤	责任校对:徐蕾蕾
出版发行:中国地质大学出版社(武汉市洪山区鲁磨路 388 号)		邮政编码:430074
电　　话:(027)67883511　　　传　真:(027)67883580		E-mail:cbb@cug.edu.cn
经　　销:全国新华书店		http://cugp.cug.edu.cn
开本:880 毫米×1230 毫米 1/16		字数:309 千字　　印张:9.75
版次:2023 年 10 月第 1 版		印次:2023 年 10 月第 1 次印刷
印刷:湖北新华印务有限公司		
ISBN 978-7-5625-5537-7		定价:128.00 元

如有印装质量问题请与印刷厂联系调换

《嘉兴市土壤元素背景值》编委会

领导小组

名誉主任	陈铁雄
名誉副主任	黄志平　潘圣明　马　奇　张金根
主　　任	陈　龙
副 主 任	邵向荣　陈远景　胡嘉临　李家银　邱建平　周　艳　张根红
成　　员	邱鸿坤　孙乐玲　吴　玮　肖常贵　鲍海君　章　奇　龚日祥
	蔡子华　褚先尧　冯立新　吴国飞　韩向宇　童胜飞　汪燕林
	陈齐刚　赵国法　张立勇　林　海

编制技术指导组

组　长	王援高
副组长	董岩翔　孙文明　林钟扬
成　员	陈忠大　范效仁　严卫能　何蒙奎　龚新法　陈焕元　叶泽富
	陈俊兵　钟庆华　唐小明　何元才　刘道荣　李巨宝　欧阳金保
	陈红金　朱有为　孔海民　俞　洁　汪庆华　周国华　吴小勇

编辑委员会

主　编	解怀生　褚先尧　姚晶娟　汪一凡　康占军　张　翔
编　委	冯立新　林钟扬　龚瑞君　龚冬琴　魏迎春　黄春雷　周宗尧
	徐明星　郑　文　胡艳华　潘卫丰　林　楠　杨　豪　简中华
	庄晓明　徐成凤　谢邦廷　韦继康　刘　煜　李向远　岑　静
	詹俊锋　谷安庆　范燕燕　傅野思　邵一先　殷汉琴　李孟奇
	卢新哲　陈国峰　陈小磊　张政霞　黄　雯

《嘉兴市土壤元素背景值》组织委员会

主办单位：
    浙江省自然资源厅
    浙江省地质院
    自然资源部平原区农用地生态评价与修复工程技术创新中心

协办单位：
    嘉兴市自然资源和规划局
    嘉兴市自然资源和规划局南湖分局
    嘉兴市自然资源和规划局秀洲分局
    嘉善县自然资源和规划局
    平湖市自然资源和规划局
    海盐县自然资源和规划局
    海宁市自然资源和规划局
    桐乡市自然资源和规划局
    嘉兴市自然资源和规划局经济技术开发区分局
    浙江省自然资源集团有限公司

承担单位：
    浙江省地质院
    自然资源部平原区农用地生态评价与修复工程技术创新中心
    中国地质调查局农业地质应用研究中心

序 一

土地质量地质调查,是以地学理论为指导、以地球化学测量为主要技术手段,通过对土壤及相关介质(岩石、风化物、水、大气、农作物等)环境中有益和有害元素含量的测定,进而对土地质量的优劣做出评判的过程。2016年,浙江省国土资源厅(现为浙江省自然资源厅)启动了"浙江省土地质量地质调查行动计划(2016—2020年)",并在"十三五"期间完成了浙江省85个县(市、区)的1∶5万土地质量地质调查(覆盖浙江省耕地全域),获得了20余项元素/指标近500万条土壤地球化学数据。

浙江省的地质工作历来十分重视土壤元素背景值的调查研究。早在20世纪60—70年代,浙江省就开展了全省1∶20万区域地质填图,对土壤中20余项元素/指标进行了分析;20世纪80年代,开展了浙江省1∶20万水系沉积物测量工作,分析了沉积物中30余项元素/指标;20世纪90年代末,开展了1∶25万多目标区域地球化学调查,分析了表层和深层土壤中50余项元素/指标;2016—2020年,开展了浙江省土地质量地质调查,系统部署了1∶5万土壤地球化学测量工作,重点分析了土壤中的有益元素(如N、P、K、Ca、Mg、S、Fe、Mn、Mo、B、Se、Ge等)和有害元素(如Cd、Hg、Pb、As、Cr、Ni、Cu、Zn等)。上述各时期的调查都进行了元素地球化学背景值的统计计算,早期的土壤元素背景值调查为本次开展浙江省土壤元素背景值研究奠定了扎实的基础。

元素地球化学背景值的研究,不仅具有重要的科学意义,同时也具有重要的应用价值。基于本轮土地质量地质调查获得的数百万条高精度土壤地球化学数据,结合1∶25万多目标区域地球化学调查数据,浙江省自然资源厅组织相关单位和人员对不同行政区、土壤母质类型、土壤类型、土地利用类型、水系流域类型、地貌类型和大地构造单元的土壤元素/指标的基准值和背景值进行了统计,编制了浙江省及11个设区市(杭州市、宁波市、温州市、湖州市、嘉兴市、绍兴市、金华市、衢州市、舟山市、台州市、丽水市)的"浙江省土地质量地质调查成果丛书"。

该丛书具有数据基础量大、样本体量大、数据质量高、元素种类多、统计参数齐全的特点,是浙江省土地质量地质调查的一项标志性成果,对深化浙江省土壤地球化学研究、支撑浙江省第三次全国土壤普查工作成果共享、推进相关地方标准制定和成果社会化应用均具有积极的作用。同时该丛书还具有公共服务性的特点,可作为农业、环保、地质等技术工作人员的一套"工具书",能进一步提升各级政府管理部门、科研院所在相关工作中对"浙江土壤"的基本认识,在自然资源、土地科学、农业种植、土壤污染防治、农产品安全追溯等行政管理领域具有广泛的科学价值和指导意义。

值此丛书出版之际,对参加项目调查工作和丛书编写工作的所有地质科技工作者致以崇高的敬意,并表示热烈的祝贺!

中国科学院院士

2023年10月

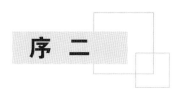

序 二

2002年,全国首个省部合作的农业地质调查项目落户浙江省,自此浙江省的农业地质工作犹如雨后春笋般不断开拓前行。农业地质调查成果支撑了土地资源管理,也服务了现代农业发展及土壤污染防治等诸多方面。2004—2005年,时任浙江省委书记习近平同志在两年间先后4次对浙江省的农业地质工作做出重要批示指示,指出"农业地质环境调查有意义,要应用其成果指导农业生产""农业地质环境调查有意义,应继续开展并扩大成果"。

近20年来,浙江省坚定不移地贯彻习近平总书记的批示指示精神,积极探索,勇于实践,将农业地质工作不断推向新高度。2016年,在实施最严格耕地保护政策、推动绿色发展和开展生态文明建设的时代背景下,浙江省国土资源厅(现为浙江省自然资源厅)立足于浙江省经济社会发展对地质工作的实际需求,启动了"浙江省土地质量地质调查行动计划(2016—2020年)",旨在通过行动计划的实施,全面查明浙江省的土地质量现状,建立土地质量档案、推进成果应用转化,为实现土地数量、质量和生态"三位一体"管护提供技术支持。

本轮土地质量调查覆盖了浙江省85个县(市、区),历时5年完成,涉及18家地勘单位、10家分析测试单位,有近千名技术人员参加,取得了多方面的成果。一是查明了浙江省耕地土壤养分丰缺状况,土壤重金属污染状况和富硒、富锗土地分布情况,成为全国首个完成1∶5万精度县级全覆盖耕地质量调查的省份;二是采用"文-图-卡-码-库五位一体"表达形式,建成了浙江省1000万亩(1亩≈666.67m^2)永久基本农田示范区土地质量地球化学档案;三是汇集了土壤、水、生物等750万条实测数据,建成了浙江省土地质量地质调查数据库与管理平台;四是初步建立了2000个浙江省耕地质量地球化学监测点;五是圈定了334万亩天然富硒土地、680万亩天然富锗土地,并编制了相关区划图;六是圈出了约2575万亩清洁土地,建立了最优先保护和最优先修复耕地类别清单。

立足于地学优势、以中大比例尺精度开展的浙江省土地质量地质调查在全国尚属首次。此次调查积累了大量的土壤元素含量实测数据和相关基础资料,为全省土壤元素地球化学背景的研究奠定了坚实基础。浙江省及11个设区市的土壤元素背景值研究是浙江省土地质量地质调查行动计划取得的一项重要基础性研究成果,该研究成果的出版将全面更新浙江省的土地(土壤)资料,大大提升浙江省土地科学的研究程度,也将为自然资源"两统一"职责履行、生态安全保障提供重要的基础支撑,从而助力乡村振兴,助推共同富裕示范区建设。

浙江省土地质量地质调查行动计划是迄今浙江省乃至全国覆盖范围最广、调查精度最高的县级尺度土壤地球化学调查行动计划。基于调查成果编写而成的"浙江省土地质量地质调查成果丛书",具有数据样本量大、数据质量高、元素种类多、统计参数全的特点,实现了土壤学与地学的有机融合,是对数十年来浙江省土壤地球化学调查工作的系统总结,也是全面反映浙江省土壤元素环境背景研究的最新成果。该丛书可供地质、土壤、环境、生态、农学等相关专业技术人员以及有关政府管理部门和科研院校参考使用。

原浙江省国土资源厅党组书记、厅长

2023年10月

前 言

土壤元素背景值一直是国内外学者关注的重点。20 世纪 70 年代,国家"七五"重点科技攻关项目建立了全国 41 个土类 60 余种元素的土壤背景值,并出版了《中国土壤环境背景值图集》。同期,农业部(现为农业农村部)主持完成了我国 13 个省(自治区、直辖市)主要农业土壤及粮食作物中几种污染元素背景值研究,建立了我国主要粮食生产区土壤与粮食作物背景值。21 世纪初,国土资源部(现为自然资源部)中国地质调查局与有关省(自治区、直辖市)联合,在全国范围内部署开展了 1∶25 万多目标区域地球化学调查工作,累计完成调查面积 260 余万平方千米,相继出版了部分省(自治区、直辖市)或重要区域的多目标区域地球化学图集,发布了区域土壤背景值与基准值研究成果。不同时期各地各部门的大量研究学者针对各地区情况陆续开展了大量背景值调查研究工作,获得的许多宝贵数据资料为区域背景值研究打下了坚实基础。

土壤元素背景值是指在一定历史时期、特定区域内,不受或者很少受人类活动和现代工业污染影响(排除局部点源污染影响)的土壤元素与化合物的含量水平,是一种原始状态或近似原始状态下的物质丰度,也代表了地质演化与成土过程发展到特定历史阶段,土壤与各环境要素之间物质和能量交换达到动态平衡时元素与化合物的含量状态。土壤元素背景值是制定土壤环境质量标准的重要依据。元素背景值研究必须具备 3 个条件:一是要有一定面积区域范围的系统调查资料;二是要有统一的调查采样与测试分析方法;三是采用科学的数理统计方法。多年来,浙江省的土地质量地质调查(含 1∶25 万多目标区域地球化学调查)工作均符合上述元素背景值研究条件,这为浙江省级、市级土壤元素背景值研究提供了充分必要条件。

2002—2005 年,嘉兴市全面完成了全市 1∶25 万多目标区域地球化学调查工作。项目由浙江省地质调查院承担,共采集 951 件表层土壤样品、232 件深层土壤样品。样品测试由中国地质科学院地球物理地球化学勘查研究测试中心承担,分析测试了 Ag、As、Au、B、Ba、Be、Bi、Br、Cd、Ce、Cl、Co、Cr、Cu、F、Ga、Ge、Hg、I、La、Li、Mn、Mo、N、Nb、Ni、P、Pb、Rb、S、Sb、Sc、Se、Sn、Sr、Th、Ti、Tl、U、V、W、Y、Zn、Zr、SiO_2、Al_2O_3、TFe_2O_3、MgO、CaO、Na_2O、K_2O、TC、Corg、pH 共 54 项元素/指标,获取分析数据 6.4 万余条。2013—2019 年,嘉兴市系统开展了嘉兴市 7 个县(市、区)的土地质量地质调查工作,按照平均 9~10 件/km^2 的采样密度,共采集 25 685 件表层土壤样品。浙江省地质矿产研究所分析测试了 As、B、Cd、Co、Cr、Cu、Ge、Hg、Mn、Mo、N、Ni、P、Pb、Se、V、Zn、K_2O、Corg、pH 共 20 项元素/指标,获取分析数据 51.4 万条。项目由浙江省地质调查院承担,样品测试由浙江省地质矿产研究所承担。严格按照相关规范要求,开展样品采集与测试分析确保调查数据质量,通过数据整理、分布形态检验、异常数据剔除等,进行了土壤元素背景值参数的统计与计算。

嘉兴市土壤元素背景值研究是嘉兴市土地质量地质调查(含 1∶25 万多目标区域地球化学调查)工作的集成性、标志性成果之一,而《嘉兴市土壤元素背景值》的出版不仅为科学研究、地方环境标准制定、环境演化研究与生态修复等提供了最新基础数据,也填补了市级土壤元素背景值研究的空白。

本书共分为6章。第一章区域概况，简要介绍了嘉兴市自然地理与社会经济、区域地质特征、土壤资源与土地利用，由解怀生、褚先尧、康占军等执笔；第二章数据基础及研究方法，详细介绍了本项工作的数据来源、质量监控及土壤元素背景值的研究方法，由解怀生、汪一凡、姚晶娟、林钟扬、龚瑞君、魏迎春、林楠、潘卫丰、杨豪等执笔；第三章土壤地球化学基准值，介绍了嘉兴市土壤地球化学基准值，由解怀生、汪一凡、姚晶娟、简中华、庄晓明等执笔；第四章土壤元素背景值，介绍了嘉兴市土壤元素背景值，由解怀生、褚先尧、汪一凡、张翔、徐成凤、林钟扬、谷安庆、龚冬琴等执笔；第五章土壤碳与碳储量估算，介绍了嘉兴市土壤碳与碳储量估算，由张翔、解怀生、冯立新、龚瑞君、简中华等执笔；第六章结语，由解怀生、褚先尧执笔；全书由解怀生、褚先尧、姚晶娟负责统稿；浙江省有色金属地质勘查局刘煜工程师、浙江省水文地质工程地质大队韦继康工程师对文稿进行了检查、补缺、校稿和完善。

本书在编写过程中得到了浙江省生态环境厅、浙江省农业农村厅、浙江省生态环境监测中心、浙江省耕地质量与肥料管理总站、浙江省国土整治中心、浙江省自然资源调查登记中心等单位的大力支持与帮助。中国地质科学院地球物理地球化学勘查研究所周国华教授级高级工程师、中国地质大学（北京）杨忠芳教授、浙江大学翁焕新教授等对本书内容提出了诸多宝贵意见和建议，在此一并表示衷心的感谢！

本书力求全面介绍嘉兴市土地质量地质调查（地球化学）工作在土壤元素背景值研究方面的成果，但由于土壤环境的复杂性和影响土壤元素背景值因素的多样性，加之受水平所限，书中的不足之处在所难免，有些问题的研究也尚待深入，敬请各位专家和同仁不吝赐教，批评指正！

著　者

2023年6月

目 录

第一章 区域概况 …………………………………………………………………………… (1)

第一节 自然地理与社会经济 ……………………………………………………………… (1)
一、自然地理 ………………………………………………………………………… (1)
二、社会经济概况 …………………………………………………………………… (2)

第二节 区域地质特征 ……………………………………………………………………… (2)
一、区域构造 ………………………………………………………………………… (2)
二、岩石地层 ………………………………………………………………………… (3)
三、水文地质 ………………………………………………………………………… (4)
四、矿产资源 ………………………………………………………………………… (6)

第三节 土壤资源与土地利用 ……………………………………………………………… (7)
一、土壤母质类型 …………………………………………………………………… (7)
二、土壤类型 ………………………………………………………………………… (8)
三、土壤酸碱性 ……………………………………………………………………… (11)
四、土壤有机质 ……………………………………………………………………… (11)
五、土地利用现状 …………………………………………………………………… (13)

第二章 数据基础及研究方法 …………………………………………………………… (15)

第一节 1∶25万多目标区域地球化学调查 ……………………………………………… (15)
一、样品布设与采集 ………………………………………………………………… (16)
二、分析测试与质量控制 …………………………………………………………… (17)

第二节 1∶5万土地质量地质调查 ………………………………………………………… (20)
一、样点布设与采集 ………………………………………………………………… (21)
二、分析测试与质量监控 …………………………………………………………… (22)

第三节 土壤元素背景值研究方法 ………………………………………………………… (24)
一、概念与约定 ……………………………………………………………………… (24)
二、参数计算方法 …………………………………………………………………… (24)
三、统计单元划分 …………………………………………………………………… (25)
四、数据处理与背景值确定 ………………………………………………………… (26)

第三章 土壤地球化学基准值 …………………………………………………………… (27)

第一节 各行政区土壤地球化学基准值 …………………………………………………… (27)
一、嘉兴市土壤地球化学基准值 …………………………………………………… (27)

二、海宁市土壤地球化学基准值 …………………………………………………………………………（27）
三、海盐县土壤地球化学基准值 …………………………………………………………………………（32）
四、嘉善县土壤地球化学基准值 …………………………………………………………………………（32）
五、平湖市土壤地球化学基准值 …………………………………………………………………………（37）
六、桐乡市土壤地球化学基准值 …………………………………………………………………………（37）
七、南湖区土壤地球化学基准值 …………………………………………………………………………（37）
八、秀洲区土壤地球化学基准值 …………………………………………………………………………（44）

第二节 主要土壤母质类型地球化学基准值 …………………………………………………………………（44）
一、松散岩类（陆相）沉积物土壤母质地球化学基准值 …………………………………………………（44）
二、松散岩类（海相）沉积物土壤母质地球化学基准值 …………………………………………………（49）
三、中酸性火山岩类风化物土壤母质地球化学基准值 …………………………………………………（49）

第三节 主要土壤类型地球化学基准值 ………………………………………………………………………（49）
一、红壤土壤地球化学基准值 ……………………………………………………………………………（49）
二、潮土土壤地球化学基准值 ……………………………………………………………………………（56）
三、滨海盐土土壤地球化学基准值 ………………………………………………………………………（56）
四、渗育水稻土土壤地球化学基准值 ……………………………………………………………………（56）
五、脱潜潴育水稻土土壤地球化学基准值 ………………………………………………………………（56）
六、潴育水稻土土壤地球化学基准值 ……………………………………………………………………（65）

第四节 主要土地利用类型地球化学基准值 …………………………………………………………………（65）
一、水田土壤地球化学基准值 ……………………………………………………………………………（65）
二、旱地土壤地球化学基准值 ……………………………………………………………………………（65）
三、园地土壤地球化学基准值 ……………………………………………………………………………（65）
四、林地土壤地球化学基准值 ……………………………………………………………………………（74）

第四章 土壤元素背景值 …………………………………………………………………………………………（77）

第一节 各行政区土壤元素背景值 ……………………………………………………………………………（77）
一、嘉兴市土壤元素背景值 ………………………………………………………………………………（77）
二、海宁市土壤元素背景值 ………………………………………………………………………………（77）
三、海盐县土壤元素背景值 ………………………………………………………………………………（82）
四、嘉善县土壤元素背景值 ………………………………………………………………………………（82）
五、平湖市土壤元素背景值 ………………………………………………………………………………（87）
六、桐乡市土壤元素背景值 ………………………………………………………………………………（87）
七、南湖区土壤元素背景值 ………………………………………………………………………………（87）
八、秀洲区土壤元素背景值 ………………………………………………………………………………（94）

第二节 主要土壤母质类型元素背景值 ………………………………………………………………………（94）
一、松散岩类（陆相）沉积物土壤母质元素背景值 ………………………………………………………（94）
二、松散岩类（海相）沉积物土壤母质元素背景值 ………………………………………………………（99）
三、中酸性火成岩类风化物土壤母质元素背景值 ………………………………………………………（99）
四、碳酸盐岩类风化物土壤母质元素背景值 ……………………………………………………………（99）

第三节 主要土壤类型元素背景值 ……………………………………………………………………………（105）
一、红壤土壤元素背景值 …………………………………………………………………………………（105）

二、潮土土壤元素背景值 …………………………………………………………………………… (105)
三、滨海盐土土壤元素背景值 ……………………………………………………………………… (105)
四、渗育水稻土土壤元素背景值 …………………………………………………………………… (112)
五、脱潜潴育水稻土土壤元素背景值 ……………………………………………………………… (112)
六、潴育水稻土土壤元素背景值 …………………………………………………………………… (112)
七、潜育水稻土土壤元素背景值 …………………………………………………………………… (119)

第四节 主要土地利用类型元素背景值 ………………………………………………………………… (119)
一、水田土壤元素背景值 …………………………………………………………………………… (119)
二、旱地土壤元素背景值 …………………………………………………………………………… (119)
三、园地土壤元素背景值 …………………………………………………………………………… (126)
四、林地土壤元素背景值 …………………………………………………………………………… (126)

第五章 土壤碳与碳储量估算 ………………………………………………………………………… (131)

第一节 土壤碳与有机碳的区域分布 …………………………………………………………………… (131)
一、深层土壤碳与有机碳的区域分布 ……………………………………………………………… (131)
二、表层土壤碳与有机碳的区域分布 ……………………………………………………………… (131)

第二节 单位土壤碳量与碳储量计算方法 ……………………………………………………………… (132)
一、有机碳(TOC)单位土壤碳量(USCA)计算 …………………………………………………… (132)
二、无机碳(TIC)单位土壤碳量(USCA)计算 …………………………………………………… (133)
三、总碳(TC)单位土壤碳量(USCA)计算 ………………………………………………………… (133)
四、土壤碳储量(SCR) ……………………………………………………………………………… (134)

第三节 土壤碳密度与碳储量分布特征 ………………………………………………………………… (134)
一、土壤碳密度总体分布特征 ……………………………………………………………………… (134)
二、不同深度土壤碳密度与碳储量分布特征 ……………………………………………………… (136)
三、不同土壤类型土壤碳密度与碳储量分布 ……………………………………………………… (136)
四、不同土壤母质类型土壤碳密度与碳储量分布 ………………………………………………… (137)
五、不同土地利用现状条件土壤碳密度与碳储量 ………………………………………………… (138)

第六章 结 语 …………………………………………………………………………………………… (140)

主要参考文献 …………………………………………………………………………………………… (141)

第一章 区域概况

第一节 自然地理与社会经济

一、自然地理

1. 地理区位

嘉兴市位于浙江省东北部、长江三角洲杭嘉湖平原腹地,是长江三角洲(简称长三角)的重要城市之一。嘉兴市介于北纬30°21′—31°02′、东经120°18′—121°16′之间,东临大海,南倚钱塘江,北接太湖,西临天目之水,京杭大运河纵贯境内,陆域东西长92km,南北宽76km,土地面积4237km²。嘉兴市处于江、海、湖、河交汇之位,扼太湖南走廊之咽喉,与上海、杭州、苏州、湖州等城市相距均不足百千米,区位优势明显,尤以位于人间天堂苏杭之间著称。

2. 地形地貌

嘉兴市地势低平,平均海拔3.7m(吴淞高程),其中秀洲区和嘉善县北部最为低洼,其地面海拔一般在3.2~3.6m之间,部分低海拔为2.8~3.0m。全市有山丘200余个,零散分布在钱塘江杭州湾北岸一线,海拔大多在200m以下,市境最高点是位于海盐县与海宁市交界处的高阳山。市境为太湖边的浅碟形洼地,地势大致呈东南向西北倾斜,由于数千年来人类的垦殖开发,平原被纵横交错的塘浦河渠分割,田、地、水交错分布,形成"六田一水三分地",即旱地栽桑、水田种粮、湖荡养鱼的立体地形结构,人工地貌明显,水乡特色浓郁。

3. 行政区划

嘉兴市为浙江省辖地级市,下置南湖区、秀洲区2个区,管辖嘉善县、平湖市、海盐县、海宁市、桐乡市5个县(市)。据《2022年嘉兴市国民经济和社会发展统计公报》,截至2022年12月底,全市共有42个镇、30个街道(其中涉农街道22个)、430个居民委员会、743个村民委员会。截止2022年末,全市户籍人口374.85万人,比上年末增加3.00万人。全市常住人口555.10万人,其中城镇人口401.61万人,农村人口153.49万人。城镇人口占常住人口的72.35%,与2021年相比,提高了0.5个百分点。

4. 气候与水文

嘉兴市属浙北平原温和湿润区。全年冬夏季风交替,四季分明,具有水热同步、光温同步、气温适中、雨水充沛、光照充足的特点。1991—2020年,全市各地年平均气温16.5~17.9℃,平均年日照1 861.8h,平均年降水量1233mm。受地形地貌及恶劣气候影响,时有洪涝、台风等灾害性天气出现。

全市地表水系属太湖流域杭嘉湖平原运河水系,河道、湖荡密布,水域宽阔,呈网状分布于全市。受降水丰沛的亚热带季风气候影响,河流具有流量大、水量丰富、水位季节变化较大的特点,这一特点给航行、灌溉、淡水养殖乃至旅游业等提供了便利条件。

地下水主要赋存于第四系松散堆积层的空隙中,第四系松散堆积层厚度自南西向北东逐渐递增,一般厚100～250m,分深层承压水和浅层潜水。其中,中更新统、下更新统均系陆相沉积,沉积物自下而上呈由粗变细的韵律,即由冲积相转变为冲湖积相。冲积相的砂、砂砾石组成了承压含水层,冲湖积相的黏性土组成了隔水层;上更新统和全新统自下而上依次递变为河流相、湖沼相和三角洲滨海相沉积,为浅层潜水含水层。

二、社会经济概况

根据《2022年嘉兴市国民经济和社会发展统计公报》,2022年全市地区生产总值6 739.45亿元,按可比价格计算,比上年增长2.5%。从产业看,第一产业增加值144.01亿元,比上年增长2.4%;第二产业增加值3 719.61亿元,比上年增长2.9%;第三产业增加值2 875.83亿元,比上年增长2.0%。按常住人口计算,2022年全市人均GDP为121 794元(按年平均汇率折算为18 108美元),比上年增长1.2%。

2022年,全市进一步深化"腾笼换鸟、凤凰涅槃"攻坚行动,全年共整治高耗低效企业2284家,腾退低效用地2.76万亩(1亩≈666.67m^2)。惠企助企精准发力,减税降费成效显现,全年规模以上工业企业每百元营业收入中的费用为8.60元,比上年下降0.16元。全力实施"凤凰行动"和"上市100"专项行动,2022年全市新增上市公司11家,居全省第二位;累计共有上市公司80家,居全省第四位。科创动能持续增强,2022年全市规模以上工业企业实现新产品产值7 158.76亿元,比上年增长11.5%;新产品产值率50.5%,比上年提升2.3个百分点,且高于全省平均8.3个百分点,居全省第二位。

新产业、新业态、新模式加速成长。2022年,全市规模以上高技术制造业、数字经济核心制造业、装备制造业、战略性新兴产业和高新技术产业增加值分别增长19.7%、14.1%、14.0%、12.6%、6.7%,增速均高于全市规模以上工业和全省同产业平均水平;5种产业占规模以上工业增加值的比例分别为17.8%、20.7%、42.2%、44.0%、70.5%,分别较上年提高1.7个、0.9个、2.8个、2.6个、2.8个百分点。全年网络零售额增长7.5%,居民网络消费增长4.9%。全年新设市场主体11.72万户,年末市场主体总数达71.61万户,比上年增长8.8%。

民营经济发展韧性显现。从工业看,2022年全市规模以上民营工业企业5975家,占全部规模以上工业企业的85.5%;实现产业增加值1 820.8亿元,比上年增长5.3%,增速高于全部规模以上工业1.4个百分点。从服务业看,2022年全市规模以上民营服务业企业营业收入(不含贸易)832.28亿元,占全部规模以上服务业的70.4%;比上年增长12.1%,增速高于全部规模以上服务业4.1个百分点。从市场主体看,私营企业和个体工商户合计占全部市场主体的96.9%,占比居全省第五位。

第二节　区域地质特征

嘉兴市位于江山-绍兴碰撞拼贴带北侧,余杭-嘉兴台坳的东端,是杭嘉湖平原的主体组成部分,地表大部为第四系所覆盖,仅在嘉兴市胥山、海宁市、王店镇、乍浦镇等地有前白垩纪地层以孤山、残丘出露,第四纪地层分布范围可达全市的90%以上。

一、区域构造

嘉兴地区地处扬子板块的东南缘,经历了多期的构造作用和复杂漫长的地史演化过程。地表除嘉兴市胥山、海宁市、王店镇、乍浦镇等地有前白垩纪地层(以孤山、残丘为主)出露外,其余均为第四系覆盖。受印支运动影响,早期沉积岩系遭受构造变形,发育以北东向为主的褶皱、断裂构造,并形成隆凹构造雏形。区内燕山运动则在印支期构造形迹的基础上，以发生脆性变形-断裂构造为主，形成隆升带和凹陷的构造格架，即以白垩系、古近系、新近系为主的沉积断陷盆地和以古生界为主的断块隆起区。区内自北向南可划分为两个隆起带和两个坳陷带，隆起带为乌镇-嘉兴隆起带、海宁-乍浦隆起带，坳陷带为震泽-天凝坳陷带、桐乡-平湖坳陷带。

隆起带与坳陷带基本以北东向、东西向的区域性断裂为格架，主要地质特征如下。

乌镇-嘉兴隆起带：位于乌镇镇、嘉兴市一带，由乌镇凸起、嘉北凸起、东栅凸起、胥山凸起、吕巷凸起组成，北以湖州-嘉善东西向断裂为界，南以洲泉-大云北东向断裂为界，表现为地垒式构造型式。

海宁-乍浦隆起带：主要由海宁凸起、王店凸起、屠甸凸起、西塘桥凸起组成，南以嘉兴湾断裂为界，北以庆云-林埭断裂为界。庆云-林埭断裂带由一系列北东向断层组合而成，性质各异，造成断裂带中心区的隆起，并在各个时期不断复活，导致海宁市北东向隆起构造形态的发育。

震泽-天凝坳陷带：位于调查区北部，由震泽凹陷、天凝凹陷、松江凹陷组成，受湖州-嘉善东西向断裂构造控制明显，且主要发育于该构造（带）之北侧，向北进入江苏省、上海市境内。

桐乡-平湖坳陷带：由桐乡凹陷、平湖凹陷组成，北以炉头-大云北东向断裂为界，南以庆云-林埭北东向断裂为界，是杭嘉湖地区中生代—新生代地层最发育的地区之一。按成盆期盆地大致可分为晚白垩世和古新世—始新世两期：早期总体受北东及北北东向构造制约，盆地长轴方向以北东向展布占主导；晚期近东西向构造控制较明显，盆地展布以东西向为主，在两期盆地叠置的平湖凹陷中这一特点更为明显。

二、岩石地层

全市主要岩石类型可分为松散沉积岩、火山碎屑岩、碳酸盐岩、侵入岩四大类型，各岩石的主要时代、岩性特征见表1-1。

表1-1 嘉兴市岩石地层简表

岩石类型	时代	岩石/地层名称	主要岩性特征
松散沉积岩	新生代	镇海组($Qhzh$)、河姆渡组(Qhh)	海积、冲海积粉砂、亚黏土，层理发育
			海相粉砂亚黏土沉积，夹古人类活动文化层
		宁波组(Qpn)	河湖相黏土、亚黏土，夹粉细砂、亚黏土沉积
		东浦组(Qpd)	下部为细砂黏土，上部为黏土夹有机质
		前港组(Qpq)	以粉细砂、亚黏土为主，夹钙质、铁锰质结核
		嘉兴组($NQpj$)	以砂砾石为主，夹薄层粉砂及亚黏土
火山碎屑岩	中生代	黄尖组(K_1h)	流纹质玻屑凝灰岩，间夹沉凝灰岩、凝灰质砂岩等
碳酸盐岩	古生代	超峰组(ϵ_3cf)	灰白色粉晶、细晶白云岩
侵入岩	中生代	安山岩(αK_1)	深灰色安山岩
		花岗斑岩($\gamma\pi K_1$)	浅肉红色花岗斑岩
		正长花岗斑岩($\xi\gamma\pi K_1$)	浅灰色正长花岗斑岩

（一）碳酸盐岩类

碳酸盐岩类为古生界超峰组（ϵ_3cf）灰白色厚层状—块状粉晶、细晶质白云岩，岩石风化强烈较为破碎，零星出露于乍浦镇西侧。

(二) 火山碎屑岩类

火山碎屑岩类为中生界黄尖组（K_1h）灰色、暗紫红色块状流纹质玻屑晶屑熔结凝灰岩，英安流纹质晶玻屑熔结凝灰岩、凝灰岩、流纹斑岩，间夹沉凝灰岩、凝灰质砂岩、安山岩等，主要出露于澉浦镇—秦山街道、乍浦镇一带。

(三) 松散沉积岩类

1. 嘉兴组（NQpj）

嘉兴组仅见于钻孔中，主要分布于平原区东北部的第四系底部，岩性以河流—河湖相的砾石、砂砾石、中细砂为主，局部地段分布有洪积、冲洪积含砾亚黏土或含砾亚砂土。

2. 前港组（Qpq）

前港组为钻孔中所见，岩性组合为以河流相、河湖相粉细砂、亚黏土为主的陆相沉积。山前坡麓地带则可见坡洪积、洪冲积含砾黏性土、含砾亚砂土。

3. 东浦组（Qpd）

东浦组广泛分布于平原区，主要为一套海陆相交替沉积，且早期以陆相沉积为主，其间有小规模的海进，后期则以海陆交互相沉积为主。

4. 宁波组（Qpn）

宁波组以海相沉积为主，间夹河流相和河湖相沉积，可见两个显著的沉积韵律，一般呈上下细、中间粗的粒序特征。

5. 河姆渡组（Qhh）

河姆渡组主要为海相粉砂亚黏土沉积物，夹古人类活动文化层，分布于海宁市、平湖市、南湖区等地。

6. 镇海组（Qhzh）

镇海组在调查区广泛发育，构成现今的平原表层，以海相、海陆相交替沉积为主。下部为分布广泛的厚层海相淤泥质亚黏土、黏土。上部在地势低洼处一般为潟湖相、湖沼相沉积的亚黏土、黏土，河口地区为河口海湾相、冲海相亚砂土、粉砂，杭州湾北岸沿海一线的滨海平原区以海积、冲海积粉砂、亚砂土为主。

(四) 侵入岩类

侵入岩类零星出露于南部钱塘江北岸澉浦镇、乍浦镇等地，主要岩性为灰色正长花岗斑岩、浅肉红色花岗斑岩，局部为深灰色安山岩等。

三、水文地质

根据地下水赋存条件、水理性质、水力特征等，嘉兴市地下水类型分为松散岩类孔隙水、碳酸盐岩类裂隙岩溶水、基岩裂隙水三大类。其中，松散岩类孔隙水可分为孔隙潜水和孔隙承压水两个亚类（表1-2）。

(一) 松散岩类孔隙水

根据赋存条件和时代，松散岩类孔隙水分为全新统孔隙潜水含水组，上更新统、中更新统、下更新统和新近系上新统承压水含水组。

表 1-2 嘉兴市地下水类型及含水岩组划分表

类	亚类	含水岩组	地层代号	富水性划分 分级	富水性划分 指标
松散岩类孔隙水	孔隙潜水	全新统上段和中段冲海积粉土、粉砂含水岩组	$al-mQ_4^{3+2}$	贫乏	民井涌水量 10~50t/d
		全新统中段冲湖积、湖沼积粉质黏土含水岩组	$al-lQ_4^3$、$m-hQ_4^3$	极贫乏	民井涌水量 <10t/d
	孔隙承压水	上更新统上段冲海积粉土、粉砂含水岩组（I$_1$）	$al-mQ_3^2$	贫乏	单井涌水量 10~100t/d
		上更新统下段冲积、冲海积砂含水岩组（I$_2$）	alQ_3^1、$al-mQ_3^1$	较丰富	单井涌水量 1000~3000t/d
				中等	单井涌水量 100~1000t/d
		中更新统冲（洪）积砂、砂砾石含水岩组（II）	$al(pl)Q_2$	极丰富—丰富	单井涌水量 >3000t/d
				较丰富	单井涌水量 1000~3000t/d
				中等	单井涌水量 100~1000t/d
		下更新统冲（洪）积砂、砂砾石含水岩组（III）	$al(pl)Q_1$	极丰富	单井涌水量 >5000t/d
				丰富	单井涌水量 3000~5000t/d
				较丰富	单井涌水量 1000~3000t/d
				中等	单井涌水量 100~1000t/d
		新近系上新统冲（洪）积砂砾石含水岩组（IV）	$al-plN$	中等	单井涌水量 100~1000t/d
碳酸盐岩类裂隙岩溶水	裸露型	寒武系白云质灰岩裂隙溶洞水含水岩组	$\in_3 cf$	贫乏	泉流量 0.1~1.0L/s
基岩裂隙水	火山岩类构造裂隙水	白垩纪火山岩块状岩类含水岩组	$K_1 h$	极贫乏	泉流量 <0.1L/s
	风化带网状裂隙水	白垩纪侵入岩含水岩组	$\gamma\pi K_1$、$\alpha\mu K_1$、$\delta o\mu K_1$、$\eta o\pi K_1$	极贫乏	泉流量 <0.1L/s

注：表中碳酸盐岩类裂隙岩溶水、基岩裂隙水仅指基岩出露区；本表地层代号参考浙江省工程建设标准《工程建设岩土工程勘察规范》(DB33/T 1065—2019)。

1. 全新统孔隙潜水含水组

全新统孔隙潜水含水组由冲海积、湖积、湖沼积及海积亚砂土、亚黏土、粉砂质黏土等组成，遍及平原表部。除了亚砂土及粉细砂具相对较好的含水透水孔隙外，亚黏土、黏土仅以虫孔、根孔及垂直裂隙作为储水透水的空间，水位埋深为 0.4~2.0m，含水层厚度一般为 1.0~5.0m，局部可达 10.0~20.0m。潜水受大气降水的补给，与地表水的水力联系密切，垂直交替带深度一般为 5.0m 左右，为淡水或微咸水，水化学类型以 $HCO_3-Ca \cdot Mg$、$HCO_3-Ca \cdot Na \cdot Mg$、$HCO_3 \cdot Cl-Ca \cdot Na \cdot Mg$ 型为主，孔隙潜水富水性贫乏。

2. 上更新统承压水含水组

本层含水组在杭嘉湖平原地区统称为第 I 承压含水组，在嘉兴市域范围内广泛分布，可分为上、下两层。上层（I$_1$）呈条带状由西南向东北分布，由上更新统上组下部粉细砂组成，顶板埋深一般 22~50m，西部及西南部较浅,东部及东北部较深,平均厚度约10m,水位埋深一般在1.1～2.2m之间,单位涌水量均小于300t/(d·m),大部分为微咸水,水化学类型为Cl-Ca·Na·Mg型。下层(I_2)几乎遍布全市,由上更新统下组下部砂、砂砾石组成,顶板埋深40～96m,西部浅东部深,平均厚度约11m,最厚可达30m以上,水位埋深一般1～6m,在开采区水位埋深可超过10m,单位涌水量均小于300t/(d·m),涌水条带呈北东向展布,大部分为淡水,小部分为微咸水。

3. 中更新统承压水含水组

本层含水组在杭嘉湖平原地区统称为第Ⅱ承压含水组,富水性好,水质良好,在平原区广泛分布,遍布嘉兴市,是本区最主要的开采目的层。主要由中更新统冲积砂砾石、冲积砂组成,顶板埋深60～150m,西南部较浅,东北部较深,平均厚度23m,一般静水位1.3～11m,富水性丰富—中等,呈北东向展布,水质基本为淡水。局部地段因强力开采已引起地下水水位区域性下降。

4. 下更新统承压水含水组

本层含水组在杭嘉湖平原地区统称为第Ⅲ承压含水组,富水性良好,水质佳,是本区极为良好的供水目的层,在桐乡市以东、海宁市以北的广大平原地区沿古河道展布。主要由下更新统砂、砂砾石组成,顶板埋深140～218m,由西南往北东渐深,平均厚度约33m,水位埋深一般8～14m,富水性丰富—中等,小部分地区可达极丰富,水质均为淡水。但由于埋藏较深,仅有局部地区少量深井进行了开采。

5. 新近系上新统承压水含水岩组

本层含水组在杭嘉湖平原地区统称为第Ⅳ承压含水组,富水性中等,水质良好,在桐乡市—平湖市及海盐县中部、嘉善县北部一带展布,主要由新近系上新统冲(洪)积砂砾石组成,受基底构造影响,埋藏较深,区域展布不稳定,目前未被开采利用。

(二)碳酸盐岩类裂隙岩溶水

本区碳酸盐岩类裂隙溶洞水发育极少,主要为寒武系含杂质灰岩及钙质白云岩溶洞裂隙型岩溶水(又称喀斯特水),根据埋深条件,可分为裸露型和覆盖型两类。裸露型岩溶水仅在海宁市区、海盐县澉浦镇、平湖市乍浦镇等地呈零星孤丘状出露,一般位于构造隆起部位,分布面积很小,富水性贫乏。覆盖型岩溶水在嘉兴市局部地区有零星钻孔揭露,一般为浅埋型,富水性较好,深埋型则富水性较差。

(三)基岩裂隙水

区内基岩出露面积很小,呈孤丘、低山零星分布于嘉兴市南部和东南部的局部地区,主要为白垩系黄尖组凝灰岩构造裂隙水和燕山期侵入岩风化裂隙水。该类型水质好,水化学类型以HCO_3-Ca·Mg型为主,但水量贫乏,泉流量小于0.1L/s,不具供水意义。

四、矿产资源

嘉兴市矿产资源禀赋不高,具开采价值的主要有砖瓦用黏土、建筑用石料、矿泉水和地热(水)。砖瓦用黏土已全面禁采;建筑用石料已全面关停;矿泉水主要分布在平湖市、嘉善县和海盐县,属第四系孔隙承压水,已多年未开发利用;地热(水)资源主要分布在秀洲区和嘉善县,总资源量达5495m³/d。

在复杂漫长的地史演化过程中,嘉兴市形成了独具特色的地热地质成矿条件,是浙江省最具潜力的地热资源勘查区。全市已发现29处地热异常点,包括17处水温大于25℃的地下热水点,12处井温梯度大于4℃/100m异常点。其中,桐乡3号井1989年出现突发性热水,温度最高达95℃,创下浙江省地下热水水温的最高纪录;嘉善6号井1993年和1997年出现突发性热水,水温最高达58℃。

嘉兴地区地热的形成是地壳深部传导热流平衡的结果,包括构造裂隙型和岩溶裂隙型两种类型热储。奥陶系长坞组砂岩、泥盆系西湖组砂岩及白垩纪玄武岩为构造裂隙型热储,石炭系—二叠系和震旦系—寒武系碳酸盐岩为岩溶裂隙型热储。

第三节 土壤资源与土地利用

一、土壤母质类型

地质背景决定了成土母质或母岩,是除气候、地貌、生物等因素之外,对土壤形成类型、分布及其地球化学特征有影响的关键因素。土壤母质,即成土母质,是指母岩(基岩)经风化剥蚀、搬运及堆积等作用后于地表形成的松散风化壳的表层。因此,成土母质对母岩具有较强的承袭性。成土母质又是形成土壤的物质基础,对土壤的形成和发育具有特别重要的意义,在一定的生物、气候条件下,成土母质的差异性往往成为土壤分异的主要因素。

按岩石的地质成因及地球化学特征,嘉兴市成土母质主要由松散岩类(陆相)沉积物、松散岩类(海相)沉积物、碳酸盐岩类风化物、中酸性火成岩类风化物4种类型组成,根据岩性特征又可以分为8种成土母质类型(图1-1,表1-3)。

图1-1 嘉兴市不同土壤母质分布图

表 1-3　嘉兴市主要成土母质分类表

成因类型	成土母质类型	主要岩性	主要成土特征	主要分布区域
中酸性火成岩类风化物	中酸性火山碎屑岩类风化物	流纹质熔结凝灰岩、晶屑凝灰岩	岩性坚硬,山体陡峭,土体厚度中等,黏壤至壤黏,(微)酸性,钾素储量较高,适种茶叶、经济果林、用材林	分布于海盐县南部和平湖市南部丘陵山区
	中酸性侵入岩类风化物	正长花岗斑岩、花岗斑岩、安山岩	岩石风化较强,粗骨性明显,土体深厚,酸性较强,适种茶、果及经济林等	分布于南部澉浦镇、乍浦镇等地
碳酸盐岩类风化物	镁质碳酸盐岩类风化物	粉晶、细晶白云岩	地表岩石风化强烈,破碎,地层土层深厚,质地黏重,呈中酸性,适种林果等	零星分布于乍浦镇西侧
松散岩类(陆相)沉积物	湖沼相淤泥	青灰色黏土夹腐泥、泥碳层	质地黏重,滞水,微酸性至中性,盐基饱和,养分丰富,耕性差,迟发田	分布于秀洲区—嘉善县北部一带
	潟湖相淤泥	黏土、亚黏土夹腐泥、泥碳层	质地黏重,微酸性至微碱性,盐基饱和,养分丰富,下层排水不良,保蓄性好,供肥性中等偏上	分布于平湖市新埭镇东北部
松散岩类(海相)沉积物	滨海相(粉)砂	细砂、粉砂	质地偏轻,中性至碱性,养分贫瘠,土体疏松,通气透水性好,结持性弱,保肥蓄水性能差,易淀浆板结,易旱,适种棉花、络麻、薯、豆等	分布于平湖市北部和桐乡市—凤鸣街道一带
	滨海相粉砂淤泥	细粉砂、淤泥	质地均一,壤质、粉砂质黏土,中性至强碱性,养分含量较丰富,通透性与耕性尚好,供肥与保蓄性能较好,宜种性广	分布于海盐县中南部和平湖市中北部
	河口相粉砂淤泥	粉砂、淤泥	质地砂性较重,中性至碱性,肥力较低,通透性好,适种棉、豆等	分布于海宁市南部及桐乡北部一带

二、土壤类型

根据第二次土壤普查结果,嘉兴市土壤共分为 6 个土类 12 个亚类 21 个土属 45 个土种(表 1-4,图 1-2)。其中,主要土壤类型为水稻土、潮土、滨海盐土,这 3 类占嘉兴市土壤总面积的 98.84%。

（一）水稻土

全市共有水稻土 341.77 万亩(1 亩≈666.67m²),占土壤总面积的 68.90%。它又分为 4 个亚类 11 个土属。4 个亚类分别为潴育水稻土、脱潜潴育水稻土、渗育水稻土和潜育水稻土。前两个亚类面积约占水稻土土壤面积的 2/3 以上。

1. 渗育水稻土

渗育水稻土全市共 15.64 万亩,占土壤总面积的 3.15%,包括淡涂泥田、并松泥田两个土属,主要分布在海盐县武原街道、西塘桥街道及桐乡市凤鸣街道、濮院镇等地。渗育水稻土由于所处地势相对较高,地下排水较畅,土体剖面中呈现出明显的上铁下锰渗育层特征,底土层仍保留母质层原有特征,剖面构型为 A-P-W-C 型。

2. 潴育水稻土

潴育水稻土以黄斑田为主,黄斑田面积为 95.69 万亩,约占水稻土面积的 28.00%。受灌溉水和地下水的双重影响,土体剖面中铁锰淀积物发育。上部渗育层中土体具有垂直节理,裂隙面中铁锰淀积物呈斑点状、锈纹状,潴育层土体呈浅灰色铁锰锈斑与青灰色潜流育斑交替分布,下部潜育层土体糊软,呈青灰色,为典型潴育水稻土,土体剖面构型为 A-P-W-G 型。

表1-4 嘉兴市不同土壤类型面积表

土类			亚类			土属		
名称	面积/万亩	占总面积/%	名称	面积/万亩	占总面积/%	名称	面积/万亩	占总面积/%
水稻土	341.77	68.90	渗育水稻土	15.64	3.15	淡涂泥田	8.71	1.75
						并松泥田	6.93	1.40
			潴育水稻土	184.05	37.11	黄斑田	95.69	19.29
						黄砂墒田	6.74	1.36
						小粉田	19.64	3.96
						粉泥田	30.34	6.12
						加土田	31.64	6.38
			脱潜潴育水稻土	141.00	28.42	青紫泥田	94.43	19.04
						黄化青紫泥田	15.64	3.15
						青粉泥田	30.93	6.23
			潜育水稻土	1.08	0.22	烂青紫泥田	1.08	0.22
潮土	110.18	22.21	潮土	107.66	21.70	潮泥土	1.46	0.29
						堆叠土	106.20	21.41
			灰潮土	2.52	0.51	淡涂泥	2.52	0.51
滨海盐土	38.36	7.73	滨海盐土	0.26	0.05	涂泥土	0.26	0.05
			潮土化盐土	4.00	0.81	咸泥土	4.00	0.81
			潮间盐土	34.10	6.87	潮间滩涂	34.10	6.87
红壤	5.19	1.05	黄红壤	5.19	1.05	黄泥土	5.14	1.04
						黄红泥土	0.05	0.01
粗骨土	0.48	0.10	铁铝质粗骨土	0.48	0.10	石砂土	0.48	0.10
黑色石灰岩土	0.06	0.01	棕色石灰岩土	0.06	0.01	油黄泥	0.06	0.01
合计	496.04	100.00		496.04	100.00		496.04	100.00

黄斑田是水稻土中面积最大的代表土属,分布于中部较高地带,质地大多为重壤质,宜水宜旱,是稻区的主要高产土壤之一。潴育水稻土亚类还有加土田、粉泥田与小粉田,以及少数黄砂墒田。加土田以桐乡市、海宁市居多,养分较低。粉泥田分布于海宁市沿江高地及平湖市、海盐县滨海平原与水网平原的过渡地带,是稻、棉、麻以及西瓜、甜瓜和蔬菜等喜旱作物的适宜土壤。小粉田分布于桐乡市石门镇、洲泉镇等地。

3. 脱潜潴育水稻土

脱潜潴育水稻土为潜育与潴育水稻土间的过渡类型,由于所处地段地势较为低平,地下水水位较高,在土体中下部的一定潜育层存在,但上部有较明显的干湿变化和氧化还原交替过程,出现了不同发育程度的潴育层,主要表现为在青灰色的土体裂隙面上出现较明显的铁锰斑纹,但土体主色仍保留潜育的青灰色。典型的脱潜潴育水稻土剖面构型为 A-P-Gw-G 型。

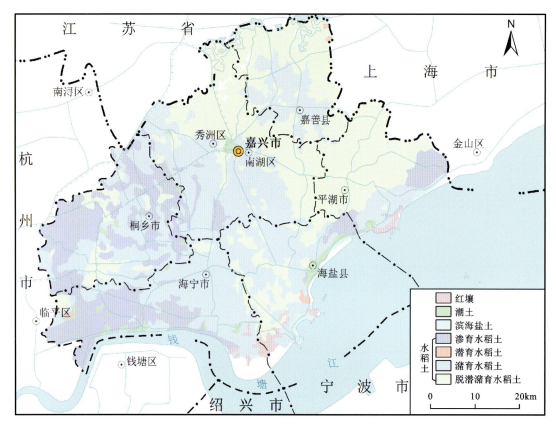

图1-2 嘉兴市不同土壤类型分布图

全市共有2/3脱潜潴育水稻土为青紫泥田,面积为94.43万亩,主要分布于嘉兴市郊东北、嘉善县北部等低洼圩区,桐乡市、海宁市也有零星分布。青粉泥田在脱潜潴育水稻土中亦占有一定比重,面积为30.93万亩,分布于平湖市、海盐县的滨海高地与平原的过渡地带。

4. 潜育水稻土

潜育水稻土全市共有1.08万亩,只有烂青紫泥田一个土属,在全市分布面积有限,零星分布于嘉善县北部丁栅镇一带。由于所处地势低洼,土体常年处于淹水环境,土体中亚铁反应明显,呈深灰色或青灰色,土体剖面构型一般为A-P-G型。

(二)潮土

潮土全市共有110.18万亩,占土壤总面积的22.21%,是市域第二大土类,分潮土、灰潮土2个亚类,潮泥土、堆叠土、淡涂泥3个土属。其中,以堆叠土为主,面积106.20万亩,占潮土类面积的96.39%,为全市面积最大的一个土属。潮土主要分布于桐乡市、海宁市、海盐县、秀洲区、南湖区,对桑树、果树等多种经济作物有广泛的适宜性。灰潮土面积仅2.52万亩,是滨海地区的旱地土壤,通透性好,宜种植棉花、蔬菜和瓜类等经济作物。

(三)滨海盐土

滨海盐土共有38.36万亩,占土壤总面积的7.73%,是市域第三大土类。其中,潮间滩涂34.10万亩,占滨海盐土面积的88.89%。

第一章 区域概况

（四）红壤

红壤总面积约5.19万亩，占土壤总面积的1.05%，分布于沿海残存孤丘。

除上述4个土类外，还有粗骨土和黑色石灰岩土，分布面积都很小。

三、土壤酸碱性

土壤酸碱度是土壤理化性质的一项重要指标，也是影响土壤肥力、重金属活性等的重要因素。土壤酸碱度由土壤成因、母质来源、地貌类型及土地利用方式等因素决定。

将嘉兴市表层土壤酸碱度（pH）调查数据按照强酸性、酸性、中性、碱性和强碱性5个等级的分级标准进行统计分析，结果如表1-5所示（图1-3、图1-4）。

表1-5 嘉兴市表层土壤酸碱度分布情况统计表

土壤酸碱度等级	强酸性	酸性	中性	碱性	强碱性
pH分级	pH<5.0	5.0≤pH<6.5	6.5≤pH<7.5	7.5≤pH<8.5	pH≥8.5
样本数/件	1506	16 848	5853	2381	17
占比/%	5.66	63.33	22.00	8.95	0.06

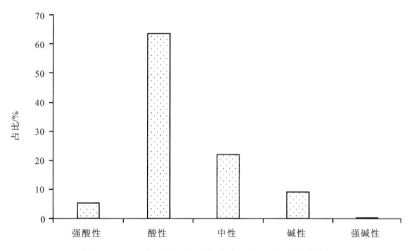

图1-3 嘉兴市表层土壤酸碱度占比统计柱状图

嘉兴市表层土壤pH总体变化范围为3.27～8.93，平均值为6.21。在区域分布上总体表现为海盐县—平湖市—嘉善县以及桐乡市凤鸣街道—秀洲区新塍镇为弱酸性土壤区，嘉兴市—桐乡市—海宁市以及桐乡市河山镇—海宁市长安镇一带为中性或弱碱性土壤区。土壤pH的区域分布与地形地貌、成土母岩母质类型密切相关。

四、土壤有机质

土壤有机质是指土壤中各种动植物残体在土壤生物作用下形成的一种化合物，具有矿化作用和腐殖化作用，它可以促进土壤结构形成，改善土壤物理性质。因此，土壤有机质是土壤质量评价中的一项重要指标。

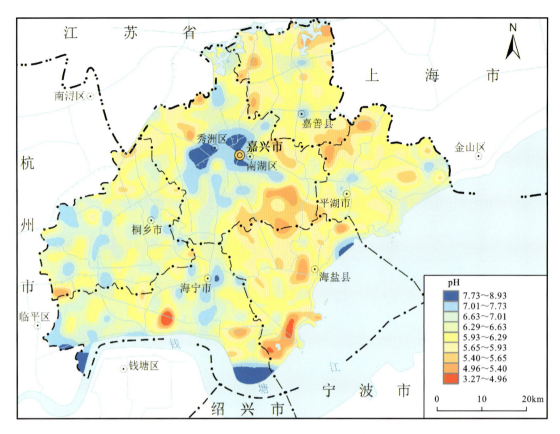

图 1-4　嘉兴市表层土壤酸碱度分布图

将嘉兴市表层土壤有机质调查数据按照丰富、较丰富、中等、较缺乏、缺乏 5 个等级的分级标准进行统计分析,结果如表 1-6 和图 1-5 所示。

表 1-6　嘉兴市表层土壤有机质分布情况统计表

土壤有机质等级	一级	二级	三级	四级	五级
	丰富	较丰富	中等	较缺乏	缺乏
分级/%	>5.0	4.0~5.0	2.0~4.0	1.0~2.0	≤1.0
样本数/件	144	308	1404	500	24 259
占比/%	0.54	1.16	5.27	1.88	91.15

全市有机质平均值为 3.02%。有机质总体分布为东高西低的态势。其中,大于 4.0% 的高值区主要位于平湖市东北部、平湖市—南湖区—海盐县交界处、嘉善县北部、秀洲区北部等地区;而小于 2.0% 的低值区主要位于嘉善县南部、桐乡市、海宁市、秀洲区南部、海盐县南部以及海宁市沿江地区。

从土壤有机质的空间分布来看,有机质的分布与成土母质类型、人类农业生产种植历史关系密切。在南部近钱塘江沿岸海相沉积物区,人类农业生产种植时间相对较短,土壤有机质含量相对较低;在北部陆相(湖沼相)沉积物区,农业种植历史较长,土壤中有机质含量相对较为丰富。

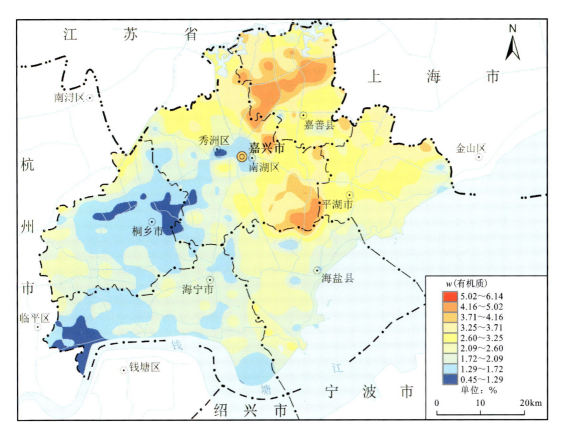

图 1-5　嘉兴市表层土壤有机质地球化学图
注：有机质含量为 5.02%～6.14% 的样本占比极小，且分布零散，图中未能明显成区显示。

五、土地利用现状

根据嘉兴市第三次全国国土调查（2018—2021 年）结果，嘉兴市域土地总面积为 422 387.40 hm²。其中，耕地面积为 141 666.86 hm²，占比 33.54%；园地面积为 46 652.76 hm²，占比 11.05%；林地面积为 16 349.74 hm²，占比 3.87%；草地面积为 3 674.89 hm²，占比 0.87%；湿地面积为 3 355.48 hm²，占比 0.79%；城镇村及工矿用地面积为 122 493.01 hm²，占比 29.00%；交通运输用地面积为 20 403.36 hm²，占比 4.83%；水域及水利设施用地面积为 67 791.30 hm²，占比 16.05%。嘉兴市土地利用现状统计见表 1-7。

表 1-7　嘉兴市土地利用现状（利用结构）统计表

地类		面积/hm²		占比/%
		分项面积	小计	
耕地	水田	131 884.70	141 666.86	33.54
	旱地	9 782.16		
园地	果园	12 514.67	46 652.76	11.05
	茶园	148.94		
	其他园地	33 989.15		

续表1-7

地类		面积/hm²		占比/%
		分项面积	小计	
林地	乔木林地	2 419.75	16 349.74	3.87
	竹林地	768.63		
	灌木林地	391.12		
	其他林地	12 770.24		
草地	其他草地	3 674.89	3 674.89	0.87
湿地	沿海滩涂	3 218.14	3 355.48	0.79
	内陆滩涂	137.34		
城镇村及工矿用地	城市用地	25 847.40	122 493.01	29.00
	建制镇用地	37 136.77		
	村庄用地	58 632.51		
	采矿用地	133.41		
	风景名胜及特殊用地	742.92		
交通运输用地	铁路用地	509.93	20 403.36	4.83
	轨道交通用地	117.16		
	公路用地	11 925.27		
	农村道路	7 267.46		
	机场用地	5.38		
	港口码头用地	577.99		
	管道运输用地	0.17		
水域及水利设施用地	河流水面	43 960.72	67 791.30	16.05
	湖泊水面	2 981.65		
	水库水面	175.03		
	坑塘水面	18 061.63		
	沟渠	1 533.91		
	水工建筑用地	1 078.36		
土地总面积		422 387.40	422 387.40	100.00

第二章　数据基础及研究方法

自 2002 年至 2022 年,20 年间嘉兴市相继开展了 1∶25 万多目标区域地球化学调查、1∶5 万土地质量地质调查工作,积累了大量的土壤元素含量实测数据和相关基础资料,为该地区土壤元素背景值研究奠定了坚实基础。

第一节　1∶25 万多目标区域地球化学调查

多目标区域地球化学调查是一项基础性地质调查工作,通过系统的"双层网格化"土壤地球化学调查,获得高精度、高质量的地球化学数据,为基础地质、农业生产、土地利用规划与管护、生态环境保护等多领域研究、多部门应用提供多层级的基础资料。

嘉兴市 1∶25 万多目标区域地球化学调查始于 2002 年,于 2005 年结束,完成了全域覆盖的系统调查工作,共采集 951 件表层土壤样、232 件深层土壤样(图 2-1)。

图 2-1　嘉兴市 1∶25 万多目标区域地球化学调查工作程度图

2002—2005年,在省部合作的"浙江省农业地质环境调查"项目中,浙江省地质调查院组织开展了"浙江省1∶25万多目标区域地球化学调查"项目(主要负责人为吴小勇),完成了浙北平原区的调查工作,完成了嘉兴市1∶25万地球化学调查的全覆盖。

一、样品布设与采集

调查的方法技术主要依据中国地质调查局的《多目标区域地球化学调查规范(1∶25万)》(DZ/T 0258—2014)、《区域地球化学勘查规范》(DZ/T 0167—2006)、《土壤地球化学测量规范》(DZ/T 0145—2017)、《区域生态地球化学评价规范》(DZ/T 0289—2015)等规范。

(一)样品布设和采集

1∶25万多目标区域地球化学调查,采用"网格+图版"双层网格化方式布设,样点布设以代表性为首要原则,兼顾均匀性、特殊性。代表性原则指按规定的基本密度,将样点布设在网格单元内主要土地利用类型、主要土壤类型或地质单元的最大图版内。均匀性原则指样点与样点之间应保持相对固定的距离,以规定的基本密度形成网格。一般情况下,样点应布设于网格中心部位,每个网格均应有样点控制,不得出现连续4个或以上的空白小格。特殊性原则指水库、湖泊等采样难度较大区域,按照最低采样密度要求进行布设,一般选择沿水域边部采集水下淤泥物质。城镇、居民区等区域样点布设可适当放宽均匀性原则,一般布设于公园、绿化地等"老土"区域。

表层土壤样采集深度为0~20cm,平原区深层土壤样采集深度为150cm以下,低山丘陵区深层土壤样采集深度为120cm以下。

1. 表层土壤样

表层土壤样品布设以1∶5万标准地形图4km²的方里网格为采样大格,以1km²为采样单元格,布设并采集样品,再按1件/4km²的密度组合样品,作为该单元的分析样品。样品自左向右、自上而下依次编号。

在平原区及山间盆地区,样点通常布设于单元格中间部位附近,以耕地为主要采样对象。在野外现场根据实际情况,选择具有代表性的地块100m范围内,采用"X"形或"S"形进行多点以上组合采样,注意远离村庄、主干交通线、矿山、工厂等点污染源,严禁采集人工搬运堆积土,避开田间堆肥区及养殖场等受人为影响的局部位置。

在丘陵坡地区,样点通常布设于沟谷下部、平缓坡地、山间平坝等土壤易于汇集处,原则上选择单元格内大面积分布的土地利用类型区,如林地区、园地区等,同时兼顾面积较大的耕地区。在布设的采样点周边100m范围内多点采集子样组合成1件样品。

在湖泊、水库及宽大的河流水域区,当水域面积超过2/3单元格面积时,于单元格中间近岸部位采集水底沉积物样品,当水域面积较小时采集岸边土壤样品。

在中低山林地区,由于通行困难,局部地段土层较薄,可在山脊、鞍部或相对平坦、土层较厚、土壤发育成熟地段多点组合采集子样组成样品。

表层土壤样采集深度为0~20cm,采集过程中去除表层枯枝落叶及样品中的砾石、草根等杂物,上下均匀采集。土壤样品原始质量大于1000g,确保筛分后质量不低于500g。

野外采样时,原则上在预布点位采样,不得随意移动采样点位,以保证样点分布的均匀性、代表性。实际采样时,可根据通行条件或者矿点、工厂等污染源分布情况,适当合理地移动采样点位,并在备注栏中说明,同时该采样点与四临样点间距离不小于500m。

2. 深层土壤样

深层土壤样品采样点以1件/4km²的密度布设,再按1件/16km²(4km×4km)的密度组合成分析样。

样品采样点布设以 1∶10 万标准地形图 16km² 的方里网格为采样大格,以 4km² 为采样单元格,自左向右、自上而下依次编号。

在平原及山间盆地区,采样点通常布设于单元格中间部位。采集深度为 150cm 以下,样品为 10～50cm 的长土柱。

在山地丘陵及中低山区,样品通常布设于沟谷下部平缓部位或是山脊、鞍部土层较厚部位。由于土层通常较薄,采样深度控制在 120cm 以下。当反复尝试发现土壤厚度达不到要求时,可将采集深度放松至 100cm 以下。当单孔样品量不足时,可在周边合适地段多孔采集。

深层土壤样品原始质量大于 1000g,要求采集发育成熟的土壤,避开山区河谷中的砂砾石层及山坡上残坡积物下部(半)风化的基岩层。

样品采集原则同表层土壤,按照预布点位进行采集,不得随意移动采样点位。实际采样时,可根据土层厚度、土壤成熟度等情况适当合理地移动采样点位,并在备注栏中说明,同时要求该采样点与四临样点间距离不小于 1000m。

(二)样品加工与组合

选择在干净、通风、无污染场地进行样品加工,加工时对加工工具进行全面清洁,防止发生人为玷污。样品采用日光晒干和自然风干,干燥后采用木棰敲打达到自然粒级,用 20 目尼龙筛全样过筛。加工过程中表层、深层样加工工具分开专用,样品加工好后副样 500～550g,分析测试子样质量达 70g 以上,认真核对填写标签,并装瓶、装袋。装瓶样品及分析子样按(表层 1∶5 万、深层 1∶10 万)图幅排放整理,填写副样单或子样清单,移交样品库管理人员,做好交接手续。

在样品库管理人员监督指导下开展分析样品组合工作,组合分析样质量不少于 200g。每次只取 4 件需组合的分析子样,等量取样称重后进行组合,充分混合均匀后装袋。填写送样单并核对,在技术人员检查清点后,送往实验室进行分析。

(三)样品库建设

区域土壤地球化学调查采集的土壤实物样品将长期保存。样品按图幅号存放,并根据表层土壤和深层土壤样品编码图建立样品资料档案。样品库保持定期通风、干燥、防火、防虫。建立定期检查制度,发现样品标签不清、样品瓶破损等情况后要及时处理。样品出入库时办理交接手续。

(四)样品采集质量控制

质量检查组对样品采集、加工、组合、副样入库等进行全过程质量跟踪监管,从采样点位的代表性,采样深度,野外标记,记录的客观性、全面性等方面抽查。野外检查内容主要包括:①样品采集重量,样品防玷污措施,记录卡填写内容的完整性、准确性,记录卡、样品、点位图的一致性;②GPS 航点航迹资料的完整性及存储情况等;③样品加工检查,主要核对野外采样组移交样品的一致性,要求样袋完好、编号清楚、原始质量满足要求,样本数与样袋数一致,样品编号与样袋编号对应;④填写野外样品加工日常检查登记表,组合与副样入库等过程符合规范要求。

二、分析测试与质量控制

1.分析指标

嘉兴市 1∶25 万多目标区域地球化学调查土壤样品测试由中国地质科学院地球物理地球化学勘查研究所中心实验室承担,共分析 54 项元素/指标:银(Ag)、砷(As)、金(Au)、硼(B)、钡(Ba)、铍(Be)、铋(Bi)、溴(Br)、碳(C)、镉(Cd)、铈(Ce)、氯(Cl)、钴(Co)、铬(Cr)、铜(Cu)、氟(F)、镓(Ga)、锗(Ge)、汞(Hg)、碘(I)、镧(La)、锂(Li)、锰(Mn)、钼(Mo)、氮(N)、铌(Nb)、镍(Ni)、磷(P)、铅(Pb)、铷(Rb)、硫(S)、锑(Sb)、钪(Sc)、硒(Se)、锡(Sn)、锶(Sr)、钍(Th)、钛(Ti)、铊(Tl)、铀(U)、钒(V)、钨(W)、钇(Y)、锌(Zn)、锆(Zr)、硅(SiO_2)、铝(Al_2O_3)、铁(Fe_2O_3)、镁(MgO)、钙(CaO)、钠(Na_2O)、钾(K_2O)、有机碳(C_{org})、pH。

2. 分析方法及检出限

优化选择以X射线荧光光谱法(XRF)、电感耦合等离子体质谱法(ICP-MS)为主，以发射光谱法(ES)、原子荧光光谱法(AFS)、催化分光光度法(COL)以及离子选择性电极法(ISE)等为辅的分析方法配套方案。该套分析方案技术参数均满足中国地质调查局规范要求。分析测试方法和要求方法的检出限列于表2-1。

表2-1 各元素/指标分析方法及检出限

元素/指标		分析方法	检出限	元素/指标		分析方法	检出限
Ag	银	ES	0.02μg/kg	Mn	锰	ICP-OES	10mg/kg
Al_2O_3	铝	XRF	0.05%	Mo	钼	ICP-MS	0.2mg/kg
As	砷	HG-AFS	1mg/kg	N	氮	KD-VM	20mg/kg
Au	金	GF-AAS	0.2μg/kg	Na_2O	钠	ICP-OES	0.05%
B	硼	ES	1mg/kg	Nb	铌	ICP-MS	2mg/kg
Ba	钡	ICP-OES	10mg/kg	Ni	镍	ICP-OES	2mg/kg
Be	铍	ICP-OES	0.2mg/kg	P	磷	ICP-OES	10mg/kg
Bi	铋	ICP-MS	0.05mg/kg	Pb	铅	ICP-MS	2mg/kg
Br	溴	XRF	1.5mg/kg	Rb	铷	XRF	5mg/kg
C	碳	氧化热解-电导法	0.1%	S	硫	XRF	50mg/kg
CaO	钙	XRF	0.05%	Sb	锑	ICP-MS	0.05mg/kg
Cd	镉	ICP-MS	0.03mg/kg	Sc	钪	ICP-MS	1mg/kg
Ce	铈	ICP-MS	2mg/kg	Se	硒	HG-AFS	0.01mg/kg
Cl	氯	XRF	20mg/kg	SiO_2	硅	XRF	0.1%
Co	钴	ICP-MS	1mg/kg	Sn	锡	ES	1mg/kg
Cr	铬	ICP-MS	5mg/kg	Sr	锶	ICP-OES	5mg/kg
Cu	铜	ICP-MS	1mg/kg	Th	钍	ICP-MS	1mg/kg
F	氟	ISE	100mg/kg	Ti	钛	ICP-OES	10mg/kg
Fe_2O_3	铁	XRF	0.1%	Tl	铊	ICP-MS	0.1mg/kg
Ga	镓	ICP-MS	2mg/kg	U	铀	ICP-MS	0.1mg/kg
Ge	锗	HG-AFS	0.1mg/kg	V	钒	ICP-OES	5mg/kg
Hg	汞	CV-AFS	3μg/kg	W	钨	ICP-MS	0.2mg/kg
I	碘	COL	0.5mg/kg	Y	钇	ICP-MS	1mg/kg

续表 2-1

元素/指标		分析方法	检出限	元素/指标		分析方法	检出限
K_2O	钾	XRF	0.05%	Zn	锌	ICP-OES	2mg/kg
La	镧	ICP-MS	1mg/kg	Zr	锆	XRF	2mg/kg
Li	锂	ICP-MS	1mg/kg	Corg	有机碳	氧化热解-电导法	0.1%
MgO	镁	ICP-OES	0.05%	pH		电位法	0.1

注：ICP-MS 为电感耦合等离子体质谱法；XRF 为 X 射线荧光光谱法；ICP-OES 为电感耦合等离子体光学发射光谱法；HG-AFS 为氢化物发生-原子荧光光谱法；GF-AAS 为石墨炉原子吸收光谱法；ISE 为离子选择性电极法；CV-AFS 为冷蒸气-原子荧光光谱法；ES 为发射光谱法；COL 为催化分光光度法；KD-VM 为凯化蒸馏-容量法。

3. 实验室内部质量控制

(1) 报出率(P)：土壤分析样品各元素报出率均为 99.99% 以上，满足《多目标区域地球化学调查规范(1:250 000)》(DZ/T 0258—2014)不低于 95% 的要求，说明所采用分析方法能完全满足分析要求。

(2) 准确度和精密度：按《多目标区域地球化学调查规范(1:250 000)》(DZ/T 0258—2014)中"土壤地球化学样品分析测试质量要求及质量控制"的有关规定，根据国家一级土壤地球化学标准物质 12 次分析值，统计测定平均值与标准值之间的对数误差($\Delta \lg C = |\lg C_i - \lg C_s|$)和相对标准偏差(RSD)，结果表明对数误差($\Delta \lg C$)和相对标准偏差(RSD)均满足规范要求。

Au 采用国家一级痕量金标准物质的 12 次 Au 元素分析值，统计得到 $|\Delta \lg C| \leq 0.026$，RSD≤10.0%，满足规范要求。

pH 参照《生态地球化学评价样品分析技术要求(试行)》(DD 2005-03)要求，依据国家一级土壤有效态标准物质 pH 指标的 6 次分析值，计算结果绝对偏差的绝对值不大于 0.1，满足规范要求。

(3) 异常点检验：每批次样品分析测试工作完成后，检查各项指标的含量范围，对部分指标特高含量试样进行了异常点重复性分析，异常点检验合格率均为 100%。

(4) 重复性检验监控：土壤测试分析按不低于 5.0% 的比例进行重复性检验，计算两次分析之间相对偏差(RD)，对照规范允许限，统计合格率，其中 Au 重复性检验比例为 10%。重复性检验合格率满足《多目标区域地球化学调查规范(1:250 000)》(DZ/T 0258—2014)一次重复性检验合格率 90% 的要求。

4. 用户方数据质量检验

(1) 重复样检验：在区域地球化学调查中，为了监控野外调查采样质量及分析测试质量，一般均按不低于 2% 的比例要求插入重复样。重复样与基本样品一样，以密码形式连续编号进行送检分析。在收到分析测试数据之后，计算相对偏差(RD)，根据相对偏差允许限量要求统计合格率，合格率要求在 90% 以上。

(2) 元素地球化学图检验：依据实验室提供的样品分析数据，按照《多目标区域地球化学调查规范(1:250 000)》(DZ/T 0258—2014)相关要求绘制地球化学图。地球化学图采用累积频率法成图，按累积频率的 0.5%、1.5%、4%、8%、15%、25%、40%、60%、75%、85%、92%、96%、98.5%、99.5%、100% 划分等值线含量，进行色阶分级。各元素地球化学图所反映的背景和异常分布情况与地质背景基本吻合，图面结构"协调"，未出现阶梯状、条带状或区块状图形。

5. 分析数据质量检查验收

根据中国地质调查局有关区域地球化学样品测试要求，中国地质调查局区域化探样品质量检查组对全部样品测试分析数据进行了质量检查验收。检查组重点对测试分析中配套方法的选择、实验室内、外部质量监控,标准样插入比例,异常点复检、外检、日常准确度、精密度复核等进行了仔细检查。检查结果显示,各项测试分析数据质量指标达到规定要求,检查组同意通过验收。

第二节　1∶5万土地质量地质调查

嘉兴市1∶5万土地质量调查工作开始于2013年,于2019年结束,前后历经3个阶段,完成了全域覆盖的系统调查工作,各阶段1∶5万土地质量地质调查项目基本情况见表2-2。

表2-2　嘉兴市1∶5万土地质量地质调查工作情况统计表

项目名称	工作周期	工作区范围
浙江省海盐地区多目标区域地球化学调查	2013—2015年	海盐县
浙江嘉兴典型地区1∶5万土地质量地球化学调查	2015—2016年	平湖市、广陈镇、油车港镇
浙江省典型地区土地质量地质调查	2016—2019年	秀洲区、南湖区、海宁市、桐乡市、嘉善县

2013—2016年,嘉兴市通过"浙江省海盐地区多目标区域地球化学调查""浙江嘉兴典型地区1∶5万土地质量地球化学调查"两个项目,率先在海盐县、平湖市等地部署了系统的1∶5万土地质量调查工作。2016年8月5日,浙江省国土资源厅发布了《浙江省土地质量地质调查行动计划(2016—2020年)》(浙土资发〔2016〕15号),在全省范围内全面部署实施"711"土地质量调查工程。根据文件要求,嘉兴市自然资源和规划局于2016—2019年落实完成了全市范围内其余5个县(市、区)的1∶5万土地质量地质调查工作。至此,嘉兴市全面完成了全市耕地区的土地质量地质调查任务,共采集表层土壤地球化学样品25 685件,各县(市、区)土地调查情况见表2-3。

表2-3　嘉兴市土地质量地质调查工作情况一览表

序号	工作区	承担单位	项目负责人	样品测试单位
1	南湖区	浙江省地质调查院	杨豪	浙江省地质矿产研究所
2	秀洲区	浙江省地质调查院	林楠	浙江省地质矿产研究所
3	嘉善县	浙江省地质调查院	潘卫丰	浙江省地质矿产研究所
4	平湖市	浙江省地质调查院	魏迎春	浙江省地质矿产研究所
5	海盐县	浙江省地质调查院	康占军	浙江省地质矿产研究所
6	海宁市	浙江省地质调查院	姚晶娟	浙江省地质矿产研究所
7	桐乡市	浙江省地质调查院	詹俊锋	浙江省地质矿产研究所

嘉兴市土地质量地质调查严格按照《土地质量地球化学评价规范》(DZ/T 0295—2016)等技术规范要求,开展土壤地球化学调查采样点的布设和样品采集、加工、分析测试等工作,嘉兴市1∶5万土地质量地质调查土壤采样点分布见图2-2。

第二章 数据基础及研究方法

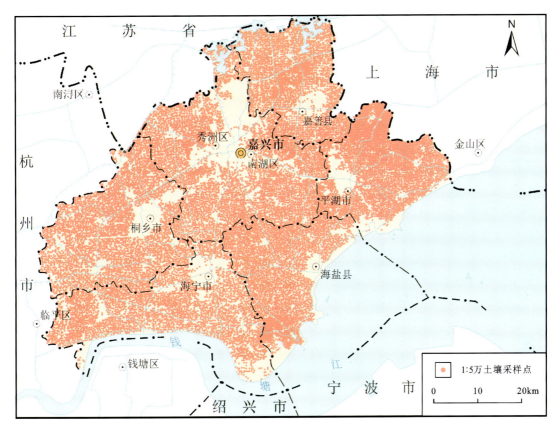

图 2-2　嘉兴市 1∶5 万土地质量地质调查土壤采样点分布图

一、样点布设与采集

1. 样点布设

以"二调"图斑为基本调查单元，根据市内地形地貌、地质背景、成土母质、土地利用方式、地球化学异常、工矿企业分布以及种植结构特点等（遥感影像图及踏勘情况），将调查区划分为地球化学异常区、重要农业产区、低山丘陵区及一般耕地区。按照不同分区采样密度布设样点，异常区为 11～12 件/km²，农业产区为 9～10 件/km²，低山丘陵区为 7～8 件/km²，一般耕地区为 4～6 件/km²，控制全市平均采样密度约为 9 件/km²。在地形地貌复杂、土地利用方式多样、人为污染强烈、元素及污染物含量空间变异性大的地区，根据实际情况适当增加采样密度。

样品主要布设在耕地中，对调查范围内园地、林地以及未利用地等进行有效控制。样品布设时避开沟渠、田埂、路边、人工堆土及微地形高低不平等无代表性地段。每件样品均由 5 件分样等量均匀混合而成，采样深度为 0～20cm。

样品由左至右、自上而下连续顺序编号，每 50 件样品随机取 1 个号码为重复采样号。样品编号时将县（市、区）名称汉语拼音的第一字母缩写（大写）作为样品编号的前缀，如南湖区样品编号为 NH0001，便于成果资料供县级使用。

2. 样品采集与记录

选择种植现状具有代表性的地块，在采样图斑中央采集样品。采样时避开人为干扰较大地段，用不锈钢小铲一点多坑(5个点以上)均匀采集地表至20cm深处的土柱组合成1件样品。样品装于干净布袋中，湿度大的样品在布袋外套塑料密封袋隔离，防止样品间相互污染。土壤样品质量要达到1500g以上。野外利用GPS定位仪确定地理坐标，以布设的采样点为主采样坑，定点误差均小于10m,保存所有采样点航点与航迹文件。

现场用2H铅笔填写土壤样品野外采集记录卡，根据设计要求，主要采用代码和简明文字记录样品的各种特征。记录卡填写的内容真实、正确、齐全，字迹要清晰、工整，不得涂擦，对于需要修改的文字需轻轻划掉后，再将正确内容填写好。

3. 样品保存与加工

保存当日野外调查航迹文件，收队前清点采集的样本数量，与布样图进行编号核对，并在野外手图中汇总；晚上对信息采集记录卡、航点航迹等进行检查，完成当天自检和互检工作，资料由专人管理。

从野外采回的土壤样品及时清理登记后，由专人进行晾晒和加工处理，并按要求填写样品加工登记表。加工场地和加工处理均严格按照下列要求进行。

样品晾晒场地应确保无污染。将样品置于干净整洁的室内通风场地晾晒，或悬挂在样品架上自然风干，严禁暴晒和烘烤，并注意防止雨淋以及酸、碱等气体和灰尘污染。在风干过程中，适时翻动，并将大土块用木棒敲碎以防止固结，加速干燥，同时剔除土壤以外的杂物。

将风干后样品平铺在制样板上，用木棍或塑料棍碾压，并将植物残体、石块等侵入体和新生体剔除干净，细小已断的植物须根可采用静电吸附的方法清除。压碎的土样要全部通过2mm(10目)的孔径筛；未过筛的土粒必须重新碾压过筛，直至全部样品通过2mm孔径筛为止。

过筛后土壤样品充分混匀、缩分、称重，分为正样、副样两件样品。正样送实验室分析，用塑料瓶或纸袋盛装(质量一般在500g左右)。副样(质量不低于500 g)装入干净塑料瓶，送样品库长期保存。

4. 质量管理

野外各项工作严格按照质量管理要求开展小组自(互)检、二级部门抽检、单位抽检等三级质量检查，并在全部野外工作结束前，由当地自然资源部门组织专家进行野外工作检查验收，确各项野外工作系统、规范、质量可靠。

二、分析测试与质量监控

1. 分析实验室及资质

"浙江省海盐地区多目标区域地球化学调查""浙江嘉兴典型地区1∶5万土地质量地球化学调查""浙江省典型地区土地质量地质调查"全部样品测试分析工作由浙江省地质矿产研究所承担。测试单位具有省级检验检测机构资质认定证书，并得到中国地质调查局的资质认定，满足本次土地质量地质调查项目的样品检测工作要求。

2. 分析测试指标

根据技术规范要求，本次土地质量地质调查土壤全量测试砷(As)、硼(B)、镉(Cd)、钴(Co)、铬(Cr)、铜(Cu)、锗(Ge)、汞(Hg)、锰(Mn)、钼(Mo)、氮(N)、镍(Ni)、磷(P)、铅(Pb)、硒(Se)、钒(V)、锌(Zn)、钾(K_2O)、有机碳(C_{org})、pH共54项元素/指标。

3. 分析方法配套方案

依据国家标准方法和相关行业标准分析方法，制订了以X射线荧光光谱法(XRF)、电感耦合等离子体质谱法(ICP-MS)为主,以发射光谱法(ES)、原子荧光光谱法(AFS)以及容量法(VOL)等为辅的分析方法配套方案,提供以下指标的分析数据,具体见表2-4。

表2-4 土壤样品元素/指标全量分析方法配套方案

分析方法	简称	项数/项	测定元素/指标
电感耦合等离子体质谱法	ICP-MS	6	Cd、Co、Cu、Mo、Ni、Ge
X射线荧光光谱法	XRF	8	Cr、Cu、Mn、P、Pb、V、Zn、K_2O
发射光谱法	ES	1	B
氢化物-原子荧光光谱法	HG-AFS	2	As、Se
冷蒸气-原子荧光光谱法	CV-AFS	1	Hg
容量法	VOL	1	N
玻璃电极法	—	1	pH
重铬酸钾容量法	VOL	1	Corg

4. 分析方法的检出限

本配套方案各分析方法检出限见表2-5,满足《多目标区域地球化学调查规范(1∶250 000)》(DZ/T 0258—2014)和《生态地球化学评价样品分析技术要求(试行)》(DD 2005-03)的要求。

表2-5 各元素/指标分析方法检出限要求

元素/指标	单位	要求检出限	方法检出限	元素/指标	单位	要求检出限	方法检出限
pH		0.1	0.1	Cu[②]	mg/kg	1	0.5
Cr	mg/kg	5	3	Mo	mg/kg	0.3	0.2
Cu[①]	mg/kg	1	0.1	Ni	mg/kg	2	0.2
Mn	mg/kg	10	10	Ge	mg/kg	0.1	0.1
P	mg/kg	10	10	B	mg/kg	1	1
Pb	mg/kg	2	2	K_2O	%	0.05	0.01
V	mg/kg	5	5	As	mg/kg	1	0.5
Zn	mg/kg	4	1	Hg	mg/kg	0.000 5	0.000 5
Cd	mg/kg	0.03	0.02	Se	mg/kg	0.01	0.01
Corg	mg/kg	250	200	N	mg/kg	20	20
Co	mg/kg	1	0.1				

注:Cu[①]和Cu[②]采用不同检测方法,Cu[①]为X射线荧光光谱法,Cu[②]为电感耦合等离子体质谱法。

5. 分析测试质量控制

(1)实验室资质能力条件:选择的实验室均具备相应资质要求,软硬件、人员技术能力等方面均具备相关分析测试条件,均制订了工作实施方案并严格按照方案要求开展各类样品测试工作。

(2)实验室内部质量监控:实验室在接受委托任务后,制订了行之有效的工作方案,并严格按照方案进行各类样品分析测试,各类样品分析选择的分析方法、检出限、准确度、精密度等均满足相关规范要求;内部质量监控各环节均有效运行,均满足规范要求。

(3)实验室外部质量监控:主要通过密码外控样和外检样的形式进行监控,各批次监控样品相对偏差均符合规范要求。

(4)土壤元素/指标含量分布与土壤环境背景吻合状况:依据实验室提供的分析数据,按照规定要求绘制了各元素/指标的地球化学图。土壤元素地球化学图反映的地球化学背景和异常分布与地质、土壤和地貌等基本吻合;未发现明显成图台阶,不存在明显的由非地质条件引起的条带异常;依据土壤元素含量评价得出的土壤环境质量、养分等级分布规律与地质背景、土地利用、人类活动影响等情况基本一致。

6. 测试分析数据质量检查验收

在完成样品测试分析提交用户方验收使用之前,由浙江省自然资源项目管理办公室邀请国内权威专家,对每个县区分析测试数据质量进行了检查验收。验收专家认为各项目样品分析质量和质量监控已达到《多目标区域地球化学调查规范(1∶250 000)》(DZ/T 0258—2014)和《生态地球化学评价样品分析技术要求(试行)》(DD 2005-03)要求,一致同意通过验收。

第三节 土壤元素背景值研究方法

一、概念与约定

土壤元素地球化学基准值是土壤地球化学本底的量值,反映了一定范围内深层土壤地球化学特征,是指在未受人为影响(污染)条件下,原始沉积环境中的元素含量水平;通常以深层土壤地球化学元素含量来表征,其含量水平主要受地形地貌、地质背景、成土母质来源与类型等因素影响,以区域地球化学调查取得的深层土壤地球化学资料作为土壤元素地球化学基准值统计的资料依据。

土壤元素(环境)背景值是指在不受或少受人类活动及现代工业污染影响下的土壤元素与化合物的含量水平。但人类活动与现代工业发展的影响已遍布全球,已很难找到绝对不受人类活动影响的土壤,严格意义上的土壤自然背景已很难确定。因此,土壤元素背景值只能是一个相对的概念,即土壤在一定自然历史时期、一定地域内元素(或化合物)的丰度或含量水平。目前,一般以区域地球化学调查获取的表层土壤地球化学资料作为土壤元素背景值统计的资料依据。

基准值和背景值的求取必须同时满足以下条件:样品要有足够的代表性;样品分析方法技术先进,分析质量可靠,数据具有权威性;经过地球化学分布形态检验,在此基础上,统计系列地球化学参数,确定地球化学基准值和背景值。

二、参数计算方法

土壤元素地球化学基准值、背景值统计参数主要有:样本数(N)、极大值(X_{max})、极小值(X_{min})、算术平均值($\overline{X}$)、几何平均值($\overline{X}_g$)、中位数(X_{me})、众值(X_{mo})、算术标准差(S)、几何标准差(S_g)、变异系数(CV)、分位值($X_{5\%}$、$X_{10\%}$、$X_{25\%}$、$X_{50\%}$、$X_{75\%}$、$X_{90\%}$、$X_{95\%}$)等。

算术平均值($\overline{X}$):$\overline{X}=\dfrac{1}{N}\sum\limits_{i=1}^{N}X_i$

几何平均值($\overline{X}_g$): $\overline{X}_g = \sqrt[N]{\prod_{i=1}^{N} X_i} = \frac{1}{N}\sum_{i=1}^{N}\ln X_i$

算术标准差(S): $S = \sqrt{\dfrac{\sum_{i=1}^{N}(X_i - \overline{X})^2}{N}}$

几何标准差(S_g): $S_g = \exp\left(\sqrt{\dfrac{\sum_{i=1}^{N}(\ln X_i - \ln \overline{X}_g)^2}{N}}\right)$

变异系数(CV): $CV = \dfrac{S}{\overline{X}} \times 100\%$

中位数(X_{me}):将一组数据排序后,处于中间位置的数值。当样本数为奇数时,中位数为第$(N+1)/2$位的数值;当样本数为偶数时,中位数为第$N/2$位与第$(N+1)/2$位数的平均值。

众值(X_{mo}):一组数据中出现频率最高的那个数值。

pH 平均值计算方法:在进行 pH 参数统计时,先将土壤 pH 换算为[H^+]平均浓度进行统计计算,然后换算成 pH。换算公式为:$[H^+] = 10^{-pH}$,$[H^+]_{平均浓度} = \Sigma 10^{-pH}/N$,$pH = -\lg[H^+]_{平均浓度}$。

三、统计单元划分

科学合理的统计单元划分是统计土壤元素地球化学参数、确定地球化学基准值和背景值的前提性工作。

本次嘉兴市土壤元素地球化学基准值、背景值参数统计,参照区域土壤元素地球化学基准值和背景值研究的通用方法,结合代杰瑞和庞绪贵(2019)、张伟等(2021)、苗国文等(2020)及陈永宁等(2014)的研究成果,按照行政区、土壤母质类型、土壤类型、土地利用类型划分统计单元,分别进行地球化学参数统计。

1. 行政区

根据嘉兴市行政区及最新统计数据划分情况,分别按照嘉兴市、海宁市、海盐县、嘉善县、平湖市、桐乡市、南湖区、秀洲区进行统计单元划分。

2. 土壤母质类型

基于嘉兴市岩石地层地质成因及地球化学特征,嘉兴市土壤母质类型将按照松散岩类(陆相)沉积物(潟湖相淤泥、湖沼相淤泥)、松散岩类(海相)沉积物[滨海相粉砂淤泥、河口相粉砂淤泥、滨海相(粉)砂]、中酸性火成岩类风化物、碳酸盐岩类风化物 4 类划分统计单元,其中碳酸盐岩类风化物由于出露面积过小,基准值统计时不参与统计。

3. 土壤类型

嘉兴市成土母质类型较为单一,受浅层地下水水位与人类种植活动影响,嘉兴市土壤共分为 6 个土类 12 个亚类 21 个土属 45 个土种。本次土壤元素地球化学基准值、背景值研究按照红壤、潮土、滨海盐土、渗育水稻土、脱潜潴育水稻土、潴育水稻土、潜育水稻土 7 种土壤类型划分统计单元,其中潜育水稻土在由于出露面积过小,基准值统计时不参与统计。

4. 土地利用类型

由于本次调查主要涉及农用地,因此根据土地利用分类,结合第三次全国国土调查情况,土地利用类型按照水田、旱地、园地(茶园、果园、其他园地)、林地(林地、草地、湿地)4类划分统计单元。

四、数据处理与背景值确定

基于统计单元内样本数据,依据《区域性土壤环境背景含量统计技术导则(试行)》(HJ 1185—2021),进行数据分布类型检验、异常值判别与处理及区域土壤地球化学参数统计、地球化学基准值与背景值的确定。

1. 数据分布形态检验

依据《数据的统计处理和解释正态性检验》(GB/T 4882—2001)进行样本数据的分布形态检验。首先利用 SPSS 19 对原始数据频率分布进行正态分布检验,不符合正态分布的数据进行对数转换后再进行对数正态分布检验。当数据不服从正态分布或对数正态分布时,采用箱线法图判别剔除异常值,再进行正态分布或对数正态分布检验。注意:部分统计单元(或元素/指标)因样品较少无法进行正态分布检验。

2. 异常值判别与剔除

对于明显来源于局部受污染场所的数据,或者因样品采集、分析检测等导致的异常值,必须进行判别和剔除。由于本次嘉兴市土壤元素地球化学基准值、背景值研究的数据样本量较大,采用箱线图法判别并剔除异常值。

根据收集整理的原始数据各项元素/指标分别计算第一四分位数(Q_1)、第三四分位数(Q_3),以及四分位距($IQR=Q_3-Q_1$)、$Q_3+1.5IQR$ 值、$Q_1-1.5IQR$ 内限值。根据计算结果对内限值以外的异常数据,结合频率分布直方图与点位区域分布特征逐个甄别并剔除。

3. 参数表征与背景值确定

(1)参数表征主要包括统计样本数(N)、极大值(X_{max})、极小值(X_{min})、算术平均值($\overline{X}$)、几何平均值($\overline{X}_g$)、中位数(X_{me})、众值(X_{mo})、算术标准差(S)、几何标准差(S_g)、变异系数(CV)、分位值($X_{5\%}$、$X_{10\%}$、$X_{25\%}$、$X_{50\%}$、$X_{75\%}$、$X_{90\%}$、$X_{95\%}$)、数据分布类型等。

(2)地球化学基准值、背景值分为以下几种情况加以确定:①当数据为正态分布或剔除异常值后正态分布时,取算术平均值作为基准值、背景值;②当数据为对数正态分布或剔除异常值后对数正态分布时,取几何平均值作为基准值、背景值;③当数据经反复剔除后,仍不服从正态分布或对数正态分布时,取众值作为基准值、背景值,有 2 个众值时取靠近中位数的众值,3 个众值时取中间位众值;④对于样本数少于 30 件的统计单元,则取中位数作为基准值、背景值。

(3)数值有效位数确定原则:参数统计结果取值原则,数值小于等于 50 的小数点后保留 2 位,数值大于 50 小于等于 100 的小数点后保留 1 位,数值大于 100 的取整数。注意:极个别数值保留 3 位小数。

说明:本书中样本数单位统一为"件";变异系数(CV)为无量纲,按照计算公式结果用百分数表示,为方便表示本书统一换算成小数,且小数点后保留 2 位;氧化物,TC,Corg 单位为%,N、P 单位为 g/kg,Au、Ag 单位为 μg/kg,pH 为无量纲,其他元素/指标单位为 mg/kg。

第三章 土壤地球化学基准值

第一节 各行政区土壤地球化学基准值

一、嘉兴市土壤地球化学基准值

嘉兴市土壤地球化学基准值数据经正态分布检验,结果表明(表 3-1),原始数据中 Ag、B、Ba、Be、Bi、Cd、Ce、Co、Cr、Cu、F、Ga、La、Li、Nb、Ni、Pb、Rb、Sb、Sc、Se、Sr、Th、Ti、Tl、U、V、W、Zn、SiO_2、Al_2O_3、TFe_2O_3、Na_2O、K_2O、TC 符合正态分布,As、Au、Hg、I、Mo、N、S、CaO、Corg 符合对数正态分布,Cl、P、Sn、Zr、MgO、pH 剔除异常值后符合正态分布(简称剔除后正态分布),其他元素/指标不符合正态分布或对数正态分布。

嘉兴市深层土壤总体呈碱性,土壤 pH 基准值为 8.00,极大值为 8.90,极小值为 7.31,明显高于浙江省基准值,基本接近于中国基准值。

深层土壤各元素/指标中,大多数元素/指标变异系数小于 0.40,分布相对均匀;仅 Hg、I、S、CaO、Corg、pH 共 6 项元素/指标变异系数大于 0.40,其中 S、pH 变异系数大于 0.80,空间变异性较大。

与浙江省土壤基准值相比,嘉兴市土壤基准值中 I、Se 基准值明显低于浙江省基准值,不足浙江省基准值的 60%;Mo、U、Corg 基准值略低于浙江省基准值,是浙江省基准值的 60%~80%;而 Co、Cr、Li、Sc 基准值略高于浙江省基准值,与浙江省基准值比值在 1.2~1.4 之间;而 Au、Bi、Cl、Cu、F、Ni、P、Sn、MgO、CaO、Na_2O、TC 基准值明显偏高,与浙江省基准值比值均在 1.4 以上,其中 Na_2O 基准值最高,为浙江省基准值的 9.13 倍;其他元素/指标基准值则与浙江省基准值基本接近。

与中国土壤基准值相比,嘉兴市土壤基准值中 CaO 基准值明显偏低,为中国基准值的 58%;而 Sb、S、Mo、Sr 基准值略低于中国基准值,为中国基准值的 60%~80%;I、Hg、Cr、Ni、B、Li、V、Co、Mn、Zn、Cu、Sc、MgO、Bi、Nb、Au、F、Ti 基准值明显高于中国基准值,是中国基准值的 1.4 倍以上,其中 I、Hg 明显相对富集,基准值是中国基准值的 2.0 倍以上;Th、Tl、TFe_2O_3、Rb、N、P、Al_2O_3、Be、Ge、La、Ga、Sn 基准值略高于中国基准值;其他元素/指标基准值则与中国基准值基本接近。

二、海宁市土壤地球化学基准值

海宁市土壤地球化学基准值数据经正态分布检验,结果表明(表 3-2),原始数据中 Ag、As、B、Ba、Be、Bi、Cd、Ce、Co、Cr、Cu、F、Ga、Hg、I、La、Li、Mn、Mo、N、Nb、Ni、P、Pb、Rb、Sb、Sc、Se、Sn、Sr、Th、Ti、Tl、U、V、W、Y、Zn、Zr、SiO_2、Al_2O_3、TFe_2O_3、MgO、CaO、Na_2O、K_2O、TC、pH 符合正态分布,Au、Br、Cl、S、Corg 符合对数正态分布,Ge 剔除异常值后符合正态分布。

海宁市深层土壤总体呈中偏碱性,土壤 pH 基准值为 7.46,极大值为 9.32,极小值为 6.12,基本接近于嘉兴市基准值,明显高于浙江省基准值。

表 3-1 嘉兴市土壤地球化学基准值参数统计表

元素/指标	N	$X_{5\%}$	$X_{10\%}$	$X_{25\%}$	$X_{50\%}$	$X_{75\%}$	$X_{90\%}$	$X_{95\%}$	$\bar{X}$	S	$\bar{X}_g$	S_g	X_{max}	X_{min}	CV	X_{me}	X_{mo}	分布类型	嘉兴市基准值	浙江省基准值	中国基准值
Ag	232	54.0	57.0	66.0	73.0	80.2	89.0	93.0	73.4	12.67	72.4	11.88	124	48.00	0.17	73.0	76.0	正态分布	73.4	70.0	70.0
As	232	3.64	4.92	6.01	8.09	9.98	12.09	13.36	8.25	2.95	7.72	3.47	17.08	2.63	0.36	8.09	6.69	对数正态分布	7.72	6.83	9.00
Au	232	1.07	1.17	1.34	1.50	1.77	2.17	2.51	1.64	0.61	1.57	1.47	5.61	0.76	0.37	1.50	1.33	对数正态分布	1.57	1.10	1.10
B	232	63.0	64.0	69.0	73.0	78.0	83.0	87.0	73.7	7.06	73.4	12.02	93.0	56.0	0.10	73.0	71.0	正态分布	73.7	73.0	41.00
Ba	232	431	441	457	477	497	517	532	478	31.30	477	35.02	613	411	0.07	477	486	正态分布	478	482	522
Be	232	1.90	1.98	2.21	2.53	2.74	2.89	2.98	2.48	0.34	2.45	1.72	3.27	1.68	0.14	2.53	2.64	正态分布	2.48	2.31	2.00
Bi	232	0.22	0.26	0.32	0.39	0.45	0.52	0.55	0.39	0.10	0.38	1.85	0.62	0.18	0.25	0.39	0.39	正态分布	0.39	0.24	0.27
Br	222	1.50	1.50	1.50	1.90	2.40	3.00	3.29	2.06	0.60	1.98	1.60	3.90	1.20	0.29	1.90	1.50	其他分布	1.50	1.50	1.80
Cd	232	0.08	0.08	0.09	0.11	0.13	0.14	0.15	0.11	0.02	0.11	3.70	0.17	0.07	0.21	0.11	0.11	正态分布	0.11	0.11	0.11
Ce	232	58.5	62.0	68.0	73.0	79.0	85.0	87.4	73.3	9.02	72.7	11.88	97.0	46.00	0.12	73.0	72.0	正态分布	73.3	84.1	62.0
Cl	218	56.9	60.0	67.0	78.0	90.8	104	112	80.0	17.72	78.2	12.36	132	40.00	0.22	78.0	70.0	剔除后正态分布	80.0	39.00	72.0
Co	232	11.70	12.71	14.40	16.60	18.70	21.00	21.94	16.64	3.12	16.34	5.07	24.80	9.30	0.19	16.60	16.50	正态分布	16.64	11.90	11.0
Cr	232	63.0	68.1	81.0	96.5	108	117	120	94.1	17.85	92.3	13.75	132	52.0	0.19	96.5	108	正态分布	94.1	71.0	50.0
Cu	232	15.85	17.47	22.40	28.57	33.45	38.04	40.07	28.09	7.77	26.92	6.90	55.1	9.40	0.28	28.57	27.61	正态分布	28.09	11.20	19.00
F	232	475	508	580	639	724	795	824	648	108	639	41.71	1025	351	0.17	639	608	正态分布	648	431	456
Ga	232	14.00	14.81	16.38	18.50	20.70	22.49	23.54	18.55	2.93	18.31	5.40	25.40	12.00	0.16	18.50	17.60	正态分布	18.55	18.92	15.00
Ge	232	1.22	1.24	1.38	1.51	1.60	1.66	1.68	1.48	0.14	1.47	1.28	1.78	1.18	0.10	1.51	1.61	其他分布	1.61	1.50	1.30
Hg	232	0.03	0.03	0.04	0.04	0.05	0.06	0.08	0.05	0.02	0.04	6.38	0.23	0.02	0.46	0.04	0.03	对数正态分布	0.04	0.048	0.018
I	232	0.98	1.12	1.43	1.98	2.73	4.15	6.04	2.50	1.89	2.10	1.96	15.30	0.50	0.76	1.98	1.32	对数正态分布	2.10	3.86	1.00
La	232	32.00	33.40	35.98	39.60	42.82	45.59	48.38	39.63	5.06	39.31	8.30	53.9	25.70	0.13	39.60	38.30	正态分布	39.63	41.00	32.00
Li	232	33.40	36.41	42.95	50.5	57.5	62.1	63.5	49.77	9.68	48.77	9.55	73.0	26.00	0.19	50.5	49.50	正态分布	49.77	37.51	29.00
Mn	229	489	551	634	778	1007	1264	1353	845	268	805	48.23	1591	434	0.32	778	834	偏峰分布	834	713	562
Mo	232	0.32	0.33	0.37	0.44	0.51	0.61	0.67	0.46	0.11	0.44	1.71	0.86	0.28	0.25	0.44	0.47	对数正态分布	0.44	0.62	0.70
N	232	0.35	0.38	0.44	0.53	0.60	0.73	0.79	0.54	0.16	0.52	1.58	1.73	0.31	0.29	0.53	0.55	对数正态分布	0.52	0.49	0.399
Nb	232	13.01	14.01	15.60	17.13	19.00	20.10	21.10	17.17	2.57	16.97	5.17	24.80	9.10	0.15	17.13	17.10	正态分布	17.17	19.60	12.00
Ni	232	28.00	29.60	34.27	40.50	45.15	48.80	50.1	39.70	7.16	39.02	8.34	55.4	22.20	0.18	40.50	40.20	正态分布	39.70	11.00	22.00
P	219	0.53	0.55	0.59	0.63	0.68	0.70	0.72	0.63	0.06	0.63	1.33	0.79	0.49	0.09	0.63	0.64	剔除后正态分布	0.63	0.24	0.488
Pb	232	17.70	19.21	22.12	25.05	28.30	31.08	32.80	25.18	4.50	24.77	6.45	36.00	15.30	0.18	25.05	24.20	正态分布	25.18	30.00	21.00

续表 3-1

元素/指标	N	$X_{5\%}$	$X_{10\%}$	$X_{25\%}$	$X_{50\%}$	$X_{75\%}$	$X_{90\%}$	$X_{95\%}$	$\bar{X}$	S	$\bar{X}_g$	S_g	X_{max}	X_{min}	CV	X_{me}	X_{mo}	分布类型	嘉兴市基准值	浙江省基准值	中国基准值
Rb	232	97.0	101	115	131	144	156	159	129	20.09	128	16.51	176	81.0	0.16	131	123	正态分布	129	128	96.0
S	232	50.00	51.0	59.0	75.0	140	378	887	224	501	108	17.18	4644	46.00	2.24	75.0	50.00	对数正态分布	108	114	166
Sb	232	0.31	0.34	0.40	0.47	0.54	0.58	0.61	0.47	0.10	0.46	1.64	1.05	0.23	0.22	0.47	0.40	正态分布	0.47	0.53	0.67
Sc	232	9.93	10.51	11.78	13.15	14.53	16.00	16.50	13.21	2.04	13.05	4.44	18.50	8.40	0.15	13.15	13.00	正态分布	13.21	9.70	9.00
Se	232	0.04	0.06	0.09	0.12	0.15	0.18	0.20	0.12	0.05	0.11	3.73	0.29	0.02	0.38	0.12	0.11	正态分布	0.12	0.21	0.13
Sn	215	2.92	3.06	3.32	3.59	3.92	4.27	4.53	3.64	0.48	3.61	2.13	4.98	2.41	0.13	3.59	3.54	剔除后正态分布	3.64	2.60	3.00
Sr	232	98.0	104	112	120	130	144	151	122	16.19	121	16.00	170	78.0	0.13	120	118	正态分布	122	112	197
Th	232	10.77	11.60	12.70	14.00	15.22	16.50	17.00	13.96	1.89	13.82	4.61	18.50	9.10	0.14	14.00	14.70	正态分布	13.96	14.50	10.00
Ti	232	4143	4303	4543	4810	5072	5316	5474	4811	391	4795	132	5886	3698	0.08	4810	4781	正态分布	4811	4602	3406
Tl	232	0.50	0.55	0.63	0.72	0.81	0.89	0.93	0.72	0.13	0.71	1.31	1.01	0.44	0.18	0.72	0.72	正态分布	0.72	0.82	0.60
U	232	1.76	1.91	2.08	2.24	2.43	2.66	2.76	2.26	0.30	2.24	1.61	3.28	1.45	0.13	2.24	2.13	正态分布	2.26	3.14	2.40
V	232	77.5	84.0	94.0	108	118	126	129	106	16.40	105	14.75	144	63.0	0.15	108	118	正态分布	106	110	67.0
W	232	1.32	1.45	1.66	1.84	2.08	2.28	2.45	1.86	0.34	1.83	1.49	2.75	0.99	0.18	1.84	1.84	正态分布	1.86	1.93	1.50
Y	224	22.00	23.00	25.00	27.00	29.00	31.00	32.00	27.03	3.03	26.85	6.68	34.00	20.00	0.11	27.00	26.00	其他分布	26.00	26.13	23.00
Zn	232	65.0	68.0	77.0	91.0	101	107	109	88.9	14.57	87.6	13.28	123	55.0	0.16	91.0	102	正态分布	88.9	77.4	60.0
Zr	226	193	198	211	228	253	276	292	234	30.36	232	23.16	317	185	0.13	228	228	剔除后正态分布	234	287	215
SiO$_2$	232	59.5	60.4	61.7	63.9	66.4	68.6	69.6	64.1	3.13	64.1	11.00	73.3	57.5	0.05	63.9	65.6	正态分布	64.1	70.5	67.9
Al$_2$O$_3$	232	12.01	12.69	13.79	15.07	15.93	16.64	16.90	14.84	1.55	14.76	4.75	18.34	10.31	0.10	15.07	14.57	正态分布	14.84	14.82	11.90
TFe$_2$O$_3$	232	4.05	4.25	4.78	5.65	6.26	6.84	6.98	5.58	0.96	5.49	2.72	8.06	3.27	0.17	5.65	5.74	正态分布	5.58	4.70	4.10
MgO	227	1.55	1.68	1.84	2.01	2.15	2.24	2.29	1.99	0.22	1.98	1.51	2.52	1.40	0.11	2.01	2.14	剔除后正态分布	1.99	0.67	1.36
CaO	232	0.81	0.87	1.04	1.48	2.12	2.60	2.83	1.62	0.67	1.49	1.61	4.01	0.72	0.42	1.48	1.67	对数正态分布	1.49	0.22	2.57
Na$_2$O	232	1.12	1.19	1.31	1.44	1.60	1.76	1.81	1.46	0.21	1.44	1.29	1.99	0.89	0.15	1.44	1.38	正态分布	1.46	0.16	1.81
K$_2$O	232	2.25	2.30	2.49	2.74	2.91	3.06	3.13	2.71	0.28	2.69	1.79	3.30	1.84	0.10	2.74	2.89	正态分布	2.71	2.99	2.36
TC	232	0.42	0.49	0.57	0.73	0.90	1.05	1.15	0.76	0.25	0.72	1.44	2.27	0.24	0.33	0.73	0.85	正态分布	0.76	0.43	0.90
Corg	232	0.18	0.21	0.25	0.31	0.41	0.52	0.65	0.36	0.19	0.32	2.15	2.10	0.12	0.55	0.31	0.25	对数正态分布	0.32	0.42	0.30
pH	224	7.49	7.65	7.92	8.21	8.39	8.53	8.59	8.00	8.02	8.14	3.36	8.90	7.31	1.00	8.21	7.92	剔除后正态分布	8.00	5.12	8.10

注：氧化物、TC、Corg单位为%，N、P单位为g/kg、Au、Ag单位为μg/kg，pH为无量纲，其他元素/指标单位为mg/kg；后表单位和资源来源相同。基准值引自《全国地球化学基准网建立与土壤地球化学基准值特征》（王学求等，2016）；浙江省基准值引自于《浙江省土壤元素背景值》（黄春雷等，2023）；中国基准值引自《全国地球化学基准网建立与土壤地球化学基准值特征》（王学求等，2016）。

表 3-2 海宁市土壤地球化学基准值参数统计表

元素/指标	N	$X_{5\%}$	$X_{10\%}$	$X_{25\%}$	$X_{50\%}$	$X_{75\%}$	$X_{90\%}$	$X_{95\%}$	$\bar{X}$	S	$\bar{X}_g$	S_g	X_{max}	X_{min}	CV	X_{me}	X_{mo}	分布类型	海宁市基准值	嘉兴市基准值	浙江省基准值
Ag	41	54.0	57.0	65.0	72.0	76.0	86.0	93.0	71.9	12.15	70.9	11.70	106	51.0	0.17	72.0	76.0	正态分布	71.9	73.4	70.0
As	41	3.62	3.62	5.24	7.25	9.72	12.07	13.15	7.66	3.13	7.04	3.33	15.68	3.20	0.41	7.25	9.72	正态分布	7.66	7.72	6.83
Au	41	1.07	1.13	1.25	1.45	1.70	2.08	2.53	1.62	0.72	1.52	1.49	4.82	0.76	0.44	1.45	1.50	对数正态分布	1.52	1.57	1.10
B	41	60.0	63.0	64.0	69.0	74.0	76.0	78.0	69.5	5.99	69.2	11.30	84.0	56.0	0.09	69.0	69.0	正态分布	69.5	73.7	73.0
Ba	41	432	442	458	484	503	533	544	484	34.26	483	34.71	560	423	0.07	484	490	正态分布	484	478	482
Be	41	1.84	1.87	2.04	2.39	2.73	2.98	3.12	2.40	0.43	2.36	1.72	3.16	1.68	0.18	2.39	2.31	正态分布	2.40	2.48	2.31
Bi	41	0.20	0.22	0.28	0.36	0.45	0.56	0.57	0.37	0.12	0.35	1.93	0.60	0.20	0.32	0.36	0.45	正态分布	0.37	0.39	0.24
Br	41	1.50	1.50	1.70	1.90	2.30	4.30	4.70	2.35	1.10	2.16	1.74	5.60	1.20	0.47	1.90	1.50	对数正态分布	2.16	1.50	1.50
Cd	41	0.07	0.09	0.10	0.12	0.14	0.14	0.15	0.12	0.03	0.11	3.61	0.16	0.07	0.22	0.12	0.09	正态分布	0.12	0.11	0.11
Ce	41	59.0	63.0	69.0	75.0	81.0	86.0	86.0	74.7	9.14	74.2	11.82	94.0	52.0	0.12	75.0	74.0	正态分布	74.7	73.3	84.1
Cl	41	63.0	69.0	75.0	90.0	106	140	550	131	143	103	13.85	681	55.0	1.10	90.0	87.0	对数正态分布	103	80.0	39.00
Co	41	11.00	11.67	13.20	16.60	19.20	21.90	22.50	16.44	3.80	16.00	5.06	22.70	10.00	0.23	16.60	15.00	正态分布	16.44	16.64	11.90
Cr	41	61.0	63.0	72.0	93.0	104	119	122	89.8	21.46	87.3	13.42	127	52.0	0.24	93.0	95.0	正态分布	89.8	94.1	71.0
Cu	41	12.29	16.21	19.50	26.55	33.97	41.02	42.52	26.88	9.51	25.08	6.71	43.42	9.40	0.35	26.55	26.55	正态分布	26.88	28.09	11.20
F	41	486	508	556	636	762	797	833	645	114	635	41.24	871	423	0.18	636	636	正态分布	645	648	431
Ga	41	13.01	14.40	15.20	18.10	20.30	23.50	24.30	18.32	3.52	17.99	5.35	24.50	12.10	0.19	18.10	15.10	正态分布	18.32	18.55	18.92
Ge	36	1.34	1.39	1.46	1.53	1.55	1.60	1.60	1.50	0.08	1.50	1.27	1.63	1.29	0.05	1.53	1.53	剔除后正态分布	1.50	1.61	1.50
Hg	41	0.03	0.03	0.04	0.04	0.05	0.06	0.06	0.05	0.02	0.04	6.29	0.11	0.02	0.36	0.04	0.05	正态分布	0.05	0.04	0.048
I	41	1.48	1.62	2.00	2.70	3.95	6.49	7.14	3.53	2.54	2.99	2.28	15.30	1.38	0.72	2.70	2.17	正态分布	3.53	2.10	3.86
La	41	34.00	36.00	38.81	42.72	44.40	47.80	49.60	41.99	4.98	41.70	8.52	53.9	31.60	0.12	42.72	40.80	正态分布	41.99	39.63	41.00
Li	41	31.90	32.30	36.60	49.20	56.0	61.6	67.0	47.46	12.11	45.90	9.32	70.5	26.00	0.26	49.20	61.6	正态分布	47.46	49.77	37.51
Mn	41	465	486	590	768	1037	1309	1344	823	286	777	47.24	1373	434	0.35	768	834	正态分布	823	834	713
Mo	41	0.33	0.34	0.37	0.45	0.55	0.62	0.67	0.46	0.12	0.45	1.67	0.70	0.29	0.25	0.45	0.45	正态分布	0.46	0.44	0.62
N	41	0.33	0.35	0.42	0.53	0.60	0.71	0.93	0.55	0.18	0.52	1.63	1.15	0.31	0.33	0.53	0.55	正态分布	0.55	0.52	0.49
Nb	41	12.60	13.54	14.60	16.70	19.00	19.60	20.00	16.60	2.55	16.39	5.01	21.20	10.30	0.15	16.70	16.30	正态分布	16.60	17.17	19.60
Ni	41	24.90	28.00	31.50	40.20	46.00	50.3	52.3	38.98	9.08	37.89	8.31	54.5	22.20	0.23	40.20	40.20	正态分布	38.98	39.70	11.00
P	41	0.53	0.54	0.59	0.65	0.69	0.71	0.79	0.65	0.08	0.64	1.33	0.89	0.52	0.12	0.65	0.64	正态分布	0.65	0.63	0.24
Pb	41	16.10	17.70	21.00	23.40	27.90	33.00	33.00	24.55	5.51	23.95	6.34	35.60	15.70	0.22	23.40	33.00	正态分布	24.55	25.18	30.00

第三章 土壤地球化学基准值

续表 3-2

元素/指标	N	$X_{5\%}$	$X_{10\%}$	$X_{25\%}$	$X_{50\%}$	$X_{75\%}$	$X_{90\%}$	$X_{95\%}$	$\overline{X}$	S	$\overline{X}_g$	S_g	X_{max}	X_{min}	CV	X_{mc}	X_{mo}	分布类型	海宁市基准值	嘉兴市基准值	浙江省基准值
Rb	41	85.9	95.0	102	128	144	158	162	125	25.44	122	16.17	176	81.0	0.20	128	98.2	正态分布	125	129	128
S	41	50.00	50.00	56.0	70.0	101	199	285	122	184	86.3	13.13	1198	46.00	1.51	70.0	50.00	对数正态分布	86.3	108	114
Sb	41	0.30	0.32	0.37	0.44	0.53	0.57	0.60	0.45	0.11	0.43	1.69	0.76	0.25	0.25	0.44	0.46	正态分布	0.45	0.47	0.53
Sc	41	9.10	10.40	11.10	13.00	15.10	16.50	17.00	13.10	2.51	12.87	4.42	17.90	8.68	0.19	13.00	13.00	正态分布	13.10	13.21	9.70
Se	41	0.03	0.03	0.07	0.09	0.12	0.16	0.18	0.09	0.05	0.08	4.70	0.22	0.02	0.51	0.09	0.10	正态分布	0.09	0.12	0.21
Sn	41	2.72	2.79	3.13	3.56	4.06	4.47	4.61	3.64	0.88	3.55	2.15	7.56	2.26	0.24	3.56	3.17	正态分布	3.64	3.64	2.60
Sr	41	89.0	104	112	124	134	145	149	123	17.98	122	15.54	170	84.0	0.15	124	127	正态分布	123	122	112
Th	41	10.50	11.20	11.90	13.50	14.70	16.00	16.90	13.43	2.01	13.28	4.46	17.60	9.30	0.15	13.50	11.90	正态分布	13.43	13.96	14.50
Ti	41	4077	4281	4556	4912	5281	5537	5553	4920	478	4897	132	5870	3921	0.10	4912	4850	正态分布	4920	4811	4602
Tl	41	0.48	0.52	0.59	0.70	0.82	0.94	0.96	0.70	0.15	0.69	1.35	0.97	0.45	0.22	0.70	0.72	正态分布	0.70	0.72	0.82
U	41	1.91	1.98	2.13	2.31	2.57	2.67	2.81	2.34	0.29	2.32	1.64	2.92	1.77	0.12	2.31	2.40	正态分布	2.34	2.26	3.14
V	41	76.0	77.0	84.0	103	119	128	136	102	20.75	100.0	14.45	138	63.0	0.20	103	97.0	正态分布	102	106	110
W	41	1.28	1.37	1.58	1.69	1.95	2.28	2.55	1.78	0.38	1.75	1.48	2.73	1.08	0.21	1.69	1.69	正态分布	1.78	1.86	1.93
Y	41	22.00	23.00	26.00	28.00	31.00	33.00	35.00	28.34	3.94	28.07	6.81	37.00	21.00	0.14	28.00	27.00	正态分布	28.34	26.00	26.13
Zn	41	63.0	66.0	70.0	90.0	102	109	112	87.0	17.40	85.2	13.10	116	55.0	0.20	90.0	92.0	正态分布	87.0	88.9	77.4
Zr	41	194	197	212	229	274	296	305	242	39.21	239	23.09	337	185	0.16	229	242	正态分布	242	234	287
SiO_2	41	60.0	60.3	61.8	65.6	67.2	70.3	71.2	65.0	3.80	64.9	10.93	72.3	57.5	0.06	65.6	65.0	正态分布	65.0	64.1	70.5
Al_2O_3	41	11.12	11.90	12.69	14.90	15.82	17.05	17.29	14.38	2.10	14.23	4.68	18.34	10.31	0.15	14.90	15.31	正态分布	14.38	14.84	14.82
TFe_2O_3	41	3.83	3.88	4.34	5.38	6.26	6.73	7.19	5.31	1.16	5.19	2.70	7.59	3.27	0.22	5.38	4.53	正态分布	5.31	5.58	4.70
MgO	41	1.48	1.51	1.67	1.90	2.06	2.14	2.22	1.87	0.26	1.85	1.47	2.36	1.31	0.14	1.90	2.02	正态分布	1.87	1.99	0.67
CaO	41	0.86	0.88	0.95	1.34	2.14	2.40	3.43	1.60	0.83	1.43	1.63	4.01	0.72	0.52	1.34	1.42	正态分布	1.60	1.49	0.22
Na_2O	41	1.13	1.18	1.32	1.51	1.76	1.83	1.86	1.51	0.27	1.48	1.32	1.99	0.89	0.18	1.51	1.69	正态分布	1.51	1.46	0.16
K_2O	41	2.14	2.21	2.34	2.75	2.92	3.12	3.18	2.65	0.35	2.63	1.79	3.27	2.05	0.13	2.75	2.75	正态分布	2.65	2.71	2.99
TC	41	0.33	0.35	0.51	0.64	0.81	0.90	1.11	0.67	0.27	0.62	1.61	1.54	0.24	0.40	0.64	0.51	正态分布	0.67	0.76	0.43
Corg	41	0.14	0.16	0.21	0.27	0.34	0.50	0.62	0.32	0.22	0.28	2.41	1.49	0.12	0.70	0.27	0.28	对数正态分布	0.32	0.32	0.42
pH	41	7.17	7.21	7.80	8.14	8.35	8.46	8.51	7.46	6.93	8.00	3.30	9.32	6.12	0.93	8.14	8.22	正态分布	7.46	8.00	5.12

海宁市深层土壤各元素/指标中,大多数元素/指标变异系数在0.40以下,说明在全市分布较为均匀;S、Cl、pH变异系数大于0.80,空间变异性较大。

与嘉兴市土壤基准值相比,海宁市土壤基准值中S、Se基准值略低于嘉兴市基准值;Cl、Hg基准值略高于嘉兴市基准值;I、Br基准值明显偏高,是嘉兴市基准值的1.4倍以上;其他元素/指标基准值则与嘉兴市基准值基本接近。

与浙江省土壤基准值相比,海宁市土壤基准值中Se基准值明显偏低,仅为浙江省基准值的43%;Corg、S、U、Mo基准值略低于浙江省基准值;Au、Co、Cr、Li、Sc基准值略高于浙江省基准值;CaO、Cl、P、Na_2O、Ni、MgO、Bi、Br、Cu、F、Sn、TC基准值明显高于浙江省基准值,是浙江省基准值的1.4倍以上,其中Na_2O明显相对富集,基准值是浙江省基准值的9.44倍;其他元素/指标基准值则与浙江省基准值基本接近。

三、海盐县土壤地球化学基准值

海盐县采集深层土壤样品24件,具体参数统计如下(表3-3)。

海盐县深层土壤总体呈碱性,土壤pH基准值为8.16,极大值为8.86,极小值为6.75,基本接近于嘉兴市基准值,明显高于浙江省基准值。

海盐县深层土壤各元素/指标中,多数元素/指标变异系数在0.40以下,说明分布较为均匀;pH变异系数大于0.80,空间变异性较大。

与嘉兴市土壤基准值相比,海盐县土壤基准值中多数元素/指标基准值与嘉兴市基准值基本接近,仅S基准值略低于嘉兴市基准值。

与浙江省土壤基准值相比,海盐县土壤基准值中I基准值明显低于浙江省基准值,仅为浙江省基准值的51%;Mo、S、Se、U、Zr、Corg基准值略低于浙江省基准值,为浙江省基准值的60%~80%;N、Sn、Zn、TFe_2O_3基准值略高于浙江省基准值,为浙江省基准值的1.2~1.4倍;Au、Bi、Cl、Co、Cr、Cu、F、Li、Ni、P、Sc、MgO、CaO、Na_2O、TC基准值明显高于浙江省基准值,其中Na_2O明显相对富集,基准值是浙江省基准值的8.63倍;其他元素/指标基准值则与浙江省基准值基本接近。

四、嘉善县土壤地球化学基准值

嘉善县土壤地球化学基准值数据经正态分布检验,结果表明(表3-4),原始数据中除Br不符合正态分布或对数分布外,Ag、As、Au、B、Ba、Be、Bi、Cd、Ce、Cl、Co、Cr、Cu、F、Ga、Ge、Hg、I、La、Li、Mn、Mo、N、Nb、Ni、P、Pb、Rb、S、Sb、Sc、Se、Sn、Sr、Th、Ti、Tl、U、V、W、Y、Zn、Zr、SiO_2、Al_2O_3、TFe_2O_3、MgO、CaO、Na_2O、K_2O、TC、Corg、pH均符合正态分布。

嘉善县深层土壤总体呈碱性,土壤pH基准值为7.97,极大值为8.59,极小值为7.33,基本接近于嘉兴市基准值,明显高于浙江省基准值。

嘉善县深层土壤各元素/指标中,多数元素/指标变异系数在0.40以下,说明分布较为均匀;pH变异系数大于0.80,空间变异性较大。

与嘉兴市土壤基准值相比,嘉善县土壤基准值中S基准值略低于嘉兴市基准值,仅为嘉兴市基准值的50%;CaO基准值略高于嘉兴市基准值;其他元素/指标基准值则与嘉兴市基准值基本接近。

与浙江省土壤基准值相比,嘉善县土壤基准值中I基准值明显偏低,仅为浙江省基准值的48%;Mo、S、Se、U、Corg基准值略低于浙江省基准值,为浙江省基准值的60%~80%;As、Cr、Li、Mn、Sc基准值略高于浙江省基准值;Au、Bi、Cl、Co、Cu、F、Ni、P、Sn、MgO、CaO、Na_2O、TC基准值明显高于浙江省基准值,是浙江省基准值的1.4倍以上,其中Na_2O明显相对富集,基准值是浙江省基准值的9.13倍;其他元素/指标基准值则与浙江省基准值基本接近。

表 3-3 海盐县土壤地球化学基准值参数统计表

元素/指标	N	$X_{5\%}$	$X_{10\%}$	$X_{25\%}$	$X_{50\%}$	$X_{75\%}$	$X_{90\%}$	$X_{95\%}$	$\overline{X}$	S	$\overline{X}_g$	S_g	X_{max}	X_{min}	CV	X_{me}	X_{mo}	海盐县基准值	嘉兴市基准值	浙江省基准值
Ag	24	57.6	62.5	67.8	73.0	79.2	89.7	90.8	74.1	10.86	73.3	11.61	93.0	50.00	0.15	73.0	73.0	73.0	73.4	70.0
As	24	5.08	5.30	6.28	7.94	9.28	10.71	10.98	7.78	2.13	7.49	3.26	11.54	3.55	0.27	7.94	6.41	7.94	7.72	6.83
Au	24	1.12	1.17	1.33	1.56	1.79	2.17	2.26	1.60	0.37	1.56	1.40	2.33	1.06	0.23	1.56	1.58	1.56	1.57	1.10
B	24	68.0	68.0	69.0	72.0	76.5	81.7	84.5	73.3	5.58	73.1	11.58	85.0	67.0	0.08	72.0	72.0	72.0	73.7	73.0
Ba	24	437	455	469	480	495	515	520	481	28.18	480	33.78	547	411	0.06	480	475	480	478	482
Be	24	2.21	2.24	2.36	2.69	2.91	3.05	3.09	2.65	0.32	2.63	1.75	3.15	1.98	0.12	2.69	2.62	2.69	2.48	2.31
Bi	24	0.29	0.33	0.35	0.42	0.50	0.52	0.54	0.42	0.08	0.41	1.74	0.54	0.26	0.19	0.42	0.41	0.42	0.39	0.24
Br	24	1.50	1.50	1.50	1.80	2.12	3.01	3.35	2.09	0.93	1.96	1.64	5.70	1.50	0.45	1.80	1.50	1.80	1.50	1.50
Cd	24	0.10	0.10	0.10	0.10	0.12	0.14	0.15	0.11	0.02	0.11	3.62	0.17	0.08	0.18	0.10	0.10	0.10	0.11	0.11
Ce	24	65.2	66.0	69.0	73.0	79.2	88.8	91.7	75.2	9.18	74.7	11.65	97.0	62.0	0.12	73.0	66.0	73.0	73.3	84.1
Cl	24	59.1	60.6	66.5	77.0	92.5	108	123	82.9	23.24	80.3	12.11	155	55.0	0.28	77.0	70.0	77.0	80.0	39.00
Co	24	14.23	14.43	15.40	17.10	20.18	21.97	22.25	17.67	3.13	17.41	5.09	24.30	11.90	0.18	17.10	15.40	17.10	16.64	11.90
Cr	24	75.0	81.6	88.8	102	113	121	130	101	17.52	99.8	13.80	132	65.0	0.17	102	103	102	94.1	71.0
Cu	24	17.33	21.31	26.06	30.05	34.72	38.62	39.36	30.09	7.49	29.15	6.82	48.18	16.26	0.25	30.05	30.37	30.05	28.09	11.20
F	24	555	555	601	680	772	800	828	684	106	676	40.92	871	506	0.15	680	608	680	648	431
Ga	24	15.54	16.42	17.35	19.10	21.52	23.17	23.71	19.38	2.76	19.20	5.36	25.20	14.60	0.14	19.10	19.10	19.10	18.55	18.92
Ge	24	1.19	1.22	1.30	1.49	1.55	1.61	1.61	1.44	0.15	1.43	1.25	1.63	1.18	0.10	1.49	1.49	1.49	1.61	1.50
Hg	24	0.03	0.03	0.03	0.04	0.04	0.05	0.10	0.04	0.03	0.04	6.52	0.14	0.03	0.58	0.04	0.04	0.04	0.04	0.048
I	24	1.25	1.40	1.53	1.98	2.67	3.70	7.11	2.53	1.80	2.15	1.99	8.09	0.64	0.71	1.98	2.26	1.98	2.10	3.86
La	24	32.72	33.37	35.88	39.85	44.25	49.11	53.1	40.48	6.17	40.05	8.12	53.8	31.90	0.15	39.85	35.20	39.85	39.63	41.00
Li	24	38.71	40.08	44.35	54.1	59.0	63.1	63.4	52.5	9.22	51.7	9.47	68.9	33.60	0.18	54.1	52.8	54.1	49.77	37.51
Mn	24	564	571	648	806	1001	1267	1338	888	316	843	47.81	1897	534	0.36	806	867	806	834	713
Mo	24	0.32	0.33	0.38	0.45	0.56	0.62	0.67	0.47	0.12	0.46	1.70	0.71	0.32	0.25	0.45	0.44	0.45	0.44	0.62
N	24	0.39	0.42	0.46	0.59	0.65	0.67	0.80	0.57	0.12	0.55	1.51	0.82	0.38	0.21	0.59	0.61	0.59	0.52	0.49
Nb	24	13.97	15.05	16.25	17.60	18.85	19.77	20.82	17.50	2.05	17.39	5.10	21.10	13.40	0.12	17.60	17.10	17.60	17.17	19.60
Ni	24	33.06	33.79	36.57	44.40	47.52	51.5	52.3	42.89	7.10	42.30	8.46	55.4	27.60	0.17	44.40	46.70	44.40	39.70	11.00
P	24	0.56	0.57	0.63	0.66	0.70	0.81	0.92	0.69	0.16	0.68	1.32	1.36	0.55	0.24	0.66	0.70	0.66	0.63	0.24
Pb	24	20.20	21.99	22.95	26.35	29.82	31.18	31.73	26.32	3.99	26.02	6.38	32.80	17.80	0.15	26.35	25.60	26.35	25.18	30.00

续表 3-3

元素/指标	N	$X_{5\%}$	$X_{10\%}$	$X_{25\%}$	$X_{50\%}$	$X_{75\%}$	$X_{90\%}$	$X_{95\%}$	$\overline{X}$	S	$\overline{X}_g$	S_g	X_{max}	X_{min}	CV	X_{me}	X_{mo}	海盐县基准值	嘉兴市基准值	浙江省基准值
Rb	24	110	114	123	141	153	160	164	138	18.36	137	16.58	165	99.0	0.13	141	137	141	129	128
S	24	54.8	59.3	63.5	80.5	118	168	183	98.7	50.9	89.5	13.07	264	51.0	0.52	80.5	75.0	80.5	108	114
Sb	24	0.35	0.38	0.42	0.52	0.56	0.58	0.60	0.50	0.08	0.49	1.58	0.64	0.35	0.17	0.52	0.56	0.52	0.47	0.53
Sc	24	11.52	11.75	12.70	13.60	14.53	16.73	17.25	13.85	1.92	13.73	4.42	18.50	10.30	0.14	13.60	13.60	13.60	13.21	9.70
Se	24	0.08	0.10	0.12	0.14	0.16	0.17	0.18	0.14	0.04	0.13	3.37	0.22	0.04	0.26	0.14	0.13	0.14	0.12	0.21
Sn	24	2.96	3.06	3.29	3.47	3.61	4.59	7.83	4.15	2.44	3.82	2.28	14.42	2.90	0.59	3.47	3.57	3.47	3.64	2.60
Sr	24	94.6	99.5	107	115	121	128	131	114	11.42	113	14.90	134	87.0	0.10	115	121	115	122	112
Th	24	12.62	12.73	13.35	13.95	14.75	15.64	17.57	14.29	1.51	14.22	4.53	18.50	12.30	0.11	13.95	14.50	13.95	13.96	14.50
Ti	24	4532	4637	4897	5032	5340	5631	5693	5106	377	5093	130	5886	4487	0.07	5032	5123	5032	4811	4602
Tl	24	0.62	0.64	0.68	0.76	0.87	0.90	0.92	0.77	0.11	0.76	1.25	0.98	0.59	0.14	0.76	0.78	0.76	0.72	0.82
U	24	1.93	2.04	2.17	2.31	2.51	2.77	2.84	2.37	0.32	2.35	1.62	3.28	1.91	0.14	2.31	2.29	2.31	2.26	3.14
V	24	91.2	93.8	101	116	126	133	134	114	15.64	113	14.78	141	81.0	0.14	116	112	116	106	110
W	24	1.51	1.60	1.69	1.89	2.00	2.17	2.21	1.89	0.27	1.87	1.45	2.72	1.45	0.14	1.89	1.95	1.89	1.86	1.93
Y	24	25.00	25.00	26.00	27.50	29.25	31.00	36.10	28.25	3.55	28.06	6.62	39.00	25.00	0.13	27.50	26.00	27.50	26.00	26.13
Zn	24	76.2	77.6	85.5	98.5	104	112	115	96.0	13.27	95.0	13.46	118	68.0	0.14	98.5	94.0	98.5	88.9	77.4
Zr	24	192	194	201	222	253	265	284	230	33.37	228	22.41	314	188	0.15	222	223	222	234	287
SiO$_2$	24	58.8	59.5	60.9	62.5	65.0	68.3	68.7	63.2	3.11	63.1	10.72	68.7	58.6	0.05	62.5	60.9	62.5	64.1	70.5
Al$_2$O$_3$	24	13.52	13.62	14.12	15.80	16.30	16.73	16.79	15.36	1.33	15.30	4.74	17.54	12.17	0.09	15.80	15.43	15.80	14.84	14.82
TFe$_2$O$_3$	24	4.48	4.69	5.42	6.17	6.58	6.96	7.24	5.97	0.97	5.89	2.77	8.06	4.17	0.16	6.17	6.15	6.17	5.58	4.70
MgO	24	1.55	1.78	1.94	2.08	2.15	2.25	2.29	2.03	0.23	2.02	1.52	2.37	1.45	0.11	2.08	2.14	2.08	1.99	0.67
CaO	24	0.75	0.80	1.07	1.30	1.77	2.05	2.12	1.40	0.47	1.32	1.47	2.31	0.73	0.34	1.30	1.38	1.30	1.49	0.22
Na$_2$O	24	1.16	1.22	1.27	1.38	1.54	1.68	1.74	1.42	0.20	1.41	1.28	1.85	1.08	0.14	1.38	1.26	1.38	1.46	0.16
K$_2$O	24	2.46	2.47	2.61	2.89	3.04	3.15	3.21	2.84	0.27	2.82	1.81	3.30	2.31	0.09	2.89	2.80	2.89	2.71	2.99
TC	24	0.49	0.51	0.60	0.70	0.82	0.86	0.92	0.70	0.14	0.69	1.34	0.96	0.48	0.20	0.70	0.82	0.70	0.76	0.43
Corg	24	0.24	0.25	0.27	0.33	0.46	0.51	0.64	0.37	0.13	0.35	1.95	0.67	0.23	0.34	0.33	0.29	0.33	0.32	0.42
pH	24	7.35	7.46	7.96	8.16	8.31	8.47	8.50	7.76	7.45	8.07	3.31	8.86	6.75	0.96	8.16	8.16	8.16	8.00	5.12

第三章 土壤地球化学基准值

表 3-4 嘉善县土壤地球化学基准值参数统计表

元素/指标	N	$X_{5\%}$	$X_{10\%}$	$X_{25\%}$	$X_{50\%}$	$X_{75\%}$	$X_{90\%}$	$X_{95\%}$	$\overline{X}$	S	$\overline{X}_g$	S_g	X_{max}	X_{min}	CV	X_{me}	X_{mo}	分布类型	嘉善县基准值	嘉兴市基准值	浙江省基准值
Ag	30	58.2	63.7	70.5	76.0	81.8	84.1	85.0	75.0	9.06	74.4	11.81	93.0	51.0	0.12	76.0	76.0	正态分布	75.0	73.4	70.0
As	30	4.95	5.37	6.46	9.24	10.21	11.20	12.83	8.49	2.62	8.08	3.44	13.61	3.57	0.31	9.24	9.29	正态分布	8.49	7.72	6.83
Au	30	1.31	1.33	1.39	1.48	1.60	1.92	2.20	1.57	0.32	1.55	1.34	2.67	1.11	0.20	1.48	1.46	正态分布	1.57	1.57	1.10
B	30	65.0	65.9	71.0	74.5	79.8	86.1	87.5	75.5	7.45	75.1	11.99	93.0	64.0	0.10	74.5	71.0	正态分布	75.5	73.7	73.0
Ba	30	440	444	454	475	502	517	520	481	36.30	480	34.36	613	437	0.08	475	479	正态分布	481	478	482
Be	30	2.10	2.20	2.39	2.54	2.66	2.79	2.84	2.52	0.22	2.51	1.72	2.87	2.06	0.09	2.54	2.52	正态分布	2.52	2.48	2.31
Bi	30	0.30	0.34	0.36	0.40	0.46	0.47	0.51	0.41	0.07	0.40	1.72	0.51	0.23	0.16	0.40	0.38	正态分布	0.41	0.39	0.24
Br	28	1.50	1.50	1.50	1.50	1.73	2.26	2.40	1.69	0.33	1.67	1.42	2.40	1.50	0.19	1.50	1.50	其他分布	1.50	1.50	1.50
Cd	30	0.07	0.08	0.10	0.11	0.12	0.13	0.13	0.11	0.02	0.11	3.69	0.15	0.07	0.18	0.11	0.10	正态分布	0.11	0.11	0.11
Ce	30	61.0	64.6	70.0	74.0	80.0	84.4	90.2	74.8	8.90	74.3	11.91	96.0	56.0	0.12	74.0	72.0	正态分布	74.8	73.3	84.1
Cl	30	59.5	65.4	68.2	78.5	89.0	96.4	100.0	79.2	13.18	78.1	12.48	103	55.0	0.17	78.5	89.0	正态分布	79.2	80.0	39.00
Co	30	13.50	13.59	15.62	17.05	18.48	18.77	19.73	16.79	2.25	16.63	5.07	21.40	11.10	0.13	17.05	16.00	正态分布	16.79	16.64	11.90
Cr	30	71.5	77.4	87.0	97.0	103	106	108	94.2	11.96	93.4	13.72	114	68.0	0.13	97.0	106	正态分布	94.2	94.1	71.0
Cu	30	22.76	25.58	27.50	31.27	35.74	38.95	39.84	31.35	5.51	30.86	7.21	40.59	18.66	0.18	31.27	31.97	正态分布	31.35	28.09	11.20
F	30	504	564	617	678	724	813	905	680	109	671	41.94	905	476	0.16	678	617	正态分布	680	648	431
Ga	30	15.52	16.17	17.60	18.95	20.48	21.10	21.21	18.82	2.10	18.70	5.37	22.10	13.10	0.11	18.95	21.10	正态分布	18.82	18.55	18.92
Ge	30	1.20	1.22	1.36	1.50	1.65	1.66	1.71	1.49	0.17	1.48	1.29	1.73	1.18	0.12	1.50	1.66	正态分布	1.49	1.61	1.50
Hg	30	0.03	0.03	0.04	0.04	0.05	0.05	0.05	0.04	0.01	0.04	6.28	0.07	0.03	0.20	0.04	0.04	正态分布	0.04	0.04	0.048
I	30	0.62	0.78	1.10	1.54	2.15	3.10	4.16	1.86	1.21	1.57	1.85	6.05	0.50	0.65	1.54	1.40	正态分布	1.86	2.10	3.86
La	30	31.79	31.99	35.15	39.60	41.70	44.20	46.93	39.00	4.70	38.72	8.11	49.20	31.20	0.12	39.60	39.90	正态分布	39.00	39.63	41.00
Li	30	39.59	43.48	45.50	49.60	55.5	57.9	58.8	50.3	6.08	49.91	9.45	60.4	38.20	0.12	49.60	49.60	正态分布	50.3	49.77	37.51
Mn	30	518	556	637	760	962	1352	1493	891	469	818	48.73	2925	474	0.53	760	769	正态分布	891	834	713
Mo	30	0.34	0.35	0.37	0.39	0.47	0.53	0.54	0.42	0.07	0.42	1.68	0.61	0.34	0.17	0.39	0.38	正态分布	0.42	0.44	0.62
N	30	0.36	0.38	0.44	0.50	0.55	0.58	0.72	0.51	0.10	0.50	1.52	0.74	0.33	0.20	0.50	0.55	正态分布	0.51	0.52	0.49
Nb	30	13.08	14.11	16.05	16.85	18.33	19.51	19.88	16.77	2.21	16.62	5.05	20.50	10.70	0.13	16.85	16.90	正态分布	16.77	17.17	19.60
Ni	30	31.38	31.87	35.70	38.50	41.35	44.16	45.66	38.51	4.66	38.23	8.08	46.90	29.80	0.12	38.50	40.50	正态分布	38.51	39.70	11.00
P	30	0.45	0.50	0.58	0.62	0.66	0.69	0.70	0.61	0.08	0.60	1.40	0.74	0.40	0.13	0.62	0.60	正态分布	0.61	0.63	0.24
Pb	30	21.62	22.26	24.45	26.50	28.82	30.26	31.75	26.57	3.68	26.31	6.62	35.40	16.70	0.14	26.50	30.10	正态分布	26.57	25.18	30.00

35

续表 3-4

元素/指标	N	$X_{5\%}$	$X_{10\%}$	$X_{25\%}$	$X_{50\%}$	$X_{75\%}$	$X_{90\%}$	$X_{95\%}$	$\bar{X}$	S	$\bar{X}_g$	S_g	X_{max}	X_{min}	CV	X_{me}	X_{mo}	分布类型	嘉善县基准值	嘉兴市基准值	浙江省基准值
Rb	30	105	114	120	130	136	144	145	128	12.28	127	16.16	146	105	0.10	130	128	正态分布	128	129	128
S	30	50.00	52.7	54.2	68.5	87.5	151	175	83.6	42.97	76.2	13.06	219	50.00	0.51	68.5	54.0	正态分布	83.6	108	114
Sb	30	0.39	0.40	0.47	0.51	0.55	0.60	0.65	0.51	0.08	0.51	1.50	0.74	0.38	0.16	0.51	0.52	正态分布	0.51	0.47	0.53
Sc	30	11.04	11.38	12.20	13.20	14.07	14.61	14.92	13.10	1.41	13.02	4.37	15.90	9.50	0.11	13.20	13.10	正态分布	13.10	13.21	9.70
Se	30	0.08	0.10	0.11	0.13	0.15	0.19	0.20	0.14	0.04	0.13	3.25	0.21	0.06	0.28	0.13	0.11	正态分布	0.14	0.12	0.21
Sn	30	3.24	3.37	3.59	3.77	4.05	4.22	4.53	3.89	0.71	3.85	2.21	7.16	3.09	0.18	3.77	3.87	正态分布	3.89	3.64	2.60
Sr	30	107	107	114	124	136	147	153	126	16.18	125	15.71	163	94.0	0.13	124	107	正态分布	126	122	112
Th	30	12.04	12.65	13.55	14.55	15.93	16.90	16.95	14.60	1.70	14.50	4.68	17.90	10.20	0.12	14.55	14.70	正态分布	14.60	13.96	14.50
Ti	30	4418	4530	4704	4888	5054	5118	5135	4856	245	4850	129	5272	4303	0.05	4888	5057	正态分布	4856	4811	4602
Tl	30	0.58	0.60	0.69	0.73	0.82	0.85	0.89	0.74	0.10	0.73	1.25	0.93	0.50	0.13	0.73	0.75	正态分布	0.74	0.72	0.82
U	30	1.92	1.98	2.08	2.24	2.41	2.62	2.67	2.26	0.29	2.25	1.65	2.94	1.45	0.13	2.24	2.26	正态分布	2.26	2.26	3.14
V	30	86.9	93.4	102	108	118	119	122	108	10.59	108	14.74	124	86.0	0.10	108	108	正态分布	108	106	110
W	30	1.53	1.62	1.74	1.86	2.09	2.25	2.30	1.90	0.28	1.88	1.47	2.48	1.22	0.14	1.86	1.84	正态分布	1.90	1.86	1.93
Y	30	23.00	24.80	26.00	27.00	29.00	30.20	32.55	27.43	2.93	27.28	6.74	34.00	20.00	0.11	27.00	27.00	正态分布	27.43	26.00	26.13
Zn	30	70.3	72.9	82.0	89.5	96.0	101	102	88.0	10.56	87.4	13.00	103	66.0	0.12	89.5	82.0	正态分布	88.0	88.9	77.4
Zr	30	207	211	218	232	252	269	282	238	27.13	237	23.00	320	200	0.11	232	238	正态分布	238	234	287
SiO_2	30	60.8	61.0	62.2	63.4	65.0	66.2	67.7	63.6	2.22	63.6	10.80	69.4	60.4	0.03	63.4	63.6	正态分布	63.6	64.1	70.5
Al_2O_3	30	13.36	13.67	14.33	15.00	15.55	15.98	16.01	14.88	0.87	14.85	4.72	16.05	13.10	0.06	15.00	15.98	正态分布	14.88	14.84	14.82
TFe_2O_3	30	4.41	4.73	5.21	5.61	5.93	6.24	6.32	5.54	0.62	5.51	2.70	6.84	4.21	0.11	5.61	5.54	正态分布	5.54	5.58	4.70
MgO	30	1.48	1.62	1.84	2.04	2.16	2.20	2.23	1.97	0.25	1.95	1.48	2.33	1.31	0.13	2.04	2.04	正态分布	1.97	1.99	0.67
CaO	30	0.86	0.95	1.02	1.72	2.66	2.87	2.91	1.82	0.78	1.65	1.66	2.96	0.83	0.43	1.72	2.87	正态分布	1.82	1.49	0.22
Na_2O	30	1.26	1.30	1.36	1.46	1.54	1.62	1.65	1.46	0.13	1.45	1.26	1.76	1.23	0.09	1.46	1.41	正态分布	1.46	1.46	0.16
K_2O	30	2.39	2.43	2.53	2.69	2.83	2.89	2.90	2.66	0.18	2.66	1.76	2.93	2.26	0.07	2.69	2.89	正态分布	2.66	2.71	2.99
TC	30	0.45	0.50	0.65	0.86	0.95	1.01	1.13	0.79	0.23	0.76	1.42	1.27	0.40	0.29	0.86	0.89	正态分布	0.79	0.76	0.43
Corg	30	0.22	0.22	0.26	0.30	0.34	0.43	0.46	0.32	0.10	0.31	2.02	0.69	0.14	0.32	0.30	0.29	正态分布	0.32	0.32	0.42
pH	30	7.52	7.63	7.87	8.21	8.41	8.53	8.56	7.97	7.98	8.12	3.30	8.59	7.33	1.00	8.21	8.07	正态分布	7.97	8.00	5.12

五、平湖市土壤地球化学基准值

平湖市土壤地球化学基准值数据经正态分布检验,结果表明(表3-5),原始数据中 Ag、As、B、Ba、Be、Bi、Br、Cd、Ce、Co、Cr、Cu、F、Ga、Ge、Hg、I、La、Li、Mn、Mo、N、Nb、Ni、P、Pb、Rb、Sb、Sc、Se、Sr、Th、Ti、Tl、U、V、W、Y、Zn、Zr、SiO_2、Al_2O_3、TFe_2O_3、MgO、CaO、Na_2O、K_2O、TC、Corg、pH 符合对正态分布,Au、Cl、S、Sn 符合对数正态分布。

平湖市深层土壤总体呈碱性,土壤 pH 基准值为 8.07,极大值为 8.85,极小值为 7.64,基本接近于嘉兴市基准值,明显高于浙江省基准值。

平湖市深层土壤各元素/指标中,多数元素/指标变异系数在 0.40 以下,说明分布较为均匀;Cl、pH、S 变异系数大于 0.80,空间变异性较大。

与嘉兴市土壤基准值相比,平湖市土壤基准值中大多数元素/指标基准值与嘉兴市基准值接近;S 基准值明显低于嘉兴市基准值,仅为嘉兴市基准值的 59.91%;As、Cl 基准值略高于嘉兴市基准值;Br、I 基准值明显高于嘉兴市基准值。

与浙江省土壤基准值相比,平湖市土壤基准值中 S、Se 基准值明显偏低,不足浙江省基准值的 60%;I、U、Zr、Corg 基准值略低于浙江省基准值;As、Mn、Zn、TFe_2O_3 基准值略高于浙江省基准值,在浙江省基准值的 1.2~1.4 倍之间;Au、Bi、Br、Cl、Co、Cr、Cu、F、Li、Ni、P、Sc、Sn、MgO、CaO、Na_2O、TC 基准值明显高于浙江省基准值,是浙江省基准值的 1.4 倍以上,其中 Cl、Cu、Ni、P、MgO、CaO、Na_2O 明显相对富集,基准值是浙江省基准值的 2.0 倍以上;其他元素/指标基准值则与浙江省基准值基本接近。

六、桐乡市土壤地球化学基准值

桐乡市土壤地球化学基准值数据经正态分布检验,结果表明(表3-6),原始数据中 Ag、As、B、Ba、Be、Bi、Br、Cd、Ce、Cl、Co、Cr、Cu、F、Ga、Ge、La、Li、Mn、Mo、N、Nb、Ni、P、Pb、Rb、Sb、Sc、Se、Sn、Sr、Th、Ti、Tl、U、V、W、Y、Zn、Zr、SiO_2、Al_2O_3、TFe_2O_3、MgO、CaO、Na_2O、K_2O、TC、Corg、pH 共 50 项元素/指标符合正态分布,Au、Hg、I、S 符合对数正态分布。

桐乡市深层土壤总体呈碱性,土壤 pH 基准值为 7.75,极大值为 8.72,极小值为 6.60,基本接近于嘉兴市基准值,明显高于浙江省基准值。

桐乡市深层土壤各元素/指标中,多数元素/指标变异系数在 0.40 以下,说明分布较为均匀;S、pH 变异系数大于 0.80,空间变异性较大。

与嘉兴市土壤基准值相比,桐乡市土壤基准值中大多数元素/指标基准值与嘉兴市基准值接近,无明显偏低元素/指标;Hg 基准值略高于嘉兴市基准值;S、Br、Corg 基准值明显高于嘉兴市基准值,其中 S 基准值是嘉兴市基准值的 2.53 倍。

与浙江省土壤基准值相比,桐乡市土壤基准值中 I 基准值明显低于浙江省基准值,仅为浙江省基准值的 52%;Mo、Se、U 基准值略低于浙江省基准值,为浙江省基准值的 60%~80%;Co、Cr、Li、N、Sc 基准值略高于浙江省基准值;Au、Bi、Br、Cl、Cu、F、Ni、P、S、Sn、MgO、CaO、Na_2O、TC 基准值明显高于浙江省基准值,是浙江省基准值的 1.4 倍以上,其中 Cu、Ni、P、S、MgO、CaO、Na_2O、TC 明显相对富集,基准值是浙江省基准值的 2.0 倍以上;其他元素/指标基准值则与浙江省基准值基本接近。

七、南湖区土壤地球化学基准值

南湖区采集深层土壤样品 28 件,具体参数统计如下(表3-7)。

南湖区深层土壤总体偏碱性,土壤 pH 基准值为 8.33,极大值为 8.62,极小值为 7.47,基本接近于嘉兴市基准值,明显高于浙江省基准值。

表 3-5 平湖市土壤地球化学基准值参数统计表

元素/指标	N	$X_{5\%}$	$X_{10\%}$	$X_{25\%}$	$X_{50\%}$	$X_{75\%}$	$X_{90\%}$	$X_{95\%}$	$\bar{X}$	S	$\bar{X}_g$	S_g	X_{max}	X_{min}	CV	X_{me}	X_{mo}	分布类型	平湖市基准值	嘉兴市基准值	浙江省基准值
Ag	30	51.9	53.0	62.2	71.5	76.8	89.2	92.1	70.8	13.05	69.7	11.45	105	51.0	0.18	71.5	74.0	正态分布	70.8	73.4	70.0
As	30	6.32	6.69	7.88	8.81	10.98	12.95	14.13	9.53	2.53	9.23	3.72	15.61	5.79	0.27	8.81	8.81	正态分布	9.53	7.72	6.83
Au	30	1.19	1.27	1.41	1.57	1.68	2.23	2.73	1.69	0.54	1.62	1.47	3.57	0.95	0.32	1.57	1.68	对数正态分布	1.62	1.57	1.10
B	30	71.0	71.9	76.0	78.0	81.8	85.4	89.0	78.6	5.42	78.4	12.10	90.0	68.0	0.07	78.0	79.0	正态分布	78.6	73.7	73.0
Ba	30	453	460	470	488	501	511	529	487	23.07	486	34.47	534	440	0.05	488	486	正态分布	487	478	482
Be	30	2.32	2.42	2.53	2.60	2.80	2.85	2.88	2.61	0.21	2.61	1.74	2.92	1.94	0.08	2.60	2.55	正态分布	2.61	2.48	2.31
Bi	30	0.32	0.37	0.39	0.45	0.48	0.54	0.55	0.44	0.08	0.43	1.70	0.62	0.20	0.19	0.45	0.48	正态分布	0.44	0.39	0.24
Br	30	1.50	1.50	1.90	2.30	2.98	3.30	3.35	2.50	1.05	2.35	1.79	7.00	1.50	0.42	2.30	1.50	正态分布	2.50	1.50	1.50
Cd	30	0.08	0.09	0.10	0.11	0.13	0.13	0.15	0.11	0.02	0.11	3.64	0.17	0.08	0.19	0.11	0.11	正态分布	0.11	0.11	0.11
Ce	30	65.0	65.9	72.0	79.0	82.0	86.1	90.3	77.5	8.45	77.0	11.93	94.0	58.0	0.11	79.0	79.0	正态分布	77.5	73.3	84.1
Cl	30	61.9	63.9	76.8	88.0	103	138	151	137	246	97.4	15.16	1431	49.00	1.80	88.0	94.0	对数正态分布	97.4	80.0	39.00
Co	30	14.07	15.03	16.32	17.80	18.85	20.12	20.68	17.68	2.39	17.52	5.16	24.30	12.00	0.14	17.80	17.70	正态分布	17.68	16.64	11.90
Cr	30	87.8	90.0	95.2	102	112	117	119	102	11.85	102	14.13	119	66.0	0.12	102	99.0	正态分布	102	94.1	71.0
Cu	30	20.36	22.31	25.87	28.64	32.49	35.29	37.14	28.97	5.42	28.48	6.96	41.95	19.03	0.19	28.64	29.36	正态分布	28.97	28.09	11.20
F	30	583	632	639	669	722	733	771	677	58.7	674	41.86	816	556	0.09	669	639	正态分布	677	648	431
Ga	30	16.34	16.67	18.12	19.95	20.77	22.61	22.86	19.58	2.30	19.45	5.50	25.00	14.20	0.12	19.95	20.00	正态分布	19.58	18.55	18.92
Ge	30	1.19	1.25	1.48	1.57	1.62	1.68	1.68	1.52	0.16	1.51	1.32	1.68	1.18	0.11	1.57	1.61	正态分布	1.52	1.61	1.50
Hg	30	0.03	0.03	0.03	0.04	0.04	0.05	0.06	0.04	0.01	0.04	6.61	0.08	0.03	0.25	0.04	0.04	正态分布	0.04	0.04	0.048
I	30	1.65	2.00	2.22	2.67	3.27	4.17	5.51	2.94	1.13	2.76	2.04	5.92	1.17	0.38	2.67	3.18	正态分布	2.94	2.10	3.86
La	30	34.17	35.76	38.40	41.80	44.62	46.45	48.38	41.58	4.32	41.36	8.36	49.80	33.50	0.10	41.80	41.70	正态分布	41.58	39.63	41.00
Li	30	45.40	46.21	49.52	52.9	58.7	61.1	61.8	53.6	6.18	53.2	9.78	62.8	36.40	0.12	52.9	49.50	正态分布	53.6	49.77	37.51
Mn	30	591	671	769	934	1133	1320	1389	968	269	931	50.7	1591	483	0.28	934	975	正态分布	968	834	713
Mo	30	0.37	0.41	0.44	0.50	0.56	0.65	0.73	0.52	0.12	0.51	1.60	0.86	0.33	0.23	0.50	0.50	正态分布	0.52	0.44	0.62
N	30	0.39	0.41	0.44	0.49	0.57	0.64	0.66	0.51	0.09	0.50	1.56	0.71	0.33	0.18	0.49	0.49	正态分布	0.51	0.52	0.49
Nb	30	15.95	16.18	17.15	18.55	20.02	21.18	22.23	18.56	2.31	18.41	5.30	22.70	11.40	0.12	18.55	19.20	正态分布	18.56	17.17	19.60
Ni	30	36.84	38.26	40.28	42.75	47.20	48.41	48.66	42.90	4.70	42.64	8.60	49.50	28.90	0.11	42.75	41.00	正态分布	42.90	39.70	11.00
P	30	0.56	0.57	0.60	0.64	0.68	0.73	0.79	0.65	0.08	0.65	1.32	0.94	0.53	0.13	0.64	0.64	正态分布	0.65	0.63	0.24
Pb	30	22.95	23.63	24.88	27.70	28.75	30.72	31.94	27.10	3.55	26.86	6.62	36.00	16.70	0.13	27.70	27.90	正态分布	27.10	25.18	30.00

续表 3-5

元素/指标	N	$X_{5\%}$	$X_{10\%}$	$X_{25\%}$	$X_{50\%}$	$X_{75\%}$	$X_{90\%}$	$X_{95\%}$	$\overline{X}$	S	$\overline{X}_g$	S_g	X_{max}	X_{min}	CV	X_{me}	X_{mo}	分布类型	平湖市基准值	嘉兴市基准值	浙江省基准值
Rb	30	123	124	132	138	149	156	157	139	13.62	138	16.86	161	97.1	0.10	138	125	正态分布	139	129	128
S	30	50.00	50.00	54.0	59.0	68.5	80.7	96.9	72.6	59.5	64.7	10.71	380	46.00	0.82	59.0	54.0	对数正态分布	64.7	108	114
Sb	30	0.39	0.40	0.45	0.48	0.54	0.58	0.60	0.49	0.07	0.49	1.52	0.63	0.36	0.14	0.48	0.47	正态分布	0.49	0.47	0.53
Sc	30	12.04	12.37	13.10	14.35	15.10	16.31	16.67	14.19	1.72	14.09	4.56	18.20	9.80	0.12	14.35	14.70	正态分布	14.19	13.21	9.70
Se	30	0.08	0.09	0.11	0.12	0.13	0.15	0.20	0.12	0.04	0.12	3.56	0.24	0.06	0.29	0.12	0.13	对数正态分布	0.12	0.12	0.21
Sn	30	3.34	3.39	3.52	3.71	4.03	5.06	5.74	4.02	0.99	3.93	2.22	8.09	3.23	0.25	3.71	4.45	正态分布	4.02	3.64	2.60
Sr	30	104	106	112	117	129	133	136	120	11.98	119	15.40	156	102	0.10	117	130	正态分布	120	122	112
Th	30	12.68	13.08	13.93	15.00	16.08	17.04	17.89	14.98	1.80	14.87	4.68	18.50	10.10	0.12	15.00	15.00	正态分布	14.98	13.96	14.50
Ti	30	4494	4581	4655	4836	5071	5208	5224	4839	276	4831	128	5241	4042	0.06	4836	4852	正态分布	4839	4811	4602
Tl	30	0.62	0.64	0.71	0.78	0.83	0.87	0.90	0.77	0.09	0.76	1.21	0.97	0.57	0.12	0.78	0.79	正态分布	0.77	0.72	0.82
U	30	1.94	2.00	2.09	2.36	2.45	2.73	2.75	2.32	0.30	2.30	1.62	2.87	1.51	0.13	2.36	2.43	正态分布	2.32	2.26	3.14
V	30	99.9	101	107	112	121	124	125	112	9.90	112	14.90	127	80.0	0.09	112	107	正态分布	112	106	110
W	30	1.62	1.71	1.89	2.08	2.27	2.44	2.62	2.07	0.32	2.04	1.56	2.74	1.19	0.16	2.08	2.09	正态分布	2.07	1.86	1.93
Y	30	23.45	24.90	26.25	28.00	31.00	32.10	33.00	28.50	3.30	28.31	6.75	36.00	21.00	0.12	28.00	28.00	正态分布	28.50	26.00	26.13
Zn	30	82.3	85.8	89.5	93.5	102	106	107	94.7	8.98	94.3	13.51	107	68.0	0.09	93.5	93.0	正态分布	94.7	88.9	77.4
Zr	30	197	202	211	228	244	253	272	229	23.76	228	22.19	290	190	0.10	228	228	正态分布	229	234	287
SiO₂	30	60.1	60.3	61.6	63.4	64.6	65.3	65.8	63.1	2.02	63.1	10.71	66.3	59.2	0.03	63.4	63.2	正态分布	63.1	64.1	70.5
Al₂O₃	30	14.60	14.68	14.92	15.65	16.17	16.63	16.75	15.55	0.97	15.52	4.82	16.86	12.03	0.06	15.65	15.53	正态分布	15.55	14.84	14.82
TFe₂O₃	30	5.13	5.28	5.69	5.95	6.39	6.77	6.90	5.99	0.62	5.96	2.79	7.11	4.19	0.10	5.95	5.96	正态分布	5.99	5.58	4.70
MgO	30	1.82	1.86	1.96	2.03	2.18	2.32	2.40	2.07	0.18	2.06	1.54	2.52	1.72	0.09	2.03	2.00	正态分布	2.07	1.99	0.67
CaO	30	0.79	0.81	0.93	1.15	1.54	2.44	2.62	1.35	0.62	1.24	1.51	3.06	0.75	0.46	1.15	1.16	正态分布	1.35	1.49	0.22
Na₂O	30	1.19	1.19	1.31	1.37	1.51	1.61	1.71	1.40	0.16	1.39	1.23	1.72	1.10	0.12	1.37	1.19	正态分布	1.40	1.46	0.16
K₂O	30	2.67	2.69	2.77	2.85	3.00	3.05	3.07	2.86	0.18	2.86	1.83	3.15	2.25	0.06	2.85	2.83	正态分布	2.86	2.71	2.99
TC	30	0.49	0.50	0.54	0.68	0.76	0.94	1.02	0.68	0.17	0.66	1.39	1.08	0.43	0.26	0.68	0.59	正态分布	0.68	0.76	0.43
Corg	30	0.21	0.24	0.27	0.31	0.40	0.49	0.50	0.33	0.09	0.32	2.05	0.52	0.20	0.27	0.31	0.31	正态分布	0.33	0.32	0.42
pH	30	7.67	7.72	7.91	8.21	8.53	8.66	8.72	8.07	8.18	8.21	3.34	8.85	7.64	1.01	8.21	8.29	正态分布	8.07	8.00	5.12

表 3-6 桐乡市土壤地球化学基准值参数统计表

元素/指标	N	$X_{5\%}$	$X_{10\%}$	$X_{25\%}$	$X_{50\%}$	$X_{75\%}$	$X_{90\%}$	$X_{95\%}$	$\overline{X}$	S	$\overline{X}_g$	S_g	X_{max}	X_{min}	CV	X_{me}	X_{mo}	分布类型	桐乡市基准值	嘉兴市基准值	浙江省基准值
Ag	48	58.0	60.4	70.0	78.0	84.2	91.8	114	78.9	15.16	77.6	12.16	124	51.0	0.19	78.0	70.0	正态分布	78.9	73.4	70.0
As	48	4.29	4.58	5.83	7.58	9.85	11.38	13.68	7.98	2.93	7.45	3.36	15.33	2.63	0.37	7.58	7.61	正态分布	7.98	7.72	6.83
Au	48	0.96	1.08	1.42	1.64	1.92	2.73	3.81	1.86	0.94	1.70	1.64	5.61	0.80	0.50	1.64	1.55	对数正态分布	1.70	1.57	1.10
B	48	60.4	62.7	65.8	70.0	75.0	79.0	79.7	69.8	6.23	69.5	11.50	82.0	57.0	0.09	70.0	66.0	正态分布	69.8	73.7	73.0
Ba	48	431	436	450	464	483	506	515	468	27.14	468	34.09	552	414	0.06	464	463	正态分布	468	478	482
Be	48	1.82	1.94	2.17	2.44	2.71	2.91	2.94	2.43	0.36	2.41	1.69	3.27	1.76	0.15	2.44	2.46	正态分布	2.43	2.48	2.31
Bi	48	0.22	0.22	0.29	0.37	0.45	0.50	0.54	0.37	0.11	0.36	1.93	0.61	0.18	0.29	0.37	0.39	正态分布	0.37	0.39	0.24
Br	48	1.50	1.50	1.88	2.25	2.90	3.63	3.99	2.48	1.03	2.32	1.80	7.30	1.50	0.42	2.25	1.50	正态分布	2.48	1.50	1.50
Cd	48	0.08	0.09	0.09	0.11	0.12	0.15	0.16	0.11	0.02	0.11	3.58	0.17	0.07	0.22	0.11	0.12	正态分布	0.11	0.11	0.11
Ce	48	55.4	57.7	60.8	68.5	73.2	80.0	81.0	67.8	8.64	67.2	11.34	86.0	46.00	0.13	68.5	69.0	正态分布	67.8	73.3	84.1
Cl	48	51.4	55.1	63.0	70.5	84.2	106	121	76.9	23.47	74.1	11.93	172	49.00	0.31	70.5	65.0	正态分布	76.9	80.0	39.00
Co	48	11.51	12.22	14.23	16.15	19.12	21.09	21.30	16.40	3.43	16.04	5.01	24.80	9.30	0.21	16.15	15.10	正态分布	16.40	16.64	11.90
Cr	48	60.0	66.9	78.0	96.0	108	119	121	93.3	19.66	91.2	13.50	127	57.0	0.21	96.0	82.0	正态分布	93.3	94.1	71.0
Cu	48	13.00	16.61	20.87	26.98	31.44	37.88	39.04	26.69	7.99	25.41	6.58	46.05	11.43	0.30	26.98	26.70	正态分布	26.69	28.09	11.20
F	48	441	462	530	624	676	742	837	621	126	608	39.88	1025	351	0.20	624	608	正态分布	621	648	431
Ga	48	13.27	14.14	15.47	18.05	20.82	22.43	24.13	18.29	3.38	17.98	5.35	25.40	12.00	0.18	18.05	17.60	正态分布	18.29	18.55	18.92
Ge	48	1.26	1.31	1.43	1.54	1.61	1.67	1.71	1.51	0.13	1.50	1.29	1.78	1.18	0.09	1.54	1.54	正态分布	1.51	1.61	1.50
Hg	48	0.03	0.03	0.04	0.04	0.06	0.08	0.09	0.06	0.03	0.05	5.81	0.23	0.03	0.61	0.04	0.05	对数正态分布	0.05	0.04	0.048
I	48	1.06	1.15	1.44	1.81	2.49	3.50	4.54	2.35	1.85	2.00	1.90	11.74	0.96	0.79	1.81	1.55	对数正态分布	2.35	2.10	3.86
La	48	29.23	32.28	34.10	36.45	39.45	42.79	44.54	36.93	4.72	36.64	7.97	50.4	27.00	0.13	36.45	37.40	正态分布	36.93	39.63	41.00
Li	48	30.14	33.28	41.75	49.60	57.5	62.9	64.0	49.06	10.75	47.84	9.32	73.0	28.40	0.22	49.60	40.10	正态分布	49.06	49.77	37.51
Mn	48	487	537	621	712	923	1325	1392	821	285	779	46.53	1564	463	0.35	712	833	正态分布	821	834	713
Mo	48	0.30	0.33	0.40	0.45	0.50	0.62	0.68	0.46	0.12	0.45	1.70	0.86	0.28	0.26	0.45	0.40	正态分布	0.46	0.44	0.62
N	48	0.34	0.37	0.44	0.59	0.73	0.84	0.91	0.61	0.24	0.57	1.58	1.73	0.31	0.39	0.59	0.78	正态分布	0.61	0.52	0.49
Nb	48	12.08	13.10	15.00	17.35	19.00	20.33	21.37	17.09	2.99	16.81	5.16	23.20	9.10	0.18	17.35	17.00	正态分布	17.09	17.17	19.60
Ni	48	25.55	29.29	33.75	39.25	45.27	49.40	50.2	39.21	7.59	38.46	8.19	52.7	24.50	0.19	39.25	39.30	正态分布	39.21	39.70	11.00
P	48	0.49	0.51	0.55	0.62	0.67	0.70	0.72	0.60	0.09	0.59	1.40	0.77	0.24	0.15	0.62	0.59	正态分布	0.60	0.63	0.24
Pb	48	16.48	17.67	20.88	24.15	27.73	30.68	33.03	24.47	4.96	23.97	6.28	35.80	15.30	0.20	24.15	22.60	正态分布	24.47	25.18	30.00

续表 3-6

元素/指标	N	$X_{5\%}$	$X_{10\%}$	$X_{25\%}$	$X_{50\%}$	$X_{75\%}$	$X_{90\%}$	$X_{95\%}$	$\bar{X}$	S	$\bar{X}_g$	S_g	X_{max}	X_{min}	CV	X_{me}	X_{mo}	分布类型	桐乡市基准值	嘉兴市基准值	浙江省基准值
Rb	48	90.3	99.3	111	128	148	157	160	128	22.03	126	16.16	172	85.3	0.17	128	116	正态分布	128	129	128
S	48	53.0	60.6	88.0	198	796	1998	2443	655	952	273	33.04	4644	50.00	1.45	198	90.0	对数正态分布	273	108	114
Sb	48	0.29	0.32	0.37	0.47	0.54	0.59	0.61	0.46	0.14	0.45	1.73	1.05	0.23	0.29	0.47	0.47	正态分布	0.46	0.47	0.53
Sc	48	9.54	10.19	11.25	12.80	14.43	16.40	16.50	12.98	2.30	12.78	4.41	17.60	8.40	0.18	12.80	12.80	正态分布	12.98	13.21	9.70
Se	48	0.05	0.07	0.11	0.15	0.17	0.22	0.24	0.14	0.06	0.13	3.56	0.29	0.04	0.42	0.15	0.15	正态分布	0.14	0.12	0.21
Sn	48	2.93	2.98	3.24	3.70	4.20	5.08	5.27	3.96	1.25	3.82	2.26	10.47	2.41	0.32	3.70	4.11	正态分布	3.96	3.64	2.60
Sr	48	92.4	97.7	104	114	127	143	153	118	19.31	117	15.61	166	78.0	0.16	114	127	正态分布	118	122	112
Th	48	10.47	10.91	11.90	13.10	14.32	15.66	16.16	13.27	1.90	13.14	4.45	18.00	9.10	0.14	13.10	15.00	正态分布	13.27	13.96	14.50
Ti	48	4062	4144	4455	4650	4905	5228	5328	4667	393	4651	127	5517	3698	0.08	4650	4543	正态分布	4667	4811	4602
Tl	48	0.49	0.54	0.59	0.69	0.78	0.88	0.92	0.70	0.14	0.68	1.34	1.01	0.46	0.20	0.69	0.74	正态分布	0.70	0.72	0.82
U	48	1.72	1.75	2.09	2.21	2.41	2.70	2.75	2.22	0.33	2.19	1.61	2.87	1.52	0.15	2.21	2.19	正态分布	2.22	2.26	3.14
V	48	73.0	78.4	92.2	104	118	127	130	104	17.94	103	14.33	144	71.0	0.17	104	95.0	正态分布	104	106	110
W	48	1.24	1.33	1.48	1.81	2.00	2.22	2.36	1.78	0.37	1.74	1.48	2.75	0.99	0.21	1.81	1.33	正态分布	1.78	1.86	1.93
Y	48	20.35	22.70	24.00	26.00	28.00	29.60	33.00	26.42	3.57	26.18	6.59	37.00	19.00	0.14	26.00	26.00	正态分布	26.42	26.00	26.13
Zn	48	60.4	63.1	73.8	87.5	101	108	111	87.1	16.87	85.5	13.00	123	57.0	0.19	87.5	108	正态分布	87.1	88.9	77.4
Zr	48	194	199	208	230	257	278	304	237	37.04	235	23.14	363	186	0.16	230	232	正态分布	237	234	287
SiO$_2$	48	59.6	60.4	61.2	64.5	67.2	68.7	69.2	64.4	3.37	64.3	10.91	71.7	58.4	0.05	64.5	64.1	正态分布	64.4	64.1	70.5
Al$_2$O$_3$	48	11.82	12.55	13.43	15.03	16.28	16.74	17.06	14.78	1.68	14.68	4.70	17.87	11.43	0.11	15.03	15.03	正态分布	14.78	14.84	14.82
TFe$_2$O$_3$	48	4.02	4.30	4.61	5.54	6.47	7.01	7.28	5.57	1.08	5.47	2.71	7.63	3.57	0.19	5.54	5.31	正态分布	5.57	5.58	4.70
MgO	48	1.57	1.68	1.80	1.96	2.08	2.22	2.24	1.92	0.23	1.91	1.49	2.25	1.11	0.12	1.96	1.98	正态分布	1.92	1.99	0.67
CaO	48	0.77	0.80	1.06	1.52	2.18	2.53	2.74	1.63	0.65	1.51	1.62	2.94	0.73	0.40	1.52	1.67	正态分布	1.63	1.49	0.22
Na$_2$O	48	1.11	1.15	1.23	1.41	1.59	1.78	1.81	1.43	0.24	1.41	1.29	1.88	0.98	0.17	1.41	1.33	正态分布	1.43	1.46	0.16
K$_2$O	48	2.18	2.23	2.42	2.66	2.91	3.07	3.13	2.65	0.32	2.63	1.77	3.21	1.84	0.12	2.66	2.78	正态分布	2.65	2.71	2.99
TC	48	0.51	0.57	0.64	0.82	1.03	1.17	1.25	0.87	0.31	0.82	1.42	2.27	0.29	0.36	0.82	0.82	正态分布	0.87	0.76	0.43
Corg	48	0.19	0.21	0.27	0.40	0.53	0.73	0.82	0.46	0.31	0.40	2.03	2.10	0.17	0.66	0.40	0.46	正态分布	0.46	0.32	0.42
pH	48	7.42	7.54	7.72	8.03	8.22	8.41	8.45	7.75	7.44	7.98	3.31	8.72	6.60	0.96	8.03	8.21	正态分布	7.75	8.00	5.12

嘉兴市土壤元素背景值

表 3-7 南湖区土壤地球化学基准值参数统计表

元素/指标	N	$X_{5\%}$	$X_{10\%}$	$X_{25\%}$	$X_{50\%}$	$X_{75\%}$	$X_{90\%}$	$X_{95\%}$	$\overline{X}$	S	$\overline{X}_g$	S_g	X_{max}	X_{min}	CV	X_{me}	X_{mo}	南湖区基准值	嘉兴市基准值	浙江省基准值
Ag	28	54.0	55.4	57.8	66.0	75.0	87.6	89.7	67.9	12.53	66.8	11.24	94.0	48.00	0.18	66.0	56.0	66.0	73.4	70.0
As	28	4.97	5.11	6.01	8.32	10.85	12.95	15.51	8.76	3.49	8.15	3.41	17.08	4.28	0.40	8.32	6.01	8.32	7.72	6.83
Au	28	1.19	1.24	1.32	1.42	1.63	1.92	2.13	1.51	0.31	1.49	1.35	2.37	1.09	0.20	1.42	1.33	1.42	1.57	1.10
B	28	71.0	71.7	75.0	77.0	81.0	85.0	86.9	78.1	4.95	78.0	12.10	88.0	69.0	0.06	77.0	77.0	77.0	73.7	73.0
Ba	28	430	442	454	470	493	504	512	473	28.14	473	33.78	545	425	0.06	470	478	470	478	482
Be	28	2.00	2.03	2.12	2.51	2.64	2.78	2.88	2.44	0.31	2.42	1.68	3.04	1.97	0.13	2.51	2.54	2.51	2.48	2.31
Bi	28	0.27	0.29	0.33	0.38	0.43	0.48	0.50	0.38	0.07	0.38	1.79	0.53	0.26	0.19	0.38	0.36	0.38	0.39	0.24
Br	28	1.50	1.50	1.50	1.80	2.40	2.60	2.60	1.96	0.47	1.90	1.54	2.70	1.50	0.24	1.80	1.50	1.80	1.50	1.50
Cd	28	0.08	0.09	0.10	0.11	0.11	0.13	0.14	0.11	0.02	0.11	3.58	0.16	0.07	0.18	0.11	0.11	0.11	0.11	0.11
Ce	28	65.3	66.0	71.0	74.0	78.2	82.3	83.0	73.9	5.81	73.7	11.73	84.0	63.0	0.08	74.0	74.0	74.0	73.3	84.1
Cl	28	57.7	60.4	66.8	77.0	88.8	105	108	78.5	17.83	76.5	11.77	112	40.00	0.23	77.0	79.0	77.0	80.0	39.00
Co	28	12.94	13.27	14.20	16.10	17.52	19.60	20.50	16.18	2.49	16.00	4.94	21.50	12.70	0.15	16.10	17.00	16.10	16.64	11.90
Cr	28	70.4	73.7	83.0	95.5	105	114	119	93.6	15.54	92.4	13.33	120	67.0	0.17	95.5	96.0	95.5	94.1	71.0
Cu	28	17.50	17.94	22.98	27.22	31.92	35.49	36.49	27.83	8.05	26.81	6.72	55.1	16.98	0.29	27.22	27.61	27.22	28.09	11.20
F	28	484	485	557	624	682	726	730	620	87.3	614	39.52	803	483	0.14	624	557	624	648	431
Ga	28	15.13	15.41	16.38	17.60	19.97	21.11	22.05	18.24	2.44	18.09	5.32	24.10	14.40	0.13	17.60	17.60	17.60	18.55	18.92
Ge	28	1.22	1.22	1.30	1.47	1.56	1.61	1.61	1.44	0.15	1.43	1.27	1.73	1.18	0.10	1.47	1.56	1.47	1.61	1.50
Hg	28	0.03	0.03	0.04	0.04	0.04	0.04	0.05	0.04	0.01	0.04	6.59	0.05	0.03	0.14	0.04	0.04	0.04	0.04	0.048
I	28	1.10	1.11	1.31	1.58	1.79	2.59	2.83	1.68	0.62	1.59	1.49	3.52	0.71	0.37	1.58	1.32	1.58	2.10	3.86
La	28	33.78	35.48	37.98	40.25	42.33	43.76	44.66	39.85	3.32	39.72	8.24	45.10	33.30	0.08	40.25	38.20	40.25	39.63	41.00
Li	28	36.81	37.47	40.80	50.2	55.2	60.5	62.8	49.35	8.64	48.60	9.29	63.2	36.30	0.18	50.2	54.4	50.2	49.77	37.51
Mn	28	562	618	659	844	1000	1212	1259	864	232	835	47.07	1336	491	0.27	844	856	844	834	713
Mo	28	0.33	0.34	0.38	0.41	0.45	0.50	0.56	0.42	0.08	0.42	1.72	0.67	0.30	0.18	0.41	0.42	0.41	0.44	0.62
N	28	0.35	0.39	0.42	0.52	0.56	0.62	0.66	0.50	0.09	0.49	1.59	0.68	0.33	0.19	0.52	0.55	0.52	0.52	0.49
Nb	28	14.54	15.01	16.27	18.05	19.02	21.46	21.79	17.95	2.50	17.78	5.25	24.80	13.40	0.14	18.05	18.50	18.05	17.17	19.60
Ni	28	29.77	30.88	33.12	41.20	43.02	47.04	48.69	39.40	6.45	38.88	8.14	52.1	29.60	0.16	41.20	41.50	41.20	39.70	11.00
P	28	0.59	0.60	0.61	0.63	0.68	0.70	0.72	0.64	0.05	0.64	1.31	0.72	0.54	0.07	0.63	0.62	0.63	0.63	0.24
Pb	28	19.47	20.51	21.75	23.85	26.65	28.82	30.38	24.41	3.50	24.17	6.29	32.90	19.00	0.14	23.85	23.60	23.85	25.18	30.00

续表 3-7

元素/指标	N	$X_{5\%}$	$X_{10\%}$	$X_{25\%}$	$X_{50\%}$	$X_{75\%}$	$X_{90\%}$	$X_{95\%}$	$\overline{X}$	S	$\overline{X}_g$	S_g	X_{max}	X_{min}	CV	X_{me}	X_{mo}	南湖区基准值	嘉兴市基准值	浙江省基准值
Rb	28	102	105	113	128	140	153	157	128	18.03	127	16.03	159	98.1	0.14	128	129	128	129	128
S	28	50.00	52.1	60.0	64.5	92.8	149	174	88.1	56.2	77.7	13.07	306	50.00	0.64	64.5	65.0	64.5	108	114
Sb	28	0.34	0.35	0.40	0.45	0.52	0.56	0.58	0.45	0.08	0.45	1.64	0.59	0.33	0.17	0.45	0.43	0.45	0.47	0.53
Sc	28	11.20	11.34	12.12	12.90	14.27	15.29	15.82	13.16	1.57	13.07	4.40	16.00	10.50	0.12	12.90	12.20	12.90	13.21	9.70
Se	28	0.07	0.08	0.10	0.12	0.14	0.16	0.17	0.12	0.03	0.11	3.59	0.17	0.05	0.27	0.12	0.13	0.12	0.12	0.21
Sn	28	2.99	3.16	3.31	3.65	3.80	4.03	4.10	3.58	0.37	3.56	2.09	4.27	2.74	0.10	3.65	3.58	3.65	3.64	2.60
Sr	28	111	112	118	120	134	147	148	125	12.79	125	15.79	150	105	0.10	120	118	120	122	112
Th	28	12.34	12.47	13.10	13.80	15.00	15.63	16.35	14.05	1.29	13.99	4.57	16.90	12.30	0.09	13.80	14.00	13.80	13.96	14.50
Ti	28	4241	4251	4489	4744	4912	5080	5229	4708	326	4697	126	5382	4237	0.07	4744	4739	4744	4811	4602
Tl	28	0.56	0.59	0.63	0.66	0.73	0.79	0.86	0.69	0.10	0.68	1.28	0.98	0.53	0.14	0.66	0.73	0.66	0.72	0.82
U	28	1.90	1.97	2.09	2.17	2.31	2.41	2.59	2.20	0.20	2.19	1.60	2.70	1.82	0.09	2.17	2.13	2.17	2.26	3.14
V	28	84.0	84.7	90.8	106	115	121	126	105	14.26	104	14.23	131	84.0	0.14	106	84.0	106	106	110
W	28	1.61	1.65	1.71	1.85	2.05	2.27	2.43	1.92	0.27	1.90	1.50	2.62	1.51	0.14	1.85	1.75	1.85	1.86	1.93
Y	28	24.00	24.70	25.75	27.00	28.00	29.60	31.00	26.86	2.14	26.78	6.59	32.00	23.00	0.08	27.00	27.00	27.00	26.00	26.13
Zn	28	70.3	72.4	76.8	89.5	95.2	104	106	87.7	12.19	86.9	12.90	110	65.0	0.14	89.5	95.0	89.5	88.9	77.4
Zr	28	198	203	212	228	255	278	289	237	33.61	235	22.78	331	195	0.14	228	205	228	234	287
SiO$_2$	28	60.7	60.9	61.4	64.4	66.4	67.0	67.2	63.9	2.66	63.9	10.80	68.7	58.9	0.04	64.4	64.8	64.4	64.1	70.5
Al$_2$O$_3$	28	13.00	13.13	13.96	14.95	15.74	16.47	16.73	14.90	1.23	14.86	4.69	16.92	12.82	0.08	14.95	14.95	14.95	14.84	14.82
TFe$_2$O$_3$	28	4.53	4.63	4.78	5.57	6.24	6.54	6.84	5.54	0.82	5.48	2.66	6.91	4.03	0.15	5.57	5.55	5.57	5.58	4.70
MgO	28	1.75	1.82	1.91	2.09	2.22	2.29	2.30	2.06	0.19	2.05	1.52	2.32	1.72	0.09	2.09	2.18	2.09	1.99	0.67
CaO	28	1.04	1.11	1.40	1.71	2.02	2.49	2.55	1.75	0.50	1.67	1.52	2.70	0.88	0.29	1.71	1.59	1.71	1.49	0.22
Na$_2$O	28	1.19	1.21	1.29	1.48	1.58	1.66	1.67	1.45	0.18	1.44	1.27	1.77	1.08	0.12	1.48	1.54	1.48	1.46	0.16
K$_2$O	28	2.38	2.39	2.54	2.72	2.92	3.01	3.07	2.72	0.23	2.71	1.78	3.13	2.37	0.08	2.72	2.94	2.72	2.71	2.99
TC	28	0.42	0.48	0.64	0.80	0.93	1.03	1.05	0.77	0.20	0.74	1.38	1.09	0.42	0.26	0.80	0.80	0.80	0.76	0.43
Corg	28	0.18	0.22	0.27	0.30	0.34	0.38	0.40	0.29	0.07	0.28	2.17	0.41	0.12	0.23	0.30	0.30	0.30	0.32	0.42
pH	28	7.78	7.92	8.19	8.33	8.52	8.58	8.60	8.18	8.19	8.29	3.35	8.62	7.47	1.00	8.33	8.25	8.33	8.00	5.12

南湖区深层土壤各元素/指标中,多数元素/指标变异系数在0.40以下,说明分布较为均匀;pH变异系数大于0.80,空间变异性较大。

与嘉兴市土壤基准值相比,南湖区土壤基准值中S基准值明显低于嘉兴市基准值;I基准值略低于嘉兴市基准值;其他元素/指标基准值则与嘉兴市基准值基本接近。

与浙江省土壤基准值相比,南湖区土壤基准值中I、S、Se基准值明显偏低,其中I基准值仅为浙江省基准值的41%;Mo、Pb、U、Zr、Corg基准值略低于浙江省基准值;As、Au、Co、Cr、Cu、Li、Sc基准值略高于浙江省基准值,为浙江省基准值的1.2~1.4倍;Bi、Cl、Cu、F、Ni、P、Sn、MgO、CaO、Na_2O、TC基准值明显高于浙江省基准值,是浙江省基准值的1.4倍以上,其中Na_2O明显相对富集,基准值是浙江省基准值的9.25倍;其他元素/指标基准值则与浙江省基准值基本接近。

八、秀洲区土壤地球化学基准值

秀洲区土壤地球化学基准值数据经正态分布检验,结果表明(表3-8),原始数据中Ag、As、Au、B、Ba、Be、Bi、Cd、Ce、Cl、Co、Cr、Cu、F、Ga、Ge、Hg、La、Li、Mn、Mo、N、Nb、Ni、P、Pb、Rb、Sb、Sc、Se、Sn、Sr、Th、Ti、Tl、U、V、W、Y、Zn、Zr、SiO_2、Al_2O_3、TFe_2O_3、MgO、CaO、Na_2O、K_2O、TC、Corg、pH共51项元素/指标符合正态分布,I符合对数正态分布,Br不符合正态分布或对数正态分布,S数据剔除处理后无法进行正态分布检验。

秀洲区深层土壤总体呈碱性,土壤pH基准值为8.12,极大值为8.59,极小值为7.57,基本接近嘉兴市基准值,明显高于浙江省基准值。

秀洲区深层土壤各元素/指标中,多数元素/指标变异系数在0.40以下,说明分布较为均匀;I、pH变异系数大于0.80,说明空间变异性较大。

与嘉兴市土壤基准值相比,秀洲区土壤基准值中S基准值明显偏低,仅为嘉兴市基准值的46.30%;其他元素/指标基准值则与嘉兴市基准值基本接近。

与浙江省土壤基准值相比,秀洲区土壤基准值中I、Se、S基准值明显低于浙江省基准值;Mo、Pb、U、Corg基准值略低于浙江省基准值;Au、Co、Cr、Li、Sc基准值略高于浙江省基准值,是浙江省基准值的1.2~1.4倍;其中Bi、Cl、Cu、F、Ni、P、Sn、MgO、CaO、Na_2O、TC明显相对富集,基准值是浙江省基准值的1.4倍以上,Na_2O基准值达到浙江省基准值的9.44倍;其他元素/指标基准值则与浙江省基准值基本接近。

第二节 主要土壤母质类型地球化学基准值

一、松散岩类(陆相)沉积物土壤母质地球化学基准值

松散岩类(陆相)沉积物区地球化学基准值数据经正态分布检验,结果表明(表3-9),原始数据中Ag、As、Au、B、Ba、Be、Bi、Cd、Ce、Cl、Co、Cr、Cu、F、Ga、Ge、Hg、La、Li、Mn、Mo、N、Nb、Ni、P、Pb、Rb、Sb、Sc、Se、Sr、Th、Ti、Tl、U、V、W、Y、Zn、Zr、SiO_2、Al_2O_3、TFe_2O_3、MgO、CaO、Na_2O、K_2O、TC、Corg、pH共50项元素/指标符合正态分布,I、S、Sn符合对数正态分布,Br不符合正态分布或对数正态分布。

松散岩类(陆相)沉积物区深层土壤总体为中偏碱性,土壤pH基准值为7.98,极大值为8.62,极小值为7.33,基本接近于嘉兴市基准值。

松散岩类(陆相)沉积物区各元素/指标中,多数元素/指标变异系数在0.40以下,说明分布较为均匀;而Mn、I、pH、S变异系数大于0.40,pH、S变异系数大于0.80,说明空间变异性较大。

第三章 土壤地球化学基准值

表 3-8 秀洲区土壤地球化学基准值参数统计表

元素/指标	N	$X_{5\%}$	$X_{10\%}$	$X_{25\%}$	$X_{50\%}$	$X_{75\%}$	$X_{90\%}$	$X_{95\%}$	$\overline{X}$	S	$\overline{X}_g$	S_g	X_{max}	X_{min}	CV	X_{me}	X_{mo}	分布类型	秀洲区基准值	嘉兴市基准值	浙江省基准值
Ag	31	59.5	63.0	67.0	70.0	76.0	86.0	94.0	72.6	10.58	71.9	11.67	98.0	52.0	0.15	70.0	72.0	正态分布	72.6	73.4	70.0
As	31	3.41	3.65	5.57	7.85	9.37	11.34	13.71	7.86	3.21	7.22	3.30	15.61	2.83	0.41	7.85	8.32	正态分布	7.86	7.72	6.83
Au	31	1.06	1.16	1.35	1.48	1.68	1.83	2.03	1.52	0.29	1.49	1.34	2.25	1.04	0.19	1.48	1.48	正态分布	1.52	1.57	1.10
B	31	65.5	67.0	71.0	74.0	78.5	87.0	88.0	75.1	7.19	74.8	11.89	90.0	64.0	0.10	74.0	71.0	正态分布	75.1	73.7	73.0
Ba	31	426	429	448	469	500	517	538	476	37.50	475	34.19	578	423	0.08	469	482	正态分布	476	478	482
Be	31	1.90	1.94	2.05	2.38	2.60	2.85	2.89	2.38	0.34	2.35	1.68	3.08	1.90	0.14	2.38	2.32	正态分布	2.38	2.48	2.31
Bi	31	0.23	0.24	0.28	0.36	0.41	0.47	0.50	0.35	0.09	0.34	1.92	0.55	0.22	0.25	0.36	0.37	正态分布	0.35	0.39	0.24
Br	30	1.50	1.50	1.50	1.60	2.25	2.55	3.05	1.89	0.55	1.82	1.51	3.40	1.50	0.29	1.60	1.50	其他分布	1.50	1.50	1.50
Cd	31	0.07	0.08	0.08	0.10	0.11	0.13	0.15	0.10	0.02	0.10	3.86	0.17	0.07	0.24	0.10	0.10	正态分布	0.10	0.11	0.11
Ce	31	61.5	62.0	66.5	72.0	77.0	82.0	87.0	72.2	9.04	71.6	11.65	91.0	48.00	0.13	72.0	73.0	正态分布	72.2	73.3	84.1
Cl	31	59.0	61.0	67.0	76.0	86.0	114	134	82.2	24.62	79.3	12.40	161	57.0	0.30	76.0	82.0	正态分布	82.2	80.0	39.00
Co	31	11.40	11.80	13.10	16.30	17.75	19.40	21.65	15.74	3.25	15.42	4.86	22.90	10.70	0.21	16.30	16.30	正态分布	15.74	16.64	11.90
Cr	31	62.5	65.0	70.5	88.0	102	112	115	87.6	18.09	85.8	12.98	118	59.0	0.21	88.0	88.0	正态分布	87.6	94.1	71.0
Cu	31	14.71	15.40	20.54	27.48	33.23	35.54	38.59	26.52	7.90	25.29	6.59	40.30	14.08	0.30	27.48	26.59	正态分布	26.52	28.09	11.20
F	31	462	476	556	639	736	762	764	633	114	623	40.13	846	422	0.18	639	762	正态分布	633	648	431
Ga	31	13.40	14.00	15.15	17.50	19.85	21.40	22.00	17.62	2.88	17.39	5.19	23.50	13.00	0.16	17.50	17.90	正态分布	17.62	18.55	18.92
Ge	31	1.26	1.34	1.40	1.50	1.60	1.63	1.64	1.48	0.13	1.48	1.28	1.68	1.22	0.09	1.50	1.43	正态分布	1.48	1.61	1.50
Hg	31	0.03	0.03	0.04	0.04	0.05	0.06	0.07	0.04	0.01	0.04	5.99	0.08	0.03	0.28	0.04	0.04	正态分布	0.04	0.04	0.048
I	31	0.89	1.03	1.32	1.55	2.22	4.56	5.94	2.28	2.30	1.79	1.95	12.40	0.71	1.01	1.55	1.32	对数正态分布	1.79	2.10	3.86
La	31	31.65	33.20	35.30	39.00	41.05	44.30	46.05	38.58	5.02	38.25	8.11	50.4	25.70	0.13	39.00	34.00	正态分布	38.58	39.63	41.00
Li	31	33.70	34.60	38.85	48.00	55.2	63.0	64.9	48.00	10.38	46.91	9.22	66.7	32.90	0.22	48.00	48.00	正态分布	48.00	49.77	37.51
Mn	31	498	520	611	753	904	1186	1392	829	312	784	46.63	1872	487	0.38	753	611	正态分布	829	834	713
Mo	31	0.31	0.31	0.34	0.39	0.47	0.54	0.66	0.42	0.12	0.41	1.78	0.79	0.29	0.29	0.39	0.37	正态分布	0.42	0.44	0.62
N	31	0.38	0.41	0.44	0.49	0.57	0.68	0.73	0.51	0.10	0.51	1.54	0.77	0.36	0.20	0.49	0.49	正态分布	0.51	0.52	0.49
Nb	31	12.65	14.10	14.80	15.70	17.95	19.30	19.90	16.13	2.26	15.97	4.90	20.10	11.40	0.14	15.70	15.90	正态分布	16.13	17.17	19.60
Ni	31	27.95	28.40	30.60	37.80	41.90	46.00	48.40	37.26	7.00	36.61	7.92	49.10	24.60	0.19	37.80	37.70	正态分布	37.26	39.70	11.00
P	31	0.52	0.54	0.59	0.62	0.68	0.72	0.74	0.63	0.07	0.63	1.33	0.83	0.50	0.12	0.62	0.63	正态分布	0.63	0.63	0.24
Pb	31	18.10	18.90	20.45	23.50	26.70	29.00	30.90	23.72	4.19	23.37	6.19	32.30	17.30	0.18	23.50	23.50	正态分布	23.72	25.18	30.00

续表 3-8

元素/指标	N	$X_{5\%}$	$X_{10\%}$	$X_{25\%}$	$X_{50\%}$	$X_{75\%}$	$X_{90\%}$	$X_{95\%}$	$\bar{X}$	S	$\bar{X}_g$	S_g	X_{max}	X_{min}	CV	X_{me}	X_{mo}	分布类型	秀洲区基准值	嘉兴市基准值	浙江省基准值
Rb	31	96.5	100.0	104	125	138	150	157	124	19.67	122	15.79	158	89.6	0.16	125	123	正态分布	124	129	128
S	28	50.00	50.00	63.2	96.0	132	252	327	125	89.1	103	15.08	358	50.00	0.71	96.0	50.00	—	50.00	108	114
Sb	31	0.31	0.31	0.37	0.43	0.48	0.54	0.56	0.43	0.08	0.42	1.68	0.61	0.29	0.19	0.43	0.43	正态分布	0.43	0.47	0.53
Sc	31	9.60	10.10	10.85	12.40	13.65	14.70	15.35	12.40	1.91	12.25	4.22	16.00	8.90	0.15	12.40	12.80	正态分布	12.40	13.21	9.70
Se	31	0.06	0.06	0.08	0.09	0.12	0.15	0.15	0.10	0.03	0.10	3.98	0.16	0.04	0.31	0.09	0.09	正态分布	0.10	0.12	0.21
Sn	31	3.10	3.12	3.46	3.72	3.97	4.51	4.86	3.80	0.57	3.76	2.18	5.39	2.73	0.15	3.72	3.95	正态分布	3.80	3.64	2.60
Sr	31	110	115	117	126	140	146	154	128	14.40	128	16.06	159	103	0.11	126	115	正态分布	128	122	112
Th	31	10.95	11.20	11.65	14.10	15.40	16.80	17.05	13.75	2.16	13.58	4.55	17.40	9.50	0.16	14.10	14.70	正态分布	13.75	13.96	14.50
Ti	31	4076	4304	4452	4639	4956	5181	5278	4684	380	4670	127	5623	4055	0.08	4639	4455	正态分布	4684	4811	4602
Tl	31	0.48	0.51	0.56	0.70	0.79	0.87	0.89	0.69	0.14	0.67	1.35	0.97	0.44	0.20	0.70	0.71	正态分布	0.69	0.72	0.82
U	31	1.71	1.81	1.93	2.13	2.26	2.46	2.51	2.11	0.26	2.10	1.57	2.66	1.54	0.12	2.13	2.06	正态分布	2.11	2.26	3.14
V	31	78.5	79.0	87.0	102	114	124	127	102	16.72	100.0	14.16	136	77.0	0.16	102	106	正态分布	102	106	110
W	31	1.35	1.44	1.52	1.69	1.91	2.20	2.38	1.75	0.33	1.73	1.45	2.54	1.23	0.19	1.69	1.75	正态分布	1.75	1.86	1.93
Y	31	20.00	22.00	23.50	26.00	28.00	30.00	30.00	25.52	3.16	25.32	6.40	31.00	20.00	0.12	26.00	24.00	正态分布	25.52	26.00	26.13
Zn	31	65.0	66.0	71.5	85.0	93.5	103	108	84.8	15.08	83.4	12.73	111	56.0	0.18	85.0	103	正态分布	84.8	88.9	77.4
Zr	31	190	198	212	231	254	301	311	243	48.38	239	23.20	430	186	0.20	231	243	正态分布	243	234	287
SiO$_2$	31	59.3	60.9	62.6	64.5	66.7	69.9	70.2	64.9	3.48	64.8	10.90	73.3	58.9	0.05	64.5	65.1	正态分布	64.9	64.1	70.5
Al$_2$O$_3$	31	11.82	12.30	12.84	14.69	15.61	16.17	16.77	14.36	1.59	14.28	4.61	16.87	11.60	0.11	14.69	14.57	正态分布	14.36	14.84	14.82
TFe$_2$O$_3$	31	3.89	4.15	4.38	5.45	5.97	6.59	6.81	5.29	0.96	5.21	2.62	6.99	3.65	0.18	5.45	5.47	正态分布	5.29	5.58	4.70
MgO	31	1.52	1.67	1.83	1.99	2.17	2.27	2.28	1.97	0.25	1.95	1.50	2.31	1.30	0.13	1.99	1.99	正态分布	1.97	1.99	0.67
CaO	31	0.98	1.11	1.26	1.60	1.97	2.71	2.81	1.74	0.60	1.64	1.54	2.89	0.89	0.35	1.60	1.20	正态分布	1.74	1.49	0.22
Na$_2$O	31	1.13	1.24	1.38	1.49	1.69	1.76	1.81	1.51	0.22	1.49	1.31	1.93	1.06	0.14	1.49	1.38	正态分布	1.51	1.46	0.16
K$_2$O	31	2.27	2.28	2.41	2.67	2.85	2.99	3.04	2.65	0.28	2.63	1.76	3.14	2.07	0.10	2.67	2.67	正态分布	2.65	2.71	2.99
TC	31	0.40	0.49	0.66	0.81	0.95	1.08	1.21	0.80	0.24	0.76	1.43	1.27	0.35	0.30	0.81	0.85	正态分布	0.80	0.76	0.43
Corg	31	0.18	0.21	0.23	0.34	0.40	0.49	0.58	0.33	0.13	0.31	2.12	0.71	0.13	0.40	0.34	0.34	正态分布	0.33	0.32	0.42
pH	31	7.63	7.85	8.12	8.28	8.35	8.47	8.53	8.12	8.21	8.21	3.33	8.59	7.57	1.01	8.28	8.34	正态分布	8.12	8.00	5.12

表3-9 松散岩类(陆相)沉积物土壤母质地球化学基准值参数统计表

元素/指标	N	$X_{5\%}$	$X_{10\%}$	$X_{25\%}$	$X_{50\%}$	$X_{75\%}$	$X_{90\%}$	$X_{95\%}$	$\overline{X}$	S	$\overline{X}_g$	S_g	X_{max}	X_{min}	CV	X_{me}	X_{mo}	分布类型	松散岩类(陆相)沉积物基准值	嘉兴市基准值
Ag	42	61.0	63.1	68.0	75.5	82.0	89.5	92.8	75.0	10.41	74.3	11.87	98.0	51.0	0.14	75.5	76.0	正态分布	75.0	73.4
As	42	3.57	4.95	5.85	8.44	10.98	11.77	12.60	8.33	2.97	7.74	3.41	13.61	2.83	0.36	8.44	4.95	正态分布	8.33	7.72
Au	42	1.11	1.22	1.38	1.48	1.63	1.83	1.90	1.51	0.24	1.49	1.31	2.08	1.04	0.16	1.48	1.46	正态分布	1.51	1.57
B	42	64.0	66.0	71.0	75.0	80.8	87.0	88.9	76.0	7.84	75.7	12.09	93.0	64.0	0.10	75.0	75.0	正态分布	76.0	73.7
Ba	42	432	437	458	482	505	522	531	483	34.18	482	34.46	578	425	0.07	482	469	正态分布	483	478
Be	42	1.99	2.07	2.37	2.54	2.75	2.84	2.87	2.52	0.29	2.50	1.71	3.08	1.90	0.11	2.54	2.52	正态分布	2.52	2.48
Bi	42	0.26	0.28	0.37	0.40	0.45	0.48	0.51	0.40	0.07	0.39	1.79	0.52	0.23	0.19	0.40	0.39	正态分布	0.40	0.39
Br	38	1.50	1.50	1.50	1.50	1.68	2.23	2.40	1.66	0.29	1.64	1.40	2.40	1.50	0.18	1.50	1.50	其他分布	1.50	1.50
Cd	42	0.07	0.08	0.09	0.10	0.11	0.13	0.13	0.10	0.02	0.10	3.81	0.13	0.07	0.18	0.10	0.11	正态分布	0.10	0.11
Ce	42	62.0	63.1	69.2	72.0	80.8	83.9	87.9	74.3	8.46	73.8	11.87	96.0	61.0	0.11	72.0	72.0	正态分布	74.3	73.3
Cl	42	61.2	66.1	69.0	78.5	88.0	95.9	101	80.0	14.82	78.8	12.64	137	55.0	0.19	78.5	82.0	正态分布	80.0	80.0
Co	42	11.85	13.05	14.72	16.70	18.48	19.37	19.78	16.56	2.62	16.34	4.99	22.20	10.70	0.16	16.70	16.60	正态分布	16.56	16.64
Cr	42	66.1	69.3	87.2	96.5	108	111	113	94.5	15.27	93.2	13.60	118	59.0	0.16	96.5	108	正态分布	94.5	94.1
Cu	42	16.59	18.82	26.45	31.27	35.19	36.47	39.85	29.95	7.01	29.00	7.05	41.95	14.08	0.23	31.27	29.88	正态分布	29.95	28.09
F	42	476	500	592	685	761	811	902	673	120	662	41.45	905	451	0.18	685	762	正态分布	673	648
Ga	42	14.81	15.11	16.80	18.60	20.18	21.08	21.38	18.41	2.42	18.25	5.29	23.50	13.00	0.13	18.60	18.30	正态分布	18.41	18.55
Ge	42	1.22	1.34	1.43	1.53	1.61	1.66	1.68	1.51	0.14	1.51	1.28	1.73	1.18	0.09	1.53	1.61	正态分布	1.51	1.61
Hg	42	0.03	0.03	0.04	0.04	0.05	0.05	0.07	0.04	0.01	0.04	6.12	0.08	0.03	0.24	0.04	0.05	正态分布	0.04	0.04
I	42	0.73	0.88	1.14	1.44	2.16	2.70	5.92	1.95	1.53	1.59	1.88	7.20	0.50	0.79	1.44	2.16	对数正态分布	1.59	2.10
La	42	32.01	33.26	35.25	39.25	41.75	44.30	45.92	38.79	4.54	38.54	8.08	50.4	31.10	0.12	39.25	39.30	正态分布	38.79	39.63
Li	42	37.23	38.23	45.65	50.1	56.6	61.4	63.8	50.7	8.54	49.94	9.41	66.7	32.90	0.17	50.1	48.00	正态分布	50.7	49.77
Mn	42	508	546	639	786	1016	1312	1569	908	441	838	48.83	2925	474	0.49	786	769	正态分布	908	834
Mo	42	0.33	0.34	0.36	0.39	0.47	0.53	0.54	0.42	0.09	0.41	1.72	0.79	0.29	0.21	0.39	0.37	正态分布	0.42	0.44
N	42	0.41	0.43	0.46	0.54	0.57	0.68	0.74	0.54	0.10	0.53	1.49	0.74	0.36	0.18	0.54	0.57	正态分布	0.54	0.52
Nb	42	13.31	14.21	15.35	16.35	17.35	18.57	19.60	16.33	1.94	16.21	4.99	20.10	11.40	0.12	16.35	16.30	正态分布	16.33	17.17
Ni	42	28.73	29.62	35.33	39.30	42.12	45.89	47.71	38.47	6.02	37.99	8.02	49.10	24.60	0.16	39.30	37.70	正态分布	38.47	39.7
P	42	0.45	0.52	0.58	0.63	0.68	0.71	0.73	0.62	0.08	0.61	1.39	0.83	0.40	0.14	0.63	0.64	正态分布	0.62	0.63
Pb	42	19.48	21.40	23.62	26.15	28.27	30.09	30.10	25.92	3.75	25.64	6.49	35.40	17.30	0.14	26.15	25.90	正态分布	25.92	25.18

续表 3-9

元素/指标	N	$X_{5\%}$	$X_{10\%}$	$X_{25\%}$	$X_{50\%}$	$X_{75\%}$	$X_{90\%}$	$X_{95\%}$	$\bar{X}$	S	$\bar{X}_g$	S_g	X_{max}	X_{min}	CV	X_{me}	X_{mo}	分布类型	松散岩类（陆相）沉积物基准值	嘉兴市基准值
Rb	42	102	104	121	130	140	149	150	129	16.18	128	16.13	158	89.6	0.13	130	136	正态分布	129	129
S	42	50.1	53.1	60.5	85.5	144	222	395	150	236	103	16.81	1523	50.00	1.57	85.5	50.00	对数正态分布	103	108
Sb	42	0.34	0.38	0.45	0.50	0.55	0.60	0.62	0.50	0.09	0.49	1.55	0.74	0.29	0.18	0.50	0.50	正态分布	0.50	0.47
Sc	42	10.21	10.81	11.72	13.05	14.05	14.69	14.98	12.80	1.62	12.69	4.29	15.60	8.90	0.13	13.05	13.30	正态分布	12.80	13.21
Se	42	0.07	0.09	0.11	0.12	0.15	0.18	0.19	0.12	0.04	0.12	3.43	0.21	0.05	0.30	0.12	0.11	正态分布	0.12	0.12
Sn	42	3.45	3.47	3.64	3.78	3.97	4.25	4.40	3.91	0.63	3.87	2.20	7.16	3.10	0.16	3.78	3.97	对数正态分布	3.87	3.64
Sr	42	107	107	114	122	130	142	146	123	13.27	123	15.81	159	102	0.11	122	115	正态分布	123	122
Th	42	11.61	11.96	13.40	14.60	15.67	16.90	17.00	14.49	1.70	14.39	4.64	17.40	11.20	0.12	14.60	14.70	正态分布	14.49	13.96
Ti	42	4449	4455	4689	4852	5057	5235	5295	4859	295	4850	130	5623	4345	0.06	4852	5057	正态分布	4859	4811
Tl	42	0.53	0.58	0.67	0.74	0.79	0.85	0.87	0.73	0.11	0.72	1.30	0.97	0.44	0.15	0.74	0.78	正态分布	0.73	0.72
U	42	1.85	1.90	2.06	2.23	2.41	2.59	2.66	2.23	0.27	2.22	1.62	2.94	1.68	0.12	2.23	2.23	正态分布	2.23	2.26
V	42	84.0	87.1	101	109	118	124	126	108	13.66	107	14.64	136	77.0	0.13	109	118	正态分布	108	106
W	42	1.45	1.54	1.67	1.81	1.97	2.17	2.30	1.83	0.27	1.81	1.45	2.54	1.23	0.15	1.81	1.66	正态分布	1.83	1.86
Y	42	22.00	23.00	25.00	27.00	28.75	30.00	30.95	26.76	2.97	26.59	6.64	33.00	20.00	0.11	27.00	27.00	正态分布	26.76	26.00
Zn	42	66.1	69.0	82.5	91.0	97.8	103	106	88.6	13.52	87.5	12.94	111	56.0	0.15	91.0	103	正态分布	88.6	88.9
Zr	42	190	194	211	227	252	285	316	238	44.99	235	23.35	430	186	0.19	227	238	正态分布	238	234
SiO₂	42	60.5	60.9	61.9	63.4	66.0	69.1	70.1	64.1	3.21	64.0	10.91	73.3	58.9	0.05	63.4	63.9	正态分布	64.1	64.1
Al₂O₃	42	12.45	12.78	14.42	15.04	15.82	16.11	16.42	14.85	1.28	14.79	4.70	16.87	11.60	0.09	15.04	14.57	正态分布	14.85	14.84
TFe₂O₃	42	4.15	4.34	5.31	5.69	5.97	6.58	6.76	5.57	0.79	5.51	2.69	6.86	3.65	0.14	5.69	5.53	正态分布	5.57	5.58
MgO	42	1.44	1.52	1.78	2.01	2.19	2.26	2.29	1.95	0.28	1.93	1.48	2.32	1.30	0.15	2.01	1.99	正态分布	1.95	1.99
CaO	42	0.89	0.96	1.11	1.42	2.02	2.71	2.80	1.63	0.66	1.51	1.55	2.95	0.85	0.40	1.42	1.20	正态分布	1.63	1.49
Na₂O	42	1.19	1.24	1.35	1.47	1.55	1.69	1.72	1.46	0.18	1.45	1.29	1.93	1.06	0.12	1.47	1.47	正态分布	1.46	1.46
K₂O	42	2.27	2.36	2.55	2.71	2.88	2.98	3.04	2.70	0.24	2.68	1.76	3.14	2.07	0.09	2.71	2.83	正态分布	2.70	2.71
TC	42	0.40	0.44	0.65	0.81	0.90	1.08	1.20	0.78	0.23	0.75	1.44	1.27	0.35	0.30	0.81	0.81	正态分布	0.78	0.76
Corg	42	0.22	0.23	0.27	0.32	0.41	0.47	0.49	0.34	0.12	0.33	1.99	0.71	0.13	0.33	0.32	0.31	正态分布	0.34	0.32
pH	42	7.57	7.62	7.88	8.25	8.35	8.51	8.56	7.98	8.01	8.12	3.31	8.62	7.33	1.00	8.25	8.34	正态分布	7.98	8.00

注：氧化物、TC、Corg 单位为 %，N、P 单位为 g/kg，Au、Ag 单位为 μg/kg，pH 为无量纲，其他元素/指标单位为 mg/kg；后表单位相同。

与嘉兴市土壤基准值相比,松散岩类(陆相)沉积物土壤基准值中I基准值略偏低,为嘉兴市基准值的76%;其他元素/指标基准值均与嘉兴市基准值接近。

二、松散岩类(海相)沉积物土壤母质地球化学基准值

松散岩类(海相)沉积物区地球化学基准值数据经正态分布检验,结果表明(表3-10),原始数据中Ag、As、B、Ba、Be、Bi、Cd、Ce、Co、Cr、Cu、F、Ga、La、Li、Nb、Ni、Pb、Rb、Sb、Sc、Se、Sr、Th、Ti、Tl、U、V、W、Zn、Zr、SiO_2、Al_2O_3、TFe_2O_3、MgO、CaO、Na_2O、K_2O、TC共39项元素/指标符合正态分布,Au、Cl、I、Mo、N、Sn、Corg符合对数正态分布,P、Y、pH剔除异常值后符合正态分布,Hg、S剔除异常值后符合对数正态分布(简称剔除后对数分布),Br、Ge、Mn不符合正态分布或对数正态分布。

松散岩类(海相)沉积物区深层土壤总体为碱性,土壤pH基准值为8.01,极大值为8.90,极小值为7.31,基本接近于嘉兴市基准值。

松散岩类(海相)沉积物区深层土壤各元素/指标中,多数元素/指标变异系数在0.40以下,说明分布较为均匀;CaO、S、Corg、I、pH、Cl变异系数大于0.40,pH、Cl变异系数不小于0.80,说明空间变异性较大。

与嘉兴市土壤基准值相比,松散岩类(海相)沉积物区土壤基准值中绝大多数元素/指标基准值与嘉兴市基准值接近;S基准值略偏低,在嘉兴市基准值的80%以下。

三、中酸性火山岩类风化物土壤母质地球化学基准值

中酸性火山岩类风化物区采集深层土壤样品1件,具体参数统计如下(表3-11)。

中酸性火山岩类风化物区深层土壤总体为中偏碱性,土壤pH基准值为7.42,基本接近于嘉兴市基准值。

与嘉兴市土壤基准值相比,中酸性火山岩类风化物区土壤基准值中绝大多数元素/指标基准值与嘉兴市基准值接近;S、CaO基准值明显偏低,是嘉兴市基准值的60%以下;Na_2O、Mn、TC基准值略偏低,是嘉兴市基准值的60%~80%;Ni、Li、Cd、Sb、Au、F、Bi、V、Zn、Co、TFe_2O_3、Sc、Ga、Rb、Be、N、Br、Ti、Tl、K_2O、U、Pb基准值略高于嘉兴市基准值,在嘉兴市基准值的1.2~1.4倍之间;Cu、Mo、Se、Cr基准值明显高于嘉兴市基准值,为嘉兴市基准值的1.4倍以上。

第三节 主要土壤类型地球化学基准值

一、红壤土壤地球化学基准值

红壤区采集深层土壤样品2件,具体参数统计如下(表3-12)。

红壤区深层土壤总体为强碱性,土壤pH基准值为8.37,极大值为9.32,极小值为7.42,基本接近于嘉兴市基准值。

红壤区深层土壤各元素/指标中,多数元素/指标变异系数在0.40以下,说明分布较为均匀;Cl、pH、CaO变异系数大于0.80,空间变异性较大。

与嘉兴市土壤基准值相比,红壤区土壤基准值中绝大多数元素/指标基准值与嘉兴市基准值接近;Mn基准值略低于嘉兴市基准值;Cu、Hg、Mo、Se、CaO基准值略高于嘉兴市基准值,在嘉兴市基准值的1.2~1.4倍之间;Br、Cl基准值明显高于嘉兴市基准值,其中Cl富集明显,基准值是嘉兴市基准值的3.96倍。

表 3-10 松散岩类（海相）沉积物土壤母质地球化学基准值

元素/指标	N	$X_{5\%}$	$X_{10\%}$	$X_{25\%}$	$X_{50\%}$	$X_{75\%}$	$X_{90\%}$	$X_{95\%}$	$\bar{X}$	S	$\bar{X}_g$	S_g	X_{max}	X_{min}	CV	X_{me}	X_{mo}	分布类型	松散岩类（海相）沉积物基准值	嘉兴市基准值
Ag	188	53.4	56.0	65.0	73.0	80.0	89.0	93.0	73.1	13.17	72.0	11.81	124	48.00	0.18	73.0	70.0	正态分布	73.1	73.4
As	188	4.10	4.89	6.01	8.06	9.78	12.09	14.21	8.24	2.96	7.72	3.48	17.08	2.63	0.36	8.06	6.69	正态分布	8.24	7.72
Au	188	1.06	1.17	1.33	1.52	1.79	2.23	2.71	1.67	0.66	1.59	1.50	5.61	0.76	0.39	1.52	1.33	对数正态分布	1.59	1.57
B	188	63.0	64.0	68.8	73.0	78.0	82.0	85.0	73.2	6.82	72.9	11.96	90.0	56.0	0.09	73.0	71.0	正态分布	73.2	73.7
Ba	188	431	443	457	475	493	511	530	477	30.12	476	34.90	613	411	0.06	475	486	正态分布	477	478
Be	188	1.88	1.97	2.20	2.53	2.73	2.91	2.99	2.47	0.35	2.44	1.71	3.27	1.68	0.14	2.53	2.64	正态分布	2.47	2.48
Bi	188	0.22	0.24	0.32	0.38	0.45	0.53	0.55	0.39	0.10	0.37	1.87	0.62	0.18	0.26	0.38	0.36	正态分布	0.39	0.39
Br	179	1.50	1.50	1.50	2.00	2.45	3.00	3.40	2.12	0.61	2.04	1.64	3.90	1.20	0.29	2.00	1.50	其他分布	1.50	1.50
Cd	188	0.08	0.09	0.10	0.11	0.13	0.15	0.16	0.11	0.02	0.11	3.66	0.17	0.07	0.21	0.11	0.10	正态分布	0.11	0.11
Ce	188	58.0	61.0	67.8	73.0	79.0	85.3	86.7	73.1	9.19	72.5	11.83	97.0	46.00	0.13	73.0	69.0	对数正态分布	73.1	73.3
Cl	188	56.4	59.7	66.8	79.0	95.0	119	140	96.7	115	83.8	12.98	1431	40.00	1.19	79.0	70.0	对数正态分布	83.8	80.0
Co	188	11.70	12.70	14.38	16.50	18.82	21.00	22.20	16.65	3.20	16.35	5.07	24.80	9.30	0.19	16.50	16.50	正态分布	16.65	16.64
Cr	188	63.4	68.7	80.8	96.5	108	118	121	94.0	18.13	92.1	13.74	131	52.0	0.19	96.5	97.0	正态分布	94.0	94.1
Cu	188	15.68	16.98	22.19	27.61	33.20	37.88	39.54	27.58	7.78	26.41	6.81	55.1	9.40	0.28	27.61	27.61	正态分布	27.58	28.09
F	188	470	508	574	639	700	769	802	642	104	633	41.35	1025	351	0.16	639	608	正态分布	642	648
Ga	188	14.00	14.67	16.30	18.50	20.70	22.63	23.86	18.57	3.01	18.32	5.40	25.40	12.00	0.16	18.50	17.60	正态分布	18.57	18.55
Ge	188	1.21	1.24	1.36	1.51	1.59	1.63	1.68	1.47	0.15	1.47	1.28	1.78	1.18	0.10	1.51	1.53	其他分布	1.53	1.61
Hg	170	0.03	0.03	0.03	0.04	0.04	0.05	0.05	0.04	0.01	0.04	6.59	0.06	0.02	0.19	0.04	0.04	剔除后对数正态分布	0.04	0.04
I	188	1.10	1.23	1.55	2.16	3.03	4.19	6.33	2.63	1.95	2.23	1.98	15.30	0.64	0.74	2.16	1.32	对数正态分布	2.23	2.10
La	188	32.14	33.40	36.10	39.85	43.20	45.73	49.17	39.82	5.18	39.49	8.31	53.9	25.70	0.13	39.85	40.80	正态分布	39.82	39.63
Li	188	33.14	36.27	41.80	50.5	57.5	62.0	63.3	49.54	9.82	48.50	9.53	73.0	26.00	0.20	50.5	49.50	正态分布	49.54	49.77
Mn	187	488	552	644	780	1030	1272	1353	850	269	810	48.40	1591	434	0.32	780	696	偏峰分布	696	834
Mo	188	0.32	0.33	0.38	0.45	0.52	0.62	0.68	0.46	0.11	0.45	1.69	0.86	0.28	0.25	0.45	0.40	对数正态分布	0.45	0.44
N	188	0.34	0.38	0.43	0.53	0.61	0.73	0.82	0.54	0.17	0.52	1.60	1.73	0.31	0.31	0.53	0.55	对数正态分布	0.52	0.52
Nb	188	12.97	14.00	15.78	17.40	19.20	20.33	21.33	17.35	2.67	17.13	5.22	24.80	9.10	0.15	17.40	18.40	正态分布	17.35	17.17
Ni	188	27.93	29.67	33.88	40.95	45.65	48.96	50.4	39.95	7.27	39.25	8.39	54.5	22.20	0.18	40.95	41.00	正态分布	39.95	39.7
P	179	0.53	0.55	0.59	0.63	0.67	0.70	0.72	0.63	0.06	0.63	1.33	0.79	0.49	0.09	0.63	0.62	剔除后正态分布	0.63	0.63
Pb	188	17.64	19.00	21.90	24.65	28.23	31.73	32.87	25.00	4.64	24.57	6.41	36.00	15.30	0.19	24.65	24.20	正态分布	25.00	25.18

续表 3-10

元素/指标	N	$X_{5\%}$	$X_{10\%}$	$X_{25\%}$	$X_{50\%}$	$X_{75\%}$	$X_{90\%}$	$X_{95\%}$	$\bar{X}$	S	$\bar{X}_g$	S_g	X_{max}	X_{min}	CV	X_{me}	X_{mo}	分布类型	松散岩类(海相)沉积物基准值	嘉兴市基准值
Rb	188	96.4	100.0	114	131	146	157	160	129	20.72	128	16.53	176	81.0	0.16	131	133	正态分布	129	129
S	158	50.00	50.00	56.0	66.5	90.0	140	184	83.0	41.56	75.7	12.34	259	46.00	0.50	66.5	50.00	剔除后对数分布	75.7	108
Sb	188	0.31	0.34	0.39	0.46	0.54	0.58	0.60	0.46	0.10	0.45	1.66	1.05	0.23	0.22	0.46	0.40	正态分布	0.46	0.47
Sc	188	9.90	10.57	11.88	13.25	14.60	16.10	16.76	13.30	2.10	13.13	4.46	18.50	8.40	0.16	13.25	13.00	正态分布	13.30	13.21
Se	188	0.04	0.06	0.09	0.12	0.15	0.18	0.21	0.12	0.05	0.11	3.78	0.29	0.02	0.40	0.12	0.13	对数正态分布	0.12	0.12
Sn	188	2.89	3.03	3.28	3.58	4.04	4.74	5.20	3.85	1.24	3.73	2.21	14.42	2.26	0.32	3.58	3.54	对数正态分布	3.73	3.64
Sr	188	95.7	103	112	119	130	144	151	122	16.68	121	15.95	170	78.0	0.14	119	118	正态分布	122	122
Th	188	10.63	11.34	12.60	13.90	15.05	16.26	16.96	13.84	1.92	13.71	4.57	18.50	9.10	0.14	13.90	14.10	正态分布	13.84	13.96
Ti	188	4095	4266	4538	4806	5085	5323	5483	4798	401	4781	132	5870	3698	0.08	4806	4781	正态分布	4798	4811
Tl	188	0.50	0.55	0.63	0.71	0.81	0.89	0.94	0.72	0.13	0.70	1.31	1.01	0.45	0.18	0.71	0.63	正态分布	0.72	0.72
U	188	1.75	1.91	2.10	2.24	2.43	2.68	2.77	2.26	0.30	2.24	1.61	3.28	1.45	0.13	2.24	2.13	正态分布	2.26	2.26
V	188	77.0	81.7	93.0	108	119	127	130	106	16.76	104	14.69	144	63.0	0.16	108	118	正态分布	106	106
W	188	1.29	1.44	1.62	1.84	2.11	2.29	2.46	1.86	0.36	1.83	1.51	2.75	0.99	0.19	1.84	1.95	正态分布	1.86	1.86
Y	180	22.00	23.00	25.00	27.00	29.00	31.00	33.00	27.08	3.05	26.91	6.68	34.00	20.00	0.11	27.00	26.00	剔除后正态分布	27.08	26.00
Zn	188	64.3	68.0	77.0	91.0	101	107	109	88.9	14.67	87.6	13.29	123	55.0	0.17	91.0	95.0	正态分布	88.9	88.9
Zr	188	195	200	212	231	255	282	301	237	33.35	235	23.31	363	185	0.14	231	236	正态分布	237	234
SiO_2	188	59.7	60.4	61.6	64.2	66.5	68.0	69.3	64.2	3.11	64.1	10.99	72.3	57.5	0.05	64.2	65.6	正态分布	64.2	64.1
Al_2O_3	188	12.00	12.69	13.75	15.11	15.98	16.67	16.93	14.84	1.59	14.75	4.76	18.34	10.31	0.11	15.11	14.82	正态分布	14.84	14.84
TFe_2O_3	188	4.04	4.30	4.75	5.62	6.31	6.88	7.05	5.57	0.99	5.48	2.73	8.06	3.27	0.18	5.62	5.48	正态分布	5.57	5.58
MgO	188	1.54	1.68	1.84	2.00	2.14	2.24	2.29	1.98	0.23	1.96	1.52	2.52	1.11	0.12	2.00	1.98	正态分布	1.98	1.99
CaO	188	0.79	0.86	1.04	1.50	2.12	2.54	2.84	1.61	0.66	1.48	1.60	4.01	0.72	0.41	1.50	1.67	正态分布	1.61	1.49
Na_2O	188	1.12	1.19	1.31	1.43	1.60	1.77	1.82	1.45	0.22	1.44	1.29	1.99	0.89	0.15	1.43	1.38	正态分布	1.45	1.46
K_2O	188	2.23	2.30	2.49	2.75	2.92	3.07	3.14	2.71	0.29	2.69	1.79	3.27	1.84	0.11	2.75	2.73	正态分布	2.71	2.71
TC	188	0.43	0.49	0.57	0.72	0.90	1.04	1.11	0.75	0.25	0.72	1.44	2.27	0.24	0.33	0.72	0.82	正态分布	0.75	0.76
Corg	188	0.17	0.20	0.25	0.30	0.41	0.53	0.66	0.36	0.21	0.32	2.17	2.10	0.12	0.59	0.30	0.27	对数正态分布	0.32	0.32
pH	180	7.57	7.67	7.93	8.19	8.39	8.53	8.61	8.01	8.03	8.15	3.36	8.90	7.31	1.00	8.19	7.92	剔除后正态分布	8.01	8.00

表 3-11 中酸性火山岩类风化物土壤母质地球化学基准值参数统计表

元素/指标	N	$X_{5\%}$	$X_{10\%}$	$X_{25\%}$	$X_{50\%}$	$X_{75\%}$	$X_{90\%}$	$X_{95\%}$	$\overline{X}$	$\overline{X}_g$	X_{max}	X_{min}	CV	X_{me}	X_{mo}	中酸性火山岩类风化物基准值	嘉兴市基准值
Ag	1	70.0	70.0	70.0	70.0	70.0	70.0	70.0	70.0	70.0	70.0	70.0		70.0	70.0	70.0	73.4
As	1	9.21	9.21	9.21	9.21	9.21	9.21	9.21	9.21	9.21	9.21	9.21		9.21	9.21	9.21	7.72
Au	1	2.12	2.12	2.12	2.12	2.12	2.12	2.12	2.12	2.12	2.12	2.12		2.12	2.12	2.12	1.57
B	1	69.0	69.0	69.0	69.0	69.0	69.0	69.0	69.0	69.0	69.0	69.0		69.0	69.0	69.0	73.7
Ba	1	547	547	547	547	547	547	547	547	547	547	547		547	547	547	478
Be	1	3.15	3.15	3.15	3.15	3.15	3.15	3.15	3.15	3.15	3.15	3.15		3.15	3.15	3.15	2.48
Bi	1	0.52	0.52	0.52	0.52	0.52	0.52	0.52	0.52	0.52	0.52	0.52		0.52	0.52	0.52	0.39
Br	1	1.90	1.90	1.90	1.90	1.90	1.90	1.90	1.90	1.90	1.90	1.90		1.90	1.90	1.90	1.50
Cd	1	0.15	0.15	0.15	0.15	0.15	0.15	0.15	0.15	0.15	0.15	0.15		0.15	0.15	0.15	0.11
Ce	1	74.0	74.0	74.0	74.0	74.0	74.0	74.0	74.0	74.0	74.0	74.0		74.0	74.0	74.0	73.3
Cl	1	84.0	84.0	84.0	84.0	84.0	84.0	84.0	84.0	84.0	84.0	84.0		84.0	84.0	84.0	80.0
Co	1	21.90	21.90	21.90	21.90	21.90	21.90	21.90	21.90	21.90	21.90	21.90		21.90	21.90	21.90	16.64
Cr	1	132	132	132	132	132	132	132	132	132	132	132		132	132	132	94.1
Cu	1	48.18	48.18	48.18	48.18	48.18	48.18	48.18	48.18	48.18	48.18	48.18		48.18	48.18	48.18	28.09
F	1	871	871	871	871	871	871	871	871	871	871	871		871	871	871	648
Ga	1	23.80	23.80	23.80	23.80	23.80	23.80	23.80	23.80	23.80	23.80	23.80		23.80	23.80	23.80	18.55
Ge	1	1.60	1.60	1.60	1.60	1.60	1.60	1.60	1.60	1.60	1.60	1.60		1.60	1.60	1.60	1.61
Hg	1	0.04	0.04	0.04	0.04	0.04	0.04	0.04	0.04	0.05	0.04	0.04		0.04	0.04	0.04	0.04
I	1	2.23	2.23	2.23	2.23	2.23	2.23	2.23	2.23	2.23	2.23	2.23		2.23	2.23	2.23	2.10
La	1	40.10	40.10	40.10	40.10	40.10	40.10	40.10	40.10	40.10	40.10	40.10		40.10	40.10	40.10	39.63
Li	1	68.9	68.9	68.9	68.9	68.9	68.9	68.9	68.9	68.9	68.9	68.9		68.9	68.9	68.9	49.77
Mn	1	563	563	563	563	563	563	563	563	563	563	563		563	563	563	834
Mo	1	0.68	0.68	0.68	0.68	0.68	0.68	0.68	0.68	0.68	0.68	0.68		0.68	0.68	0.68	0.44
N	1	0.66	0.66	0.66	0.66	0.66	0.66	0.66	0.66	0.66	0.66	0.66		0.66	0.66	0.66	0.52
Nb	1	18.10	18.10	18.10	18.10	18.10	18.10	18.10	18.10	18.10	18.10	18.10		18.10	18.10	18.10	17.17
Ni	1	55.4	55.4	55.4	55.4	55.4	55.4	55.4	55.4	55.4	55.4	55.4		55.4	55.4	55.4	39.70
P	1	0.73	0.73	0.73	0.73	0.73	0.73	0.73	0.73	0.73	0.73	0.73		0.73	0.73	0.73	0.63
Pb	1	30.50	30.50	30.50	30.50	30.50	30.50	30.50	30.50	30.50	30.50	30.50		30.50	30.50	30.50	25.18

续表 3-11

元素/指标	N	$X_{5\%}$	$X_{10\%}$	$X_{25\%}$	$X_{50\%}$	$X_{75\%}$	$X_{90\%}$	$X_{95\%}$	$\overline{X}$	$\overline{X}_g$	X_{max}	X_{min}	CV	X_{me}	X_{mo}	中酸性火山岩类风化物基准值	嘉兴市基准值
Rb	1	164	164	164	164	164	164	164	164	164	164	164		164	164	164	129
S	1	54.0	54.0	54.0	54.0	54.0	54.0	54.0	54.0	54.0	54.0	54.0		54.0	54.0	54.0	108
Sb	1	0.64	0.64	0.64	0.64	0.64	0.64	0.64	0.64	0.64	0.64	0.64		0.64	0.64	0.64	0.47
Sc	1	17.00	17.00	17.00	17.00	17.00	17.00	17.00	17.00	17.00	17.00	17.00		17.00	17.00	17.00	13.21
Se	1	0.18	0.18	0.18	0.18	0.18	0.18	0.18	0.18	0.18	0.18	0.18		0.18	0.18	0.18	0.12
Sn	1	3.45	3.45	3.45	3.45	3.45	3.45	3.45	3.45	3.45	3.45	3.45		3.45	3.45	3.45	3.64
Sr	1	104	104	104	104	104	104	104	104	104	104	104		104	104	104	122
Th	1	14.60	14.60	14.60	14.60	14.60	14.60	14.60	14.60	14.60	14.60	14.60		14.60	14.60	14.60	13.96
Ti	1	5886	5886	5886	5886	5886	5886	5886	5886	5886	5886	5886		5886	5886	5886	4811
Tl	1	0.88	0.88	0.88	0.88	0.88	0.88	0.88	0.88	0.88	0.88	0.88		0.88	0.88	0.88	0.72
U	1	2.74	2.74	2.74	2.74	2.74	2.74	2.74	2.74	2.74	2.74	2.74		2.74	2.74	2.74	2.26
V	1	141	141	141	141	141	141	141	141	141	141	141		141	141	141	106
W	1	1.92	1.92	1.92	1.92	1.92	1.92	1.92	1.92	1.92	1.92	1.92		1.92	1.92	1.92	1.86
Y	1	31.00	31.00	31.00	31.00	31.00	31.00	31.00	31.00	31.00	31.00	31.00		31.00	31.00	31.00	26.00
Zn	1	118	118	118	118	118	118	118	118	118	118	118		118	118	118	88.9
Zr	1	188	188	188	188	188	188	188	188	188	188	188		188	188	188	234
SiO_2	1	58.7	58.7	58.7	58.7	58.7	58.7	58.7	58.7	58.7	58.7	58.7		58.7	58.7	58.7	64.1
Al_2O_3	1	17.54	17.54	17.54	17.54	17.54	17.54	17.54	17.54	17.54	17.54	17.54		17.54	17.54	17.54	14.84
TFe_2O_3	1	7.29	7.29	7.29	7.29	7.29	7.29	7.29	7.29	7.29	7.29	7.29		7.29	7.29	7.29	5.58
MgO	1	2.15	2.15	2.15	2.15	2.15	2.15	2.15	2.15	2.15	2.15	2.15		2.15	2.15	2.15	1.99
CaO	1	0.73	0.73	0.73	0.73	0.73	0.73	0.73	0.73	0.73	0.73	0.73		0.73	0.73	0.73	1.49
Na_2O	1	1.08	1.08	1.08	1.08	1.08	1.08	1.08	1.08	1.08	1.08	1.08		1.08	1.08	1.08	1.46
K_2O	1	3.30	3.30	3.30	3.30	3.30	3.30	3.30	3.30	3.30	3.30	3.30		3.30	3.30	3.30	2.71
TC	1	0.48	0.48	0.48	0.48	0.48	0.48	0.48	0.48	0.48	0.48	0.48		0.48	0.48	0.48	0.76
Corg	1	0.28	0.28	0.28	0.28	0.28	0.28	0.28	0.28	0.28	0.28	0.28		0.28	0.28	0.28	0.32
pH	1	7.42	7.42	7.42	7.42	7.42	7.42	7.42	7.42	7.42	7.42	7.42		7.42	7.42	7.42	8.00

表 3-12 红壤土壤地球化学基准值参数统计表

元素/指标	N	$X_{5\%}$	$X_{10\%}$	$X_{25\%}$	$X_{50\%}$	$X_{75\%}$	$X_{90\%}$	$X_{95\%}$	$\bar{X}$	S	$\bar{X}_g$	S_g	X_{max}	X_{min}	CV	X_{me}	X_{mo}	红壤基准值	嘉兴市基准值
Ag	2	62.4	62.8	64.0	66.0	68.0	69.2	69.6	66.0	5.66	65.9	8.37	70.0	62.0	0.09	66.0	62.0	66.0	73.4
As	2	6.26	6.42	6.88	7.66	8.44	8.90	9.06	7.66	2.20	7.50	3.09	9.21	6.11	0.29	7.66	9.21	7.66	7.72
Au	2	1.12	1.18	1.33	1.60	1.86	2.02	2.07	1.60	0.74	1.51	1.66	2.12	1.07	0.47	1.60	2.12	1.60	1.57
B	2	69.3	69.7	70.8	72.5	74.2	75.3	75.7	72.5	4.95	72.4	8.31	76.0	69.0	0.07	72.5	69.0	72.5	73.7
Ba	2	438	444	461	490	518	536	541	490	81.3	486	23.44	547	432	0.17	490	432	490	478
Be	2	2.02	2.08	2.26	2.55	2.85	3.03	3.09	2.55	0.84	2.48	1.86	3.15	1.96	0.33	2.55	1.96	2.55	2.48
Bi	2	0.31	0.32	0.35	0.41	0.46	0.50	0.51	0.41	0.15	0.39	1.53	0.52	0.30	0.38	0.41	0.52	0.41	0.39
Br	2	2.08	2.27	2.82	3.75	4.67	5.23	5.41	3.75	2.62	3.26	1.87	5.60	1.90	0.70	3.75	5.60	3.75	1.50
Cd	2	0.12	0.12	0.12	0.13	0.14	0.15	0.15	0.13	0.03	0.13	2.57	0.15	0.11	0.22	0.13	0.15	0.13	0.11
Ce	2	74.1	74.2	74.5	74.9	75.4	75.7	75.8	74.9	1.32	74.9	8.60	75.9	74.0	0.02	74.9	75.9	74.9	73.3
Cl	2	107	131	200	317	434	503	527	317	330	215	11.09	550	84.0	1.04	317	84.0	317	80.0
Co	2	13.23	13.68	15.05	17.34	19.62	20.99	21.44	17.34	6.46	16.72	4.79	21.90	12.77	0.37	17.34	21.90	17.34	16.64
Cr	2	69.3	72.6	82.5	99.0	116	125	129	99.0	46.67	93.3	11.77	132	66.0	0.47	99.0	66.0	99.0	94.1
Cu	2	20.93	22.37	26.67	33.84	41.01	45.31	46.75	33.84	20.28	30.65	7.31	48.18	19.50	0.60	33.84	48.18	33.84	28.09
F	2	549	566	617	702	786	837	854	702	240	681	29.78	871	532	0.34	702	532	702	648
Ga	2	16.55	16.93	18.08	19.98	21.89	23.04	23.42	19.98	5.40	19.62	4.94	23.80	16.17	0.27	19.98	16.17	19.98	18.55
Ge	2	1.53	1.54	1.55	1.56	1.58	1.59	1.59	1.56	0.05	1.56	1.27	1.60	1.53	0.03	1.56	1.53	1.56	1.61
Hg	2	0.05	0.05	0.05	0.05	0.05	0.05	0.05	0.05	0.03	0.05	4.72	0.05	0.04	0.09	0.05	0.05	0.05	0.04
I	2	2.26	2.28	2.36	2.49	2.62	2.70	2.72	2.49	0.37	2.48	1.51	2.75	2.23	0.15	2.49	2.75	2.49	2.10
La	2	40.23	40.36	40.76	41.41	42.06	42.46	42.59	41.41	1.85	41.39	6.33	42.72	40.10	0.04	41.41	40.10	41.41	39.63
Li	2	37.84	39.47	44.38	52.6	60.7	65.6	67.3	52.6	23.12	49.94	8.50	68.9	36.20	0.44	52.6	36.20	52.6	49.77
Mn	2	565	566	572	580	588	594	595	580	24.04	580	23.73	597	563	0.04	580	563	580	834
Mo	2	0.40	0.42	0.46	0.54	0.61	0.65	0.67	0.54	0.21	0.51	1.40	0.68	0.39	0.38	0.54	0.39	0.54	0.44
N	2	0.47	0.48	0.51	0.56	0.61	0.64	0.65	0.56	0.14	0.55	1.32	0.66	0.46	0.26	0.56	0.46	0.56	0.52
Nb	2	17.21	17.25	17.39	17.63	17.87	18.01	18.05	17.63	0.66	17.62	4.26	18.10	17.16	0.04	17.63	18.10	17.63	17.17
Ni	2	31.08	32.36	36.20	42.60	49.00	52.8	54.1	42.60	18.10	40.63	7.62	55.4	29.80	0.42	42.60	55.4	42.60	39.70
P	2	0.67	0.67	0.68	0.70	0.71	0.72	0.73	0.70	0.05	0.70	1.18	0.73	0.67	0.06	0.70	0.73	0.70	0.63
Pb	2	23.67	24.03	25.11	26.91	28.70	29.78	30.14	26.91	5.08	26.66	5.55	30.50	23.31	0.19	26.91	30.50	26.91	25.18

续表 3-12

元素/指标	N	$X_{5\%}$	$X_{10\%}$	$X_{25\%}$	$X_{50\%}$	$X_{75\%}$	$X_{90\%}$	$X_{95\%}$	$\bar{X}$	S	$\bar{X}_g$	S_g	X_{max}	X_{min}	CV	X_{me}	X_{mo}	红壤基准值	嘉兴市基准值
Rb	2	102	105	115	131	148	158	161	131	46.74	127	12.99	164	98.2	0.36	131	98.2	131	129
S	2	60.8	67.5	87.8	122	155	176	182	122	95.5	101	8.09	189	54.0	0.79	122	54.0	122	108
Sb	2	0.40	0.41	0.45	0.51	0.58	0.62	0.63	0.51	0.18	0.50	1.41	0.64	0.38	0.36	0.51	0.64	0.51	0.47
Sc	2	11.40	11.70	12.58	14.05	15.53	16.41	16.71	14.05	4.16	13.74	4.19	17.00	11.11	0.30	14.05	11.11	14.05	13.21
Se	2	0.12	0.12	0.13	0.15	0.16	0.17	0.18	0.15	0.04	0.14	2.43	0.18	0.12	0.30	0.15	0.18	0.15	0.12
Sn	2	2.77	2.80	2.91	3.09	3.27	3.38	3.41	3.09	0.51	3.07	1.88	3.45	2.73	0.16	3.09	2.73	3.09	3.64
Sr	2	106	108	115	126	138	144	147	126	31.82	124	10.27	149	104	0.25	126	104	126	122
Th	2	14.28	14.29	14.34	14.43	14.52	14.57	14.58	14.43	0.24	14.43	3.82	14.60	14.26	0.02	14.43	14.26	14.43	13.96
Ti	2	4166	4257	4528	4981	5434	5705	5796	4981	1280	4898	77.0	5886	4076	0.26	4981	4076	4981	4811
Tl	2	0.66	0.67	0.71	0.77	0.82	0.86	0.87	0.77	0.16	0.76	1.18	0.88	0.65	0.21	0.77	0.65	0.77	0.72
U	2	2.50	2.51	2.55	2.61	2.68	2.71	2.73	2.61	0.18	2.61	1.66	2.74	2.49	0.07	2.61	2.49	2.61	2.26
V	2	82.1	85.2	94.5	110	126	135	138	110	43.84	106	12.08	141	79.0	0.40	110	79.0	110	106
W	2	1.93	1.94	1.97	2.02	2.08	2.11	2.12	2.02	0.15	2.02	1.39	2.13	1.92	0.07	2.02	1.92	2.02	1.86
Y	2	27.68	27.86	28.38	29.26	30.13	30.65	30.83	29.26	2.47	29.20	5.57	31.00	27.51	0.08	29.26	31.00	29.26	26.00
Zn	2	70.5	73.0	80.5	93.0	106	113	116	93.0	35.36	89.6	11.04	118	68.0	0.38	93.0	68.0	93.0	88.9
Zr	2	192	196	208	228	248	260	264	228	56.1	224	13.80	268	188	0.25	228	188	228	234
SiO$_2$	2	59.1	59.5	60.7	62.7	64.7	65.9	66.3	62.7	5.62	62.6	7.67	66.7	58.7	0.09	62.7	66.7	62.7	64.1
Al$_2$O$_3$	2	12.46	12.72	13.53	14.86	16.20	17.00	17.27	14.86	3.78	14.62	4.24	17.54	12.19	0.25	14.86	12.19	14.86	14.84
TFe$_2$O$_3$	2	4.26	4.42	4.90	5.70	6.49	6.97	7.13	5.70	2.26	5.47	2.81	7.29	4.10	0.40	5.70	7.29	5.70	5.58
MgO	2	2.03	2.03	2.05	2.08	2.12	2.14	2.14	2.08	0.09	2.08	1.47	2.15	2.02	0.04	2.08	2.02	2.08	1.99
CaO	2	0.86	1.00	1.41	2.08	2.75	3.16	3.29	2.08	1.91	1.58	2.20	3.43	0.73	0.92	2.08	0.73	2.08	1.49
Na$_2$O	2	1.12	1.15	1.26	1.45	1.63	1.74	1.77	1.45	0.52	1.40	1.30	1.81	1.08	0.36	1.45	1.08	1.45	1.46
K$_2$O	2	2.35	2.40	2.55	2.80	3.05	3.20	3.25	2.80	0.71	2.75	1.87	3.30	2.30	0.25	2.80	2.30	2.80	2.71
TC	2	0.50	0.53	0.60	0.72	0.84	0.91	0.94	0.72	0.34	0.68	1.66	0.96	0.48	0.47	0.72	0.48	0.72	0.76
Corg	2	0.27	0.27	0.27	0.28	0.28	0.28	0.28	0.28	0.01	0.27	1.89	0.28	0.27	0.03	0.28	0.27	0.28	0.32
pH	2	7.51	7.61	7.89	8.37	8.85	9.13	9.22	7.72	7.58	8.37	2.74	9.32	7.42	0.98	8.37	9.32	8.37	8.00

注：氧化物、TC、Corg单位为%；N、P单位为g/kg；Au、Ag单位为μg/kg；pH为无量纲；其他元素/指标单位为mg/kg；后表单位相同。

二、潮土土壤地球化学基准值

潮土区采集深层土壤样品1件,具体参数统计如下(表3-13)。

潮土区深层土壤总体为碱性,土壤pH基准值为8.44,基本接近于嘉兴市基准值。

与嘉兴市土壤基准值相比,潮土区土壤基准值中各项元素/指标基准值基本与嘉兴市基准值接近;Cd、As、Bi、Cu、S、Se、Ni、Li、Tl、Rb、Mo、Corg、V、Zn、Ag、Co基准值略高于嘉兴市基准值,在嘉兴市基准值的1.2~1.4倍之间;Br、Cl、I基准值明显高于嘉兴市基准值,其中Br富集明显,基准值是嘉兴市基准值的2.0倍。

三、滨海盐土土壤地球化学基准值

滨海盐土区采集深层土壤样品1件,具体参数统计如下(表3-14)。

滨海盐土区深层土壤总体为碱性,土壤pH基准值为8.29,接近于嘉兴市基准值。

与嘉兴市土壤基准值相比,滨海盐土区土壤基准值中S、Se基准值明显低于嘉兴市基准值,不足嘉兴市基准值的60%;Corg、Cu、CaO、TC、S、Se基准值略低于嘉兴市基准值;I、Zr基准值略高于嘉兴市基准,为嘉兴市基准值的1.2~1.4倍;Br、Mo、Cl基准值高于嘉兴市基准值,最高的Br基准值为嘉兴市基准值的2.0倍;其他各项元素/指标基准值与嘉兴市基准值基本接近。

四、渗育水稻土土壤地球化学基准值

渗育型水稻土区地球化学基准值数据经正态分布检验,结果表明(表3-15),原始数据中Ag、As、B、Ba、Be、Bi、Br、Cd、Ce、Cl、Co、Cr、Cu、F、Ga、Ge、La、Li、Mn、Mo、N、Nb、Ni、P、Pb、Rb、Sb、Sc、Se、Sn、Sr、Th、Ti、Tl、U、V、W、Y、Zn、Zr、SiO_2、Al_2O_3、TFe_2O_3、MgO、CaO、Na_2O、K_2O、TC、pH共49项元素/指标符合正态分布,Au、Hg、I、S、Corg符合对数正态分布。

渗育水稻土区深层土壤总体为碱性,土壤pH基准值为7.92,极大值为8.72,极小值为7.11,基本接近于嘉兴市基准值。

渗育水稻土区深层土壤各元素/指标中,大多数元素/指标变异系数在0.40以下,说明分布较为均匀;S、pH、Corg变异系数大于0.80,空间变异性较大。

与嘉兴市土壤基准值相比,渗育水稻土区土壤基准值中无偏低的元素/指标;Hg基准值略高于嘉兴市基准值;Br、S基准值明显高于嘉兴市基准值,与嘉兴市基准值比值在1.4以上;其他各项元素/指标基准值与嘉兴市基准值基本接近。

五、脱潜潴育水稻土土壤地球化学基准值

脱潜潴育水稻土区地球化学基准值数据经正态分布检验,结果表明(表3-16),原始数据中Ag、As、B、Ba、Be、Bi、Cd、Ce、Co、Cr、Cu、F、Ga、Ge、I、La、Li、Mn、Mo、N、Nb、Ni、P、Pb、Rb、Sb、Sc、Se、Sr、Th、Ti、Tl、U、V、W、Y、Zn、Zr、SiO_2、Al_2O_3、TFe_2O_3、MgO、CaO、Na_2O、K_2O、TC、pH共47项元素/指标符合正态分布,Au、Cl、Hg、S、Sn、Corg符合对数正态分布,Br不符合正态分布或对数正态分布。

脱潜潴育水稻土区深层土壤总体为碱性,土壤pH基准值为7.98,极大值为8.85,极小值为7.31,接近于嘉兴市基准值。

脱潜潴育水稻土区深层土壤各元素/指标中,大多数元素/指标变异系数在0.40以下,说明分布较为均匀;Cl、S、pH变异系数大于0.80,空间变异性较大。

与嘉兴市土壤基准值相比,脱潜潴育水稻土区土壤基准值中无偏低或偏高的元素/指标。

表 3-13 潮土土壤地球化学基准值参数统计表

元素/指标	N	$X_{5\%}$	$X_{10\%}$	$X_{25\%}$	$X_{50\%}$	$X_{75\%}$	$X_{90\%}$	$X_{95\%}$	$\bar{X}$	$\bar{X}_g$	X_{max}	X_{min}	CV	X_{me}	X_{mo}	潮土基准值	嘉兴市基准值
Ag	1	89.0	89.0	89.0	89.0	89.0	89.0	89.0	89.0	89.0	89.0	89.0		89.0	89.0	89.0	73.4
As	1	10.28	10.28	10.28	10.28	10.28	10.28	10.28	10.28	10.28	10.28	10.28		10.28	10.28	10.28	7.72
Au	1	1.88	1.88	1.88	1.88	1.88	1.88	1.88	1.88	1.88	1.88	1.88		1.88	1.88	1.88	1.57
B	1	66.0	66.0	66.0	66.0	66.0	66.0	66.0	66.0	66.0	66.0	66.0		66.0	66.0	66.0	73.7
Ba	1	463	463	463	463	463	463	463	463	463	463	463		463	463	463	478
Be	1	2.91	2.91	2.91	2.91	2.91	2.91	2.91	2.91	2.91	2.91	2.91		2.91	2.91	2.91	2.48
Bi	1	0.51	0.51	0.51	0.51	0.51	0.51	0.51	0.51	0.51	0.51	0.51		0.51	0.51	0.51	0.39
Br	1	3.00	3.00	3.00	3.00	3.00	3.00	3.00	3.00	3.00	3.00	3.00		3.00	3.00	3.00	1.50
Cd	1	0.15	0.15	0.15	0.15	0.15	0.15	0.15	0.15	0.15	0.15	0.15		0.15	0.15	0.15	0.11
Ce	1	68.0	68.0	68.0	68.0	68.0	68.0	68.0	68.0	68.0	68.0	68.0		68.0	68.0	68.0	73.3
Cl	1	118	118	118	118	118	118	118	118	118	118	118		118	118	118	80.0
Co	1	20.00	20.00	20.00	20.00	20.00	20.00	20.00	20.00	20.00	20.00	20.00		20.00	20.00	20.00	16.64
Cr	1	112	112	112	112	112	112	112	112	112	112	112		112	112	112	94.1
Cu	1	36.56	36.56	36.56	36.56	36.56	36.56	36.56	36.56	36.56	36.56	36.56		36.56	36.56	36.56	28.09
F	1	698	698	698	698	698	698	698	698	698	698	698		698	698	698	648
Ga	1	21.90	21.90	21.90	21.90	21.90	21.90	21.90	21.90	21.90	21.90	21.90		21.90	21.90	21.90	18.55
Ge	1	1.58	1.58	1.58	1.58	1.58	1.58	1.58	1.58	1.58	1.58	1.58		1.58	1.58	1.58	1.61
Hg	1	0.04	0.04	0.04	0.04	0.04	0.04	0.04	0.04	0.04	0.04	0.04		0.04	0.04	0.04	0.04
I	1	2.96	2.96	2.96	2.96	2.96	2.96	2.96	2.96	2.96	2.96	2.96		2.96	2.96	2.96	2.10
La	1	36.20	36.20	36.20	36.20	36.20	36.20	36.20	36.20	36.20	36.20	36.20		36.20	36.20	36.20	39.63
Li	1	61.9	61.9	61.9	61.9	61.9	61.9	61.9	61.9	61.9	61.9	61.9		61.9	61.9	61.9	49.77
Mn	1	696	696	696	696	696	696	696	696	696	696	696		696	696	696	834
Mo	1	0.54	0.54	0.54	0.54	0.54	0.54	0.54	0.54	0.54	0.54	0.54		0.54	0.54	0.54	0.44
N	1	0.58	0.58	0.58	0.58	0.58	0.58	0.58	0.58	0.58	0.58	0.58		0.58	0.58	0.58	0.52
Nb	1	18.40	18.40	18.40	18.40	18.40	18.40	18.40	18.40	18.40	18.40	18.40		18.40	18.40	18.40	17.17
Ni	1	49.40	49.40	49.40	49.40	49.40	49.40	49.40	49.40	49.40	49.40	49.40		49.40	49.40	49.40	39.70
P	1	0.70	0.70	0.70	0.70	0.70	0.70	0.70	0.70	0.70	0.70	0.70		0.70	0.70	0.70	0.63
Pb	1	29.20	29.20	29.20	29.20	29.20	29.20	29.20	29.20	29.20	29.20	29.20		29.20	29.20	29.20	25.18

续表 3-13

元素/指标	N	$X_{5\%}$	$X_{10\%}$	$X_{25\%}$	$X_{50\%}$	$X_{75\%}$	$X_{90\%}$	$X_{95\%}$	$\overline{X}$	$\overline{X}_g$	X_{max}	X_{min}	CV	X_{me}	X_{mo}	潮土基准值	嘉兴市基准值
Rb	1	159	159	159	159	159	159	159	159	159	159	159		159	159	159	129
S	1	140	140	140	140	140	140	140	140	140	140	140		140	140	140	108
Sb	1	0.49	0.49	0.49	0.49	0.49	0.49	0.49	0.49	0.49	0.49	0.49		0.49	0.49	0.49	0.47
Sc	1	14.40	14.40	14.40	14.40	14.40	14.40	14.40	14.40	14.40	14.40	14.40		14.40	14.40	14.40	13.21
Se	1	0.15	0.15	0.15	0.15	0.15	0.15	0.15	0.15	0.15	0.15	0.15		0.15	0.15	0.15	0.12
Sn	1	3.93	3.93	3.93	3.93	3.93	3.93	3.93	3.93	3.93	3.93	3.93		3.93	3.93	3.93	3.64
Sr	1	114	114	114	114	114	114	114	114	114	114	114		114	114	114	122
Th	1	14.00	14.00	14.00	14.00	14.00	14.00	14.00	14.00	14.00	14.00	14.00		14.00	14.00	14.00	13.96
Ti	1	5301	5301	5301	5301	5301	5301	5301	5301	5301	5301	5301		5301	5301	5301	4811
Tl	1	0.89	0.89	0.89	0.89	0.89	0.89	0.89	0.89	0.89	0.89	0.89		0.89	0.89	0.89	0.72
U	1	2.41	2.41	2.41	2.41	2.41	2.41	2.41	2.41	2.41	2.41	2.41		2.41	2.41	2.41	2.26
V	1	129	129	129	129	129	129	129	129	129	129	129		129	129	129	106
W	1	2.08	2.08	2.08	2.08	2.08	2.08	2.08	2.08	2.08	2.08	2.08		2.08	2.08	2.08	1.86
Y	1	27.00	27.00	27.00	27.00	27.00	27.00	27.00	27.00	27.00	27.00	27.00		27.00	27.00	27.00	26.00
Zn	1	108	108	108	108	108	108	108	108	108	108	108		108	108	108	88.9
Zr	1	195	195	195	195	195	195	195	195	195	195	195		195	195	195	234
SiO_2	1	60.8	60.8	60.8	60.8	60.8	60.8	60.8	60.8	60.8	60.8	60.8		60.8	60.8	60.8	64.1
Al_2O_3	1	16.89	16.89	16.89	16.89	16.89	16.89	16.89	16.89	16.89	16.89	16.89		16.89	16.89	16.89	14.84
TFe_2O_3	1	6.56	6.56	6.56	6.56	6.56	6.56	6.56	6.56	6.56	6.56	6.56		6.56	6.56	6.56	5.58
MgO	1	2.19	2.19	2.19	2.19	2.19	2.19	2.19	2.19	2.19	2.19	2.19		2.19	2.19	2.19	1.99
CaO	1	1.32	1.32	1.32	1.32	1.32	1.32	1.32	1.32	1.32	1.32	1.32		1.32	1.32	1.32	1.49
Na_2O	1	1.21	1.21	1.21	1.21	1.21	1.21	1.21	1.21	1.21	1.21	1.21		1.21	1.21	1.21	1.46
K_2O	1	3.15	3.15	3.15	3.15	3.15	3.15	3.15	3.15	3.15	3.15	3.15		3.15	3.15	3.15	2.71
TC	1	0.64	0.64	0.64	0.64	0.64	0.64	0.64	0.64	0.64	0.64	0.64		0.64	0.64	0.64	0.76
Corg	1	0.39	0.39	0.39	0.39	0.39	0.39	0.39	0.39	0.39	0.39	0.39		0.39	0.39	0.39	0.32
pH	1	8.44	8.44	8.44	8.44	8.44	8.44	8.44	8.44	8.44	8.44	8.44		8.44	8.44	8.44	8.00

表 3-14 滨海盐土土壤地球化学基准值参数统计表

元素/指标	N	$X_{5\%}$	$X_{10\%}$	$X_{25\%}$	$X_{50\%}$	$X_{75\%}$	$X_{90\%}$	$X_{95\%}$	$\overline{X}$	$\overline{X}_g$	X_{max}	X_{min}	CV	X_{mc}	X_{mo}	滨海盐土基准值	嘉兴市基准值
Ag	1	59.0	59.0	59.0	59.0	59.0	59.0	59.0	59.0	59.0	59.0	59.0		59.0	59.0	59.0	73.4
As	1	7.61	7.61	7.61	7.61	7.61	7.61	7.61	7.61	7.61	7.61	7.61		7.61	7.61	7.61	7.72
Au	1	1.52	1.52	1.52	1.52	1.52	1.52	1.52	1.52	1.52	1.52	1.52		1.52	1.52	1.52	1.57
B	1	79.0	79.0	79.0	79.0	79.0	79.0	79.0	79.0	79.0	79.0	79.0		79.0	79.0	79.0	73.7
Ba	1	474	474	474	474	474	474	474	474	474	474	474		474	474	474	478
Be	1	2.43	2.43	2.43	2.43	2.43	2.43	2.43	2.43	2.43	2.43	2.43		2.43	2.43	2.43	2.48
Bi	1	0.33	0.33	0.33	0.33	0.33	0.33	0.33	0.33	0.33	0.33	0.33		0.33	0.33	0.33	0.39
Br	1	3.00	3.00	3.00	3.00	3.00	3.00	3.00	3.00	3.00	3.00	3.00		3.00	3.00	3.00	1.50
Cd	1	0.10	0.10	0.10	0.10	0.10	0.10	0.10	0.10	0.10	0.10	0.10		0.10	0.10	0.10	0.11
Ce	1	78.0	78.0	78.0	78.0	78.0	78.0	78.0	78.0	78.0	78.0	78.0		78.0	78.0	78.0	73.3
Cl	1	131	131	131	131	131	131	131	131	131	131	131		131	131	131	80.0
Co	1	16.20	16.20	16.20	16.20	16.20	16.20	16.20	16.20	16.20	16.20	16.20		16.20	16.20	16.20	16.64
Cr	1	90.0	90.0	90.0	90.0	90.0	90.0	90.0	90.0	90.0	90.0	90.0		90.0	90.0	90.0	94.1
Cu	1	19.37	19.37	19.37	19.37	19.37	19.37	19.37	19.37	19.37	19.37	19.37		19.37	19.37	19.37	28.09
F	1	583	583	583	583	583	583	583	583	583	583	583		583	583	583	648
Ga	1	18.30	18.30	18.30	18.30	18.30	18.30	18.30	18.30	18.30	18.30	18.30		18.30	18.30	18.30	18.55
Ge	1	1.29	1.29	1.29	1.29	1.29	1.29	1.29	1.29	1.29	1.29	1.29		1.29	1.29	1.29	1.61
Hg	1	0.04	0.04	0.04	0.04	0.04	0.04	0.04	0.04	0.04	0.04	0.04		0.04	0.04	0.04	0.04
I	1	2.68	2.68	2.68	2.68	2.68	2.68	2.68	2.68	2.68	2.68	2.68		2.68	2.68	2.68	2.10
La	1	41.10	41.10	41.10	41.10	41.10	41.10	41.10	41.10	41.10	41.10	41.10		41.10	41.10	41.10	39.63
Li	1	48.90	48.90	48.90	48.90	48.90	48.90	48.90	48.90	48.90	48.90	48.90		48.90	48.90	48.90	49.77
Mn	1	675	675	675	675	675	675	675	675	675	675	675		675	675	675	834
Mo	1	0.76	0.76	0.76	0.76	0.76	0.76	0.76	0.76	0.76	0.76	0.76		0.76	0.76	0.76	0.44
N	1	0.44	0.44	0.44	0.44	0.44	0.44	0.44	0.44	0.44	0.44	0.44		0.44	0.44	0.44	0.52
Nb	1	18.40	18.40	18.40	18.40	18.40	18.40	18.40	18.40	18.40	18.40	18.40		18.40	18.40	18.40	17.17
Ni	1	37.00	37.00	37.00	37.00	37.00	37.00	37.00	37.00	37.00	37.00	37.00		37.00	37.00	37.00	39.70
P	1	0.61	0.61	0.61	0.61	0.61	0.61	0.61	0.61	0.61	0.61	0.61		0.61	0.61	0.61	0.63
Pb	1	23.70	23.70	23.70	23.70	23.70	23.70	23.70	23.70	23.70	23.70	23.70		23.70	23.70	23.70	25.18

续表 3-14

元素/指标	N	$X_{5\%}$	$X_{10\%}$	$X_{25\%}$	$X_{50\%}$	$X_{75\%}$	$X_{90\%}$	$X_{95\%}$	$\overline{X}$	$\overline{X}_g$	X_{max}	X_{min}	CV	X_{me}	X_{mo}	滨海盐土基准值	嘉兴市基准值
Rb	1	124	124	124	124	124	124	124	124	124	124	124		124	124	124	129
S	1	55.0	55.0	55.0	55.0	55.0	55.0	55.0	55.0	55.0	55.0	55.0		55.0	55.0	55.0	108
Sb	1	0.38	0.38	0.38	0.38	0.38	0.38	0.38	0.38	0.38	0.38	0.38		0.38	0.38	0.38	0.47
Sc	1	13.50	13.50	13.50	13.50	13.50	13.50	13.50	13.50	13.50	13.50	13.50		13.50	13.50	13.50	13.21
Se	1	0.06	0.06	0.06	0.06	0.06	0.06	0.06	0.06	0.06	0.06	0.06		0.06	0.06	0.06	0.12
Sn	1	3.74	3.74	3.74	3.74	3.74	3.74	3.74	3.74	3.74	3.74	3.74		3.74	3.74	3.74	3.64
Sr	1	128	128	128	128	128	128	128	128	128	128	128		128	128	128	122
Th	1	13.70	13.70	13.70	13.70	13.70	13.70	13.70	13.70	13.70	13.70	13.70		13.70	13.70	13.70	13.96
Ti	1	4866	4866	4866	4866	4866	4866	4866	4866	4866	4866	4866		4866	4866	4866	4811
Tl	1	0.65	0.65	0.65	0.65	0.65	0.65	0.65	0.65	0.65	0.65	0.65		0.65	0.65	0.65	0.72
U	1	2.32	2.32	2.32	2.32	2.32	2.32	2.32	2.32	2.32	2.32	2.32		2.32	2.32	2.32	2.26
V	1	101	101	101	101	101	101	101	101	101	101	101		101	101	101	106
W	1	1.79	1.79	1.79	1.79	1.79	1.79	1.79	1.79	1.79	1.79	1.79		1.79	1.79	1.79	1.86
Y	1	27.00	27.00	27.00	27.00	27.00	27.00	27.00	27.00	27.00	27.00	27.00		27.00	27.00	27.00	26.00
Zn	1	81.0	81.0	81.0	81.0	81.0	81.0	81.0	81.0	81.0	81.0	81.0		81.0	81.0	81.0	88.9
Zr	1	290	290	290	290	290	290	290	290	291	290	290		290	290	290	234
SiO_2	1	65.9	65.9	65.9	65.9	65.9	65.9	65.9	65.9	65.9	65.9	65.9		65.9	65.9	65.9	64.1
Al_2O_3	1	14.82	14.82	14.82	14.82	14.82	14.82	14.82	14.82	14.82	14.82	14.82		14.82	14.82	14.82	14.84
TFe_2O_3	1	5.29	5.29	5.29	5.29	5.29	5.29	5.29	5.29	5.29	5.29	5.29		5.29	5.29	5.29	5.58
MgO	1	1.72	1.72	1.72	1.72	1.72	1.72	1.72	1.72	1.72	1.72	1.72		1.72	1.72	1.72	1.99
CaO	1	1.01	1.01	1.01	1.01	1.01	1.01	1.01	1.01	1.01	1.01	1.01		1.01	1.01	1.01	1.49
Na_2O	1	1.69	1.69	1.69	1.69	1.69	1.69	1.69	1.69	1.69	1.69	1.69		1.69	1.69	1.69	1.46
K_2O	1	2.75	2.75	2.75	2.75	2.75	2.75	2.75	2.75	2.75	2.75	2.75		2.75	2.75	2.75	2.71
TC	1	0.50	0.50	0.50	0.50	0.50	0.50	0.50	0.50	0.50	0.50	0.50		0.50	0.50	0.50	0.76
Corg	1	0.24	0.24	0.24	0.24	0.24	0.24	0.24	0.24	0.24	0.24	0.24		0.24	0.24	0.24	0.32
pH	1	8.29	8.29	8.29	8.29	8.29	8.29	8.29	8.29	8.29	8.29	8.29		8.29	8.29	8.29	8.00

第三章 土壤地球化学基准值

表 3-15 渗育水稻土土壤地球化学基准值参数统计表

元素/指标	N	$X_{5\%}$	$X_{10\%}$	$X_{25\%}$	$X_{50\%}$	$X_{75\%}$	$X_{90\%}$	$X_{95\%}$	$\overline{X}$	S	$\overline{X}_g$	S_g	X_{max}	X_{min}	CV	X_{me}	X_{mo}	分布类型	渗育水稻土基准值	嘉兴市基准值
Ag	47	53.3	56.2	66.0	75.0	83.0	88.4	100.0	74.7	15.28	73.3	12.06	124	51.0	0.20	75.0	75.0	正态分布	74.7	73.4
As	47	3.26	3.64	4.94	6.69	9.15	10.03	11.93	7.14	2.97	6.56	3.29	15.61	2.63	0.42	6.69	7.61	正态分布	7.14	7.72
Au	47	0.85	1.06	1.44	1.59	1.99	3.10	4.20	1.89	0.97	1.71	1.69	4.89	0.76	0.51	1.59	1.76	对数正态分布	1.71	1.57
B	47	60.6	63.0	66.0	71.0	76.0	81.4	83.4	71.6	7.30	71.2	11.67	89.0	57.0	0.10	71.0	66.0	正态分布	71.6	73.7
Ba	47	431	440	450	466	485	497	508	468	26.05	468	34.04	547	414	0.06	466	466	正态分布	468	478
Be	47	1.77	1.85	1.98	2.21	2.54	2.81	2.86	2.28	0.35	2.25	1.66	3.01	1.68	0.16	2.21	2.39	正态分布	2.28	2.48
Bi	47	0.20	0.21	0.24	0.31	0.38	0.49	0.54	0.33	0.11	0.32	2.03	0.61	0.18	0.32	0.31	0.31	正态分布	0.33	0.39
Br	47	1.50	1.50	1.75	2.20	2.90	3.74	4.17	2.53	1.24	2.32	1.91	7.30	1.20	0.49	2.20	1.50	正态分布	2.53	1.50
Cd	47	0.07	0.07	0.09	0.11	0.13	0.14	0.15	0.11	0.03	0.11	3.68	0.17	0.07	0.23	0.11	0.10	正态分布	0.11	0.11
Ce	47	56.6	58.6	62.5	69.0	78.0	85.4	86.0	70.4	10.54	69.6	11.35	94.0	46.00	0.15	69.0	69.0	正态分布	70.4	73.3
Cl	47	52.2	56.6	66.0	85.0	94.0	107	127	83.6	23.46	80.7	12.43	164	49.00	0.28	85.0	85.0	正态分布	83.6	80.0
Co	47	10.36	11.42	12.80	15.00	17.10	21.12	22.18	15.38	3.62	14.98	4.87	24.80	9.30	0.24	15.00	15.10	正态分布	15.38	16.64
Cr	47	57.3	60.8	70.5	82.0	98.5	117	121	85.4	19.95	83.2	13.03	125	52.0	0.23	82.0	82.0	正态分布	85.4	94.1
Cu	47	11.50	12.36	16.59	22.39	29.20	33.87	38.25	23.48	8.18	22.00	6.30	39.20	9.40	0.35	22.39	22.39	正态分布	23.48	28.09
F	47	428	454	508	608	666	727	797	595	113	584	39.11	859	351	0.19	608	608	正态分布	595	648
Ga	47	12.55	13.32	14.85	16.80	18.75	22.88	24.21	17.31	3.46	16.99	5.19	25.40	12.00	0.20	16.80	15.20	正态分布	17.31	18.55
Ge	47	1.21	1.25	1.35	1.46	1.55	1.61	1.63	1.45	0.14	1.45	1.27	1.73	1.18	0.10	1.46	1.43	正态分布	1.45	1.61
Hg	47	0.03	0.03	0.04	0.04	0.05	0.09	0.10	0.05	0.03	0.05	6.06	0.23	0.02	0.63	0.04	0.05	对数正态分布	0.05	0.04
I	47	1.25	1.36	1.60	2.21	3.17	4.64	6.82	2.73	1.71	2.37	1.98	8.31	1.06	0.63	2.21	1.55	对数正态分布	2.37	2.10
La	47	29.55	33.12	35.80	38.00	43.45	45.22	48.71	38.99	5.75	38.56	8.05	51.9	25.70	0.15	38.00	37.40	正态分布	38.99	39.63
Li	47	28.91	31.22	36.25	45.00	50.6	59.4	62.3	44.54	10.60	43.29	9.01	66.5	26.00	0.24	45.00	49.50	正态分布	44.54	49.77
Mn	47	470	482	598	706	890	1147	1308	776	249	741	46.04	1399	434	0.32	706	651	正态分布	776	834
Mo	47	0.30	0.32	0.34	0.42	0.48	0.60	0.68	0.44	0.12	0.43	1.72	0.86	0.28	0.28	0.42	0.33	正态分布	0.44	0.44
N	47	0.33	0.36	0.41	0.46	0.64	0.78	0.91	0.55	0.24	0.52	1.64	1.73	0.31	0.44	0.46	0.55	正态分布	0.55	0.52
Nb	47	10.76	12.20	14.25	17.00	19.35	20.28	21.69	16.50	3.33	16.15	5.09	23.20	9.10	0.20	17.00	17.00	正态分布	16.50	17.17
Ni	47	24.62	25.08	30.95	35.70	41.25	47.38	49.39	36.08	7.69	35.26	7.95	50.3	22.20	0.21	35.70	32.10	正态分布	36.08	39.70
P	47	0.51	0.54	0.57	0.62	0.67	0.70	0.80	0.63	0.09	0.63	1.36	0.94	0.51	0.14	0.62	0.64	正态分布	0.63	0.63
Pb	47	15.89	16.22	18.55	22.40	26.00	31.38	32.64	22.91	5.27	22.34	6.10	35.80	15.30	0.23	22.40	18.50	正态分布	22.91	25.18

续表 3-15

元素/指标	N	$X_{5\%}$	$X_{10\%}$	$X_{25\%}$	$X_{50\%}$	$X_{75\%}$	$X_{90\%}$	$X_{95\%}$	$\bar{X}$	S	$\bar{X}_g$	S_g	X_{max}	X_{min}	CV	X_{me}	X_{mo}	分布类型	渗育水稻土基准值	嘉兴市基准值
Rb	47	86.4	91.8	103	119	133	150	153	119	21.31	117	15.70	162	81.0	0.18	119	119	正态分布	119	129
S	47	50.00	50.00	60.0	88.0	304	1622	2239	420	724	153	25.89	2921	46.00	1.72	88.0	50.00	对数正态分布	153	108
Sb	47	0.25	0.29	0.34	0.40	0.47	0.56	0.58	0.41	0.10	0.40	1.77	0.62	0.23	0.24	0.40	0.37	正态分布	0.41	0.47
Sc	47	9.19	9.56	10.70	12.30	13.90	16.44	17.20	12.57	2.42	12.35	4.32	17.90	8.40	0.19	12.30	13.00	正态分布	12.57	13.21
Se	47	0.03	0.03	0.06	0.11	0.15	0.18	0.21	0.11	0.06	0.09	4.23	0.24	0.02	0.54	0.11	0.03	正态分布	0.11	0.12
Sn	47	2.64	2.93	3.17	3.49	4.22	5.13	5.97	3.86	1.17	3.73	2.25	8.09	2.26	0.30	3.49	3.43	正态分布	3.86	3.64
Sr	47	102	104	118	127	136	145	152	127	15.82	126	16.07	166	89.0	0.13	127	127	正态分布	127	122
Th	47	9.43	10.36	11.20	12.80	14.05	15.74	16.17	12.84	2.12	12.67	4.35	18.00	9.10	0.17	12.80	11.90	正态分布	12.84	13.96
Ti	47	4043	4102	4298	4607	4847	5092	5155	4595	383	4579	126	5500	3698	0.08	4607	4593	正态分布	4595	4811
Tl	47	0.47	0.49	0.54	0.62	0.72	0.85	0.92	0.64	0.14	0.63	1.39	0.97	0.45	0.21	0.62	0.63	正态分布	0.64	0.72
U	47	1.62	1.74	1.92	2.19	2.41	2.66	2.74	2.18	0.35	2.15	1.59	2.92	1.52	0.16	2.19	2.12	正态分布	2.18	2.26
V	47	71.6	74.8	83.0	95.0	108	121	127	96.2	17.58	94.7	13.93	134	63.0	0.18	95.0	104	正态分布	96.2	106
W	47	1.10	1.25	1.41	1.62	1.90	2.19	2.30	1.68	0.38	1.63	1.46	2.75	0.99	0.23	1.62	1.48	正态分布	1.68	1.86
Y	47	20.00	21.00	24.00	27.00	29.00	31.40	33.70	26.64	4.15	26.33	6.54	37.00	19.00	0.16	27.00	26.00	正态分布	26.64	26.00
Zn	47	58.6	62.2	69.0	83.0	92.5	105	107	81.6	15.54	80.1	12.65	112	55.0	0.19	83.0	86.0	正态分布	81.6	88.9
Zr	47	196	201	228	248	274	304	309	251	36.51	249	23.56	337	189	0.15	248	232	正态分布	251	234
SiO_2	47	60.1	61.0	63.7	65.7	67.4	70.2	71.1	65.7	3.31	65.6	11.00	72.3	58.5	0.05	65.7	65.7	正态分布	65.7	64.1
Al_2O_3	47	11.51	11.82	12.69	14.21	15.20	16.35	16.63	13.98	1.75	13.88	4.61	17.43	10.31	0.13	14.21	14.82	正态分布	13.98	14.84
TFe_2O_3	47	3.58	3.87	4.34	5.04	5.81	6.66	6.99	5.11	1.08	5.00	2.62	7.63	3.27	0.21	5.04	5.04	正态分布	5.11	5.58
MgO	47	1.50	1.56	1.75	1.84	2.02	2.16	2.21	1.86	0.23	1.85	1.48	2.24	1.31	0.12	1.84	1.98	正态分布	1.86	1.99
CaO	47	0.86	0.93	1.24	1.67	2.25	2.53	2.75	1.74	0.61	1.63	1.62	2.94	0.72	0.35	1.67	1.67	正态分布	1.74	1.49
Na_2O	47	1.12	1.22	1.40	1.53	1.76	1.81	1.85	1.55	0.24	1.53	1.33	1.99	0.98	0.15	1.53	1.69	正态分布	1.55	1.46
K_2O	47	2.17	2.22	2.32	2.52	2.75	2.95	3.01	2.55	0.28	2.54	1.74	3.10	2.05	0.11	2.52	2.52	正态分布	2.55	2.71
TC	47	0.44	0.50	0.58	0.73	0.95	1.18	1.25	0.81	0.33	0.75	1.49	2.27	0.24	0.41	0.73	0.68	正态分布	0.81	0.76
Corg	47	0.14	0.17	0.20	0.30	0.47	0.69	0.80	0.39	0.32	0.32	2.27	2.10	0.12	0.82	0.30	0.25	对数正态分布	0.32	0.32
pH	47	7.41	7.64	7.88	8.18	8.33	8.47	8.52	7.92	7.85	8.09	3.33	8.72	7.11	0.99	8.18	8.13	正态分布	7.92	8.00

第三章 土壤地球化学基准值

表 3-16 脱潴潴育水稻土土壤地球化学基准值参数统计表

元素/指标	N	$X_{5\%}$	$X_{10\%}$	$X_{25\%}$	$X_{50\%}$	$X_{75\%}$	$X_{90\%}$	$X_{95\%}$	$\overline{X}$	S	$\overline{X}_g$	S_g	X_{max}	X_{min}	CV	X_{me}	X_{mo}	分布类型	脱潴潴育水稻土基准值	嘉兴市基准值
Ag	84	53.1	56.3	63.8	72.0	80.2	90.0	93.8	73.1	13.18	72.0	11.76	118	48.00	0.18	72.0	76.0	正态分布	73.1	73.4
As	84	4.92	5.08	6.17	8.09	10.15	11.67	13.10	8.36	2.73	7.91	3.47	15.61	3.57	0.33	8.09	8.09	正态分布	8.36	7.72
Au	84	1.12	1.24	1.35	1.48	1.67	2.12	2.32	1.61	0.57	1.55	1.42	5.61	0.95	0.36	1.48	1.46	对数正态分布	1.55	1.57
B	84	66.2	68.0	71.0	77.0	81.0	86.7	88.8	76.7	6.88	76.4	12.19	93.0	64.0	0.09	77.0	71.0	正态分布	76.7	73.7
Ba	84	432	438	457	474	497	509	517	475	27.45	474	34.70	546	423	0.06	474	488	正态分布	475	478
Be	84	2.01	2.07	2.33	2.53	2.70	2.83	2.88	2.50	0.27	2.48	1.70	3.14	1.90	0.11	2.53	2.46	正态分布	2.50	2.48
Bi	84	0.27	0.30	0.36	0.40	0.46	0.51	0.54	0.40	0.08	0.40	1.79	0.62	0.20	0.20	0.40	0.40	正态分布	0.40	0.39
Br	82	1.50	1.50	1.50	1.70	2.30	2.98	3.20	1.99	0.58	1.91	1.56	3.50	1.50	0.29	1.70	1.50	其他分布	1.50	1.50
Cd	84	0.08	0.08	0.09	0.10	0.12	0.13	0.15	0.11	0.02	0.10	3.75	0.17	0.07	0.20	0.10	0.10	正态分布	0.11	0.11
Ce	84	61.0	65.0	69.0	73.0	80.2	86.0	87.8	74.2	8.63	73.7	11.92	96.0	52.0	0.12	73.0	72.0	正态分布	74.2	73.3
Cl	84	59.1	63.3	70.0	81.0	93.2	110	137	101	149	84.9	13.25	1431	49.00	1.48	81.0	89.0	对数正态分布	84.9	80.0
Co	84	13.03	13.56	14.82	16.75	18.62	20.10	20.97	16.77	2.68	16.55	5.03	24.30	10.70	0.16	16.75	16.10	正态分布	16.77	16.64
Cr	84	68.2	74.0	86.0	97.0	108	115	117	95.7	15.11	94.5	13.68	127	62.0	0.16	97.0	108	正态分布	95.7	94.1
Cu	84	17.15	20.31	25.19	28.61	32.58	35.37	38.33	28.37	6.15	27.66	6.89	43.42	14.08	0.22	28.61	28.57	正态分布	28.37	28.09
F	84	485	538	583	650	722	791	830	656	98.2	648	41.57	905	451	0.15	650	639	正态分布	656	648
Ga	84	14.92	15.43	17.08	18.85	20.75	22.10	22.95	18.81	2.62	18.63	5.39	25.00	13.00	0.14	18.85	21.10	正态分布	18.81	18.55
Ge	84	1.22	1.26	1.41	1.53	1.61	1.68	1.68	1.50	0.15	1.49	1.29	1.73	1.18	0.10	1.53	1.61	正态分布	1.50	1.61
Hg	84	0.03	0.03	0.03	0.04	0.04	0.05	0.06	0.04	0.02	0.04	6.49	0.16	0.03	0.44	0.04	0.04	对数正态分布	0.04	0.04
I	84	0.71	0.93	1.31	1.86	2.42	3.14	3.64	2.00	1.04	1.77	1.80	5.92	0.50	0.52	1.86	1.76	正态分布	2.00	2.10
La	84	31.95	33.26	35.83	39.30	42.65	45.64	46.82	39.44	4.71	39.17	8.25	50.4	31.10	0.12	39.30	35.90	正态分布	39.44	39.63
Li	84	36.73	38.50	45.27	51.0	56.3	59.9	62.6	50.4	7.95	49.75	9.49	68.6	32.90	0.16	51.0	48.30	正态分布	50.4	49.77
Mn	84	522	564	679	828	1030	1231	1382	886	339	839	48.55	2925	474	0.38	828	834	正态分布	886	834
Mo	84	0.33	0.34	0.37	0.43	0.49	0.54	0.60	0.44	0.08	0.43	1.70	0.65	0.31	0.19	0.43	0.47	正态分布	0.44	0.44
N	84	0.35	0.38	0.43	0.50	0.57	0.69	0.74	0.52	0.12	0.51	1.59	0.93	0.33	0.24	0.50	0.57	正态分布	0.52	0.52
Nb	84	13.61	14.46	15.88	17.25	19.23	20.80	21.82	17.45	2.61	17.25	5.14	24.80	10.70	0.15	17.25	16.80	正态分布	17.45	17.17
Ni	84	29.62	31.60	35.40	40.75	44.15	47.97	48.75	39.83	6.13	39.34	8.23	52.3	24.60	0.15	40.75	38.90	正态分布	39.83	39.70
P	84	0.52	0.54	0.60	0.63	0.66	0.70	0.72	0.63	0.07	0.62	1.35	0.84	0.40	0.11	0.63	0.64	正态分布	0.63	0.63
Pb	84	19.40	21.19	23.38	25.90	28.52	30.84	32.63	25.96	4.10	25.63	6.51	36.00	16.70	0.16	25.90	25.90	正态分布	25.96	25.18

续表 3-16

元素/指标	N	$X_{5\%}$	$X_{10\%}$	$X_{25\%}$	$X_{50\%}$	$X_{75\%}$	$X_{90\%}$	$X_{95\%}$	$\overline{X}$	S	$\overline{X}_g$	S_g	X_{max}	X_{min}	CV	X_{me}	X_{mo}	分布类型	脱潜潴育水稻土基准值	嘉兴市基准值
Rb	84	103	106	123	132	144	152	156	131	17.15	130	16.42	176	89.6	0.13	132	132	正态分布	131	129
S	84	50.00	51.3	58.5	69.5	128	215	369	129	183	92.9	14.78	1523	50.00	1.42	69.5	50.00	对数正态分布	92.9	108
Sb	84	0.36	0.37	0.43	0.49	0.54	0.59	0.62	0.49	0.09	0.48	1.59	0.76	0.31	0.18	0.49	0.47	正态分布	0.49	0.47
Sc	84	10.54	11.20	12.07	13.10	14.60	16.00	16.18	13.26	1.88	13.13	4.40	18.20	8.90	0.14	13.10	12.20	正态分布	13.26	13.21
Se	84	0.08	0.08	0.10	0.12	0.14	0.16	0.18	0.12	0.03	0.12	3.59	0.24	0.05	0.28	0.12	0.11	正态分布	0.12	0.12
Sn	84	3.10	3.26	3.47	3.67	4.01	4.45	4.95	3.96	1.45	3.83	2.22	14.42	2.91	0.37	3.67	3.80	对数正态分布	3.83	3.64
Sr	84	95.5	104	111	119	130	142	144	120	14.78	119	15.86	156	84.0	0.12	119	130	正态分布	120	122
Th	84	11.62	12.40	13.10	14.20	15.60	16.67	16.98	14.31	1.75	14.20	4.64	18.50	10.10	0.12	14.20	14.50	正态分布	14.31	13.96
Ti	84	4330	4451	4584	4786	4996	5128	5226	4791	287	4783	131	5452	4042	0.06	4786	5057	正态分布	4791	4811
Tl	84	0.54	0.58	0.66	0.74	0.81	0.85	0.92	0.73	0.11	0.72	1.28	0.98	0.44	0.15	0.74	0.73	正态分布	0.73	0.72
U	84	1.86	1.98	2.08	2.24	2.43	2.65	2.76	2.27	0.29	2.25	1.62	2.94	1.45	0.13	2.24	2.23	正态分布	2.27	2.26
V	84	84.2	88.0	99.8	108	118	123	125	107	12.99	107	14.66	136	77.0	0.12	108	118	正态分布	107	106
W	84	1.47	1.60	1.70	1.92	2.14	2.31	2.47	1.93	0.32	1.91	1.50	2.74	1.19	0.17	1.92	2.11	正态分布	1.93	1.86
Y	84	22.15	23.00	25.00	27.00	30.00	32.00	33.00	27.31	3.29	27.11	6.68	36.00	20.00	0.12	27.00	26.00	正态分布	27.31	26.00
Zn	84	68.2	73.0	82.0	91.0	100.0	104	107	89.4	12.19	88.6	13.16	114	56.0	0.14	91.0	91.0	正态分布	89.4	88.9
Zr	84	200	202	211	231	250	282	292	236	31.19	234	23.23	331	185	0.13	231	231	正态分布	236	234
SiO₂	84	60.4	60.6	61.9	63.8	65.3	67.3	68.9	63.9	2.76	63.9	10.96	73.3	57.5	0.04	63.8	63.5	正态分布	63.9	64.1
Al₂O₃	84	12.78	13.29	14.46	15.22	15.89	16.46	16.82	15.06	1.23	15.01	4.75	18.34	11.60	0.08	15.22	15.22	正态分布	15.06	14.84
TFe₂O₃	84	4.32	4.49	5.09	5.72	6.24	6.78	6.88	5.67	0.83	5.61	2.71	7.59	3.65	0.15	5.72	5.68	正态分布	5.67	5.58
MgO	84	1.49	1.63	1.88	2.01	2.14	2.25	2.32	1.99	0.24	1.97	1.51	2.52	1.30	0.12	2.01	2.14	正态分布	1.99	1.99
CaO	84	0.81	0.85	0.99	1.31	1.83	2.62	2.70	1.51	0.63	1.39	1.57	3.06	0.75	0.42	1.31	1.23	正态分布	1.51	1.49
Na₂O	84	1.19	1.22	1.32	1.44	1.54	1.66	1.72	1.44	0.18	1.43	1.28	1.93	0.89	0.12	1.44	1.44	正态分布	1.44	1.46
K₂O	84	2.34	2.41	2.60	2.76	2.91	3.03	3.07	2.74	0.24	2.73	1.79	3.27	2.07	0.09	2.76	2.83	正态分布	2.74	2.71
TC	84	0.43	0.49	0.59	0.71	0.90	1.03	1.08	0.74	0.20	0.71	1.41	1.25	0.29	0.28	0.71	0.90	正态分布	0.74	0.76
Corg	84	0.21	0.23	0.26	0.31	0.38	0.49	0.57	0.34	0.11	0.32	2.08	0.71	0.13	0.33	0.31	0.31	对数正态分布	0.32	0.32
pH	84	7.57	7.63	7.88	8.18	8.43	8.55	8.63	7.98	8.02	8.13	3.34	8.85	7.31	1.01	8.18	7.92	正态分布	7.98	8.00

六、潴育水稻土土壤地球化学基准值

潴育水稻土区地球化学基准值数据经正态分布检验,结果表明(表3-17),原始数据中Ag、As、Au、B、Ba、Be、Bi、Cd、Ce、Co、Cr、Cu、F、Ga、La、Li、Mn、Mo、N、Nb、Ni、Pb、Rb、Sb、Sc、Se、Sr、Th、Ti、Tl、U、V、W、Y、Zn、SiO_2、Al_2O_3、TFe_2O_3、MgO、CaO、Na_2O、K_2O、TC共43项元素/指标符合正态分布,Cl、Hg、I、S、Sn、Corg符合对数正态分布,P、pH剔除异常值后符合正态分布,其他元素/指标不符合正态分布或对数正态分布。

潴育水稻土区深层土壤总体为碱性,土壤pH基准值为8.06,极大值为8.90,极小值为7.40,接近于嘉兴市基准值。

潴育水稻土区深层土壤各元素/指标中,大多数元素/指标变异系数在0.40以下,说明分布较为均匀;S、pH、I变异系数大于0.80,空间变异性较大。

与嘉兴市土壤基准值相比,潴育水稻土区土壤基准值中无偏低或偏高的元素/指标。

第四节 主要土地利用类型地球化学基准值

一、水田土壤地球化学基准值

水田区地球化学基准值数据经正态分布检验,结果表明(表3-18),原始数据中Ag、As、B、Ba、Be、Bi、Cd、Ce、Cl、Co、Cr、Cu、F、Ga、Ge、I、La、Li、Mn、Mo、Nb、Ni、P、Pb、Rb、Sb、Sc、Se、Sr、Th、Ti、Tl、U、V、W、Zn、SiO_2、Al_2O_3、TFe_2O_3、MgO、CaO、Na_2O、K_2O、TC、pH共45项元素/指标符合正态分布,Au、Hg、N、S、Sn、Y、Corg符合对数正态分布,Zr剔除异常值后符合正态分布,Br不符合正态分布或对数正态分布。

水田区深层土壤总体为碱性,土壤pH基准值为8.03,极大值为8.85,极小值为7.34,与嘉兴市基准值基本接近。

水田区深层土壤各元素/指标中,大多数元素/指标变异系数在0.40以下,说明分布较为均匀;S、pH变异系数大于0.80,空间变异性较大。

与嘉兴市土壤基准值相比,水田区土壤基准值中各项元素/指标基准值与嘉兴市基准值基本接近。

二、旱地土壤地球化学基准值

旱地区采集深层土壤样品9件,具体参数统计如下(表3-19)。

旱地区深层土壤总体为碱性,土壤pH基准值为7.90,极大值为8.72,极小值为7.67,与嘉兴市基准值基本接近。

旱地区深层土壤各元素/指标中,大多数元素/指标变异系数在0.40以下,说明分布较为均匀;S、pH、I、CaO、Se变异系数不小于0.40,其中S、pH变异系数大于0.80,空间变异性较大。

与嘉兴市土壤基准值相比,旱地区土壤基准值中As、Hg、N基准值略高于嘉兴市基准值,与嘉兴市基准值比值为1.2~1.4;Br、Corg、Se基准值明显高于嘉兴市基准值,为嘉兴市基准值的1.4倍以上;其他各项元素/指标基准值与嘉兴市基准值基本接近。

三、园地土壤地球化学基准值

园地区采集深层土壤样品27件,具体参数统计如下(表3-20)。

表 3-17 潴育水稻土土壤地球化学基准值参数统计表

元素/指标	N	$X_{5\%}$	$X_{10\%}$	$X_{25\%}$	$X_{50\%}$	$X_{75\%}$	$X_{90\%}$	$X_{95\%}$	$\overline{X}$	S	$\overline{X}_g$	S_g	X_{max}	X_{min}	CV	X_{me}	X_{mo}	分布类型	潴育水稻土基准值	嘉兴市基准值
Ag	96	56.0	57.5	67.8	73.0	79.2	85.5	91.5	73.3	10.83	72.5	11.78	106	50.00	0.15	73.0	76.0	正态分布	73.3	73.4
As	96	4.49	5.50	6.46	8.47	10.53	12.74	14.67	8.72	3.05	8.19	3.51	17.08	2.83	0.35	8.47	9.28	正态分布	8.72	7.72
Au	96	1.11	1.21	1.33	1.50	1.73	1.96	2.21	1.56	0.33	1.52	1.37	2.73	1.04	0.21	1.50	1.79	正态分布	1.56	1.57
B	96	62.8	63.5	68.0	72.0	76.2	80.0	81.5	72.2	6.34	71.9	11.80	87.0	56.0	0.09	72.0	76.0	正态分布	72.2	73.7
Ba	96	438	444	464	484	504	528	544	486	34.30	485	35.10	613	411	0.07	484	490	正态分布	486	478
Be	96	1.93	2.06	2.32	2.62	2.79	2.97	3.08	2.56	0.34	2.53	1.73	3.27	1.81	0.13	2.62	2.64	正态分布	2.56	2.48
Bi	96	0.25	0.27	0.34	0.41	0.46	0.52	0.55	0.40	0.09	0.39	1.82	0.60	0.22	0.23	0.41	0.36	正态分布	0.40	0.39
Br	91	1.50	1.50	1.50	1.80	2.30	2.60	2.85	1.95	0.47	1.90	1.54	3.30	1.50	0.24	1.80	1.50	其他分布	1.50	1.50
Cd	96	0.09	0.09	0.10	0.11	0.13	0.15	0.15	0.11	0.02	0.11	3.64	0.17	0.07	0.19	0.11	0.11	正态分布	0.11	0.11
Ce	96	59.8	62.5	69.0	74.0	79.0	84.0	88.8	73.8	8.55	73.3	11.88	97.0	54.0	0.12	74.0	75.0	正态分布	73.8	73.3
Cl	96	57.0	61.0	65.0	74.5	92.2	110	128	87.0	65.1	79.9	12.35	681	40.00	0.75	74.5	70.0	对数正态分布	79.9	80.0
Co	96	12.20	12.85	15.25	17.20	19.20	21.20	22.35	17.15	3.02	16.88	5.11	24.30	11.11	0.18	17.20	17.40	正态分布	17.15	16.64
Cr	96	65.0	72.5	86.5	100.0	108	119	120	97.0	17.20	95.4	13.82	131	59.0	0.18	100.0	102	正态分布	97.0	94.1
Cu	96	17.34	19.60	24.12	30.38	35.48	39.52	41.35	30.02	7.76	28.97	7.05	55.1	14.92	0.26	30.38	30.37	正态分布	30.02	28.09
F	96	485	531	608	666	743	786	800	667	106	659	42.01	1025	422	0.16	666	762	正态分布	667	648
Ga	96	14.55	15.20	16.95	19.15	20.80	22.50	23.50	18.90	2.74	18.70	5.41	25.20	13.01	0.14	19.15	19.90	正态分布	18.90	18.55
Ge	96	1.22	1.22	1.41	1.53	1.58	1.63	1.66	1.48	0.14	1.48	1.27	1.78	1.18	0.10	1.53	1.53	偏峰分布	1.53	1.61
Hg	96	0.03	0.03	0.04	0.04	0.05	0.06	0.07	0.04	0.01	0.04	6.28	0.10	0.03	0.29	0.04	0.04	对数正态分布	0.04	0.04
I	96	1.05	1.25	1.44	1.90	3.21	5.18	7.32	2.82	2.44	2.26	2.08	15.30	0.88	0.86	1.90	1.32	对数正态分布	2.26	2.10
La	96	32.62	34.15	36.18	40.05	43.20	45.70	49.65	40.11	5.11	39.79	8.33	53.9	27.70	0.13	40.05	44.00	正态分布	40.11	39.63
Li	96	34.42	38.00	45.40	53.0	58.8	63.0	64.6	51.8	9.54	50.8	9.66	73.0	29.60	0.18	53.0	49.60	正态分布	51.8	49.77
Mn	96	508	549	652	824	1118	1329	1411	897	318	846	48.86	1897	453	0.35	824	847	正态分布	897	834
Mo	96	0.32	0.34	0.38	0.45	0.54	0.65	0.70	0.47	0.12	0.46	1.70	0.86	0.29	0.26	0.45	0.41	正态分布	0.47	0.44
N	96	0.39	0.42	0.48	0.55	0.61	0.70	0.79	0.56	0.13	0.54	1.54	1.15	0.31	0.24	0.55	0.55	正态分布	0.56	0.52
Nb	96	13.58	14.15	15.88	17.40	19.00	19.70	20.02	17.22	2.10	17.08	5.14	21.60	11.40	0.12	17.40	19.00	正态分布	17.22	17.17
Ni	96	29.05	30.60	36.33	42.25	46.48	49.45	52.1	41.35	6.91	40.74	8.45	54.5	26.20	0.17	42.25	40.50	正态分布	41.35	39.70
P	90	0.53	0.56	0.60	0.64	0.68	0.72	0.73	0.64	0.06	0.64	1.32	0.79	0.50	0.09	0.64	0.66	剔除后正态分布	0.64	0.63
Pb	96	19.00	19.66	22.55	25.35	28.20	31.80	32.73	25.58	4.14	25.24	6.45	35.60	17.70	0.16	25.35	27.40	正态分布	25.58	25.18

续表 3-17

元素/指标	N	$X_{5\%}$	$X_{10\%}$	$X_{25\%}$	$X_{50\%}$	$X_{75\%}$	$X_{90\%}$	$X_{95\%}$	$\bar{X}$	S	$\bar{X}_g$	S_g	X_{max}	X_{min}	CV	X_{me}	X_{mo}	分布类型	潴育水稻土基准值	嘉兴市基准值
Rb	96	100.0	104	121	135	148	158	161	133	19.75	131	16.59	172	85.9	0.15	135	137	正态分布	133	129
S	96	50.00	53.0	59.8	74.0	120	320	722	214	548	103	16.47	4644	50.00	2.56	74.0	50.00	对数正态分布	103	108
Sb	96	0.33	0.35	0.41	0.48	0.55	0.58	0.60	0.48	0.10	0.47	1.61	1.05	0.29	0.21	0.48	0.46	正态分布	0.48	0.47
Sc	96	10.45	10.85	12.43	13.55	14.62	15.85	16.60	13.47	1.90	13.34	4.45	18.50	8.68	0.14	13.55	12.80	正态分布	13.47	13.21
Se	96	0.06	0.07	0.09	0.12	0.15	0.18	0.21	0.13	0.05	0.12	3.60	0.29	0.04	0.38	0.12	0.15	对数正态分布	0.13	0.12
Sn	96	2.92	3.06	3.33	3.67	3.96	4.54	5.01	3.78	0.82	3.71	2.18	8.40	2.60	0.22	3.67	3.95	正态分布	3.71	3.64
Sr	96	97.8	104	112	118	129	146	152	121	17.03	120	15.89	170	78.0	0.14	118	118	正态分布	121	122
Th	96	11.40	11.90	13.03	14.10	15.30	16.70	17.25	14.21	1.74	14.10	4.63	18.50	10.40	0.12	14.10	14.70	正态分布	14.21	13.96
Ti	96	4267	4430	4619	4926	5239	5460	5570	4931	408	4914	133	5870	3921	0.08	4926	4603	正态分布	4931	4811
Tl	96	0.55	0.60	0.65	0.73	0.83	0.90	0.95	0.74	0.12	0.73	1.28	1.01	0.48	0.16	0.73	0.75	正态分布	0.74	0.72
U	96	1.90	1.93	2.13	2.24	2.45	2.66	2.76	2.28	0.27	2.26	1.61	3.28	1.75	0.12	2.24	2.13	正态分布	2.28	2.26
V	96	80.5	86.5	98.8	112	121	128	134	110	16.14	109	14.90	144	73.0	0.15	112	118	正态分布	110	106
W	96	1.45	1.49	1.68	1.84	2.05	2.26	2.51	1.88	0.31	1.85	1.48	2.73	1.28	0.16	1.84	1.84	正态分布	1.88	1.86
Y	96	23.00	23.00	26.00	27.00	29.00	32.00	33.25	27.56	3.26	27.38	6.69	39.00	20.00	0.12	27.00	26.00	正态分布	27.56	26.00
Zn	96	65.8	69.5	82.0	94.0	102	109	112	91.9	14.52	90.7	13.41	123	60.0	0.16	94.0	92.0	偏峰分布	91.9	88.9
Zr	94	192	197	205	222	244	267	275	227	27.76	226	22.77	314	186	0.12	222	212	正态分布	212	234
SiO$_2$	96	59.0	60.1	61.1	62.7	66.0	67.8	68.7	63.5	3.10	63.5	10.92	71.7	58.4	0.05	62.7	62.5	正态分布	63.5	64.1
Al$_2$O$_3$	96	12.13	12.81	14.07	15.35	16.19	16.77	17.04	15.07	1.51	14.99	4.76	17.87	11.12	0.10	15.35	15.14	正态分布	15.07	14.84
TFe$_2$O$_3$	96	4.19	4.40	5.16	5.75	6.41	6.90	6.98	5.73	0.92	5.65	2.74	8.06	3.83	0.16	5.75	5.54	正态分布	5.73	5.58
MgO	96	1.62	1.72	1.87	2.06	2.19	2.26	2.29	2.01	0.23	2.00	1.52	2.37	1.11	0.12	2.06	1.90	正态分布	2.01	1.99
CaO	96	0.80	0.88	1.06	1.47	2.08	2.58	2.82	1.63	0.67	1.50	1.62	4.01	0.73	0.41	1.47	1.42	正态分布	1.63	1.49
Na$_2$O	96	1.11	1.17	1.27	1.38	1.56	1.70	1.77	1.42	0.21	1.40	1.28	1.95	0.98	0.15	1.38	1.38	正态分布	1.42	1.46
K$_2$O	96	2.27	2.37	2.56	2.79	2.94	3.09	3.15	2.75	0.29	2.74	1.80	3.22	1.84	0.10	2.79	2.73	正态分布	2.75	2.71
TC	96	0.42	0.48	0.57	0.74	0.89	1.02	1.12	0.76	0.24	0.72	1.44	1.54	0.33	0.31	0.74	0.84	正态分布	0.76	0.76
Corg	96	0.20	0.22	0.25	0.30	0.42	0.52	0.60	0.35	0.17	0.33	2.13	1.49	0.12	0.49	0.30	0.28	对数正态分布	0.33	0.32
pH	89	7.54	7.77	8.03	8.21	8.36	8.53	8.59	8.06	8.10	8.18	3.36	8.90	7.40	1.00	8.21	8.19	剔除后正态分布	8.06	8.00

表 3-18 水田土壤地球化学基准值参数统计表

元素/指标	N	$X_{5\%}$	$X_{10\%}$	$X_{25\%}$	$X_{50\%}$	$X_{75\%}$	$X_{90\%}$	$X_{95\%}$	$\bar{X}$	S	$\bar{X}_g$	S_g	X_{max}	X_{min}	CV	X_{me}	X_{mo}	分布类型	水田基准值	嘉兴市基准值
Ag	91	51.0	56.0	62.0	71.0	77.0	86.0	90.0	70.6	11.29	69.7	11.53	99.0	48.00	0.16	71.0	76.0	正态分布	70.6	73.4
As	91	3.57	4.92	6.16	7.85	9.97	12.07	13.14	8.21	2.94	7.67	3.44	16.79	2.83	0.36	7.85	8.54	正态分布	8.21	7.72
Au	91	1.06	1.16	1.35	1.55	1.77	2.19	2.30	1.62	0.51	1.56	1.44	4.89	0.82	0.31	1.55	1.73	对数正态分布	1.56	1.57
B	91	64.0	66.0	69.5	73.0	79.0	85.0	86.5	74.2	7.15	73.9	12.04	90.0	56.0	0.10	73.0	72.0	正态分布	74.2	73.7
Ba	91	432	444	455	472	490	504	524	475	27.03	474	34.64	560	423	0.06	472	462	正态分布	475	478
Be	91	1.90	2.00	2.32	2.56	2.71	2.82	2.91	2.48	0.31	2.46	1.70	3.16	1.76	0.13	2.56	2.64	正态分布	2.48	2.48
Bi	91	0.23	0.25	0.33	0.39	0.45	0.51	0.54	0.39	0.10	0.38	1.85	0.62	0.18	0.25	0.39	0.39	正态分布	0.39	0.39
Br	86	1.50	1.50	1.50	1.90	2.30	2.65	2.90	1.99	0.48	1.93	1.55	3.40	1.50	0.24	1.90	1.50	其他分布	1.50	1.50
Cd	91	0.08	0.09	0.09	0.11	0.12	0.13	0.15	0.11	0.02	0.11	3.68	0.16	0.07	0.19	0.11	0.10	正态分布	0.11	0.11
Ce	91	59.0	62.0	66.0	72.0	80.0	86.0	88.5	72.8	9.33	72.2	11.82	94.0	52.0	0.13	72.0	72.0	正态分布	72.8	73.3
Cl	91	55.0	60.0	64.5	77.0	89.0	106	125	80.2	21.52	77.6	12.39	157	40.00	0.27	77.0	63.0	正态分布	80.2	80.0
Co	91	11.75	12.80	14.70	16.70	18.70	20.50	22.10	16.71	3.11	16.42	5.05	24.80	9.30	0.19	16.70	17.50	正态分布	16.71	16.64
Cr	91	62.5	69.0	85.0	99.0	108	113	119	95.3	16.70	93.7	13.71	122	58.0	0.18	99.0	108	正态分布	95.3	94.1
Cu	91	15.16	17.63	23.32	29.18	33.80	36.98	39.34	28.64	7.73	27.52	6.93	55.1	12.40	0.27	29.18	27.46	正态分布	28.64	28.09
F	91	467	508	581	639	700	797	824	647	110	637	41.25	905	351	0.17	639	669	正态分布	647	648
Ga	91	14.20	15.10	16.40	18.70	20.35	22.40	23.35	18.64	2.91	18.41	5.39	25.40	12.00	0.16	18.70	17.60	正态分布	18.64	18.55
Ge	91	1.20	1.24	1.35	1.51	1.59	1.66	1.68	1.48	0.15	1.47	1.28	1.73	1.18	0.10	1.51	1.56	正态分布	1.48	1.61
Hg	91	0.03	0.03	0.03	0.04	0.05	0.06	0.08	0.04	0.02	0.04	6.46	0.14	0.03	0.39	0.04	0.04	对数正态分布	0.04	0.04
I	91	0.99	1.17	1.42	1.98	2.88	3.81	4.90	2.34	1.28	2.05	1.88	7.69	0.53	0.55	1.98	1.32	正态分布	2.34	2.10
La	91	31.75	33.20	35.20	38.70	42.70	45.70	48.60	39.21	5.29	38.86	8.25	53.8	27.70	0.13	38.70	36.10	正态分布	39.21	39.63
Li	91	33.15	36.50	44.70	51.6	56.0	60.4	62.5	49.94	9.02	49.05	9.47	70.5	28.40	0.18	51.6	49.60	正态分布	49.94	49.77
Mn	91	490	552	632	780	1065	1276	1361	863	284	819	47.98	1591	463	0.33	780	867	正态分布	863	834
Mo	91	0.32	0.33	0.38	0.44	0.48	0.54	0.56	0.44	0.08	0.43	1.70	0.71	0.29	0.19	0.44	0.48	正态分布	0.44	0.44
N	91	0.36	0.39	0.45	0.52	0.60	0.73	0.79	0.55	0.18	0.53	1.58	1.73	0.33	0.33	0.52	0.55	对数正态分布	0.55	0.52
Nb	91	13.65	14.10	15.85	17.40	19.30	20.40	21.75	17.46	2.61	17.25	5.20	23.20	9.10	0.15	17.40	17.40	正态分布	17.46	17.17
Ni	91	27.95	29.60	34.55	41.20	44.85	48.10	49.45	39.84	6.79	39.22	8.28	53.2	24.50	0.17	41.20	39.30	正态分布	39.84	39.70
P	91	0.52	0.55	0.60	0.63	0.68	0.70	0.72	0.63	0.08	0.62	1.36	0.84	0.24	0.13	0.63	0.68	正态分布	0.63	0.63
Pb	91	18.55	19.40	22.05	24.70	27.95	30.90	32.30	25.05	4.31	24.68	6.40	36.00	15.30	0.17	24.70	26.40	正态分布	25.05	25.18

续表 3-18

元素/指标	N	$X_{5\%}$	$X_{10\%}$	$X_{25\%}$	$X_{50\%}$	$X_{75\%}$	$X_{90\%}$	$X_{95\%}$	$\overline{X}$	S	$\overline{X}_g$	S_g	X_{max}	X_{min}	CV	X_{me}	X_{mo}	分布类型	水田基准值	嘉兴市基准值
Rb	91	96.5	100.0	116	133	144	152	158	130	19.46	128	16.39	165	85.3	0.15	133	133	正态分布	130	129
S	91	50.00	51.0	60.0	74.0	136	411	739	186	309	105	16.72	1736	46.00	1.66	74.0	50.00	对数正态分布	105	108
Sb	91	0.31	0.34	0.40	0.49	0.55	0.59	0.60	0.48	0.11	0.47	1.63	1.05	0.26	0.23	0.49	0.40	正态分布	0.48	0.47
Sc	91	10.15	10.80	11.95	13.20	14.55	16.10	17.10	13.31	2.08	13.14	4.44	18.20	8.40	0.16	13.20	13.10	正态分布	13.31	13.21
Se	91	0.06	0.08	0.10	0.13	0.15	0.17	0.19	0.12	0.04	0.12	3.63	0.29	0.02	0.35	0.13	0.15	正态分布	0.12	0.12
Sn	91	2.94	3.08	3.37	3.58	3.83	4.69	5.00	3.81	1.31	3.69	2.17	14.42	2.41	0.35	3.58	3.80	对数正态分布	3.69	3.64
Sr	91	96.0	103	112	119	128	140	147	121	16.02	119	15.86	166	78.0	0.13	119	119	正态分布	121	122
Th	91	10.95	11.40	12.75	13.80	15.10	16.90	17.25	13.94	1.92	13.81	4.59	18.50	10.00	0.14	13.80	13.40	正态分布	13.94	13.96
Ti	91	4189	4304	4595	4781	5002	5220	5385	4786	369	4772	131	5870	3698	0.08	4781	4900	正态分布	4786	4811
Tl	91	0.52	0.55	0.63	0.72	0.79	0.87	0.91	0.72	0.12	0.71	1.30	0.97	0.44	0.17	0.72	0.72	正态分布	0.72	0.72
U	91	1.83	1.91	2.05	2.19	2.42	2.71	2.78	2.24	0.29	2.22	1.61	2.88	1.58	0.13	2.19	2.30	正态分布	2.24	2.26
V	91	77.0	84.0	96.5	111	118	124	127	107	15.17	105	14.63	138	71.0	0.14	111	113	正态分布	107	106
W	91	1.35	1.46	1.68	1.87	2.11	2.31	2.46	1.89	0.35	1.86	1.51	2.74	0.99	0.18	1.87	1.84	正态分布	1.89	1.86
Y	91	22.00	23.00	25.00	27.00	29.00	32.00	34.50	27.31	3.60	27.08	6.69	37.00	20.00	0.13	27.00	26.00	对数正态分布	27.08	26.00
Zn	91	64.0	67.0	77.0	92.0	98.5	106	108	88.5	14.02	87.3	13.15	113	56.0	0.16	92.0	93.0	正态分布	88.5	88.9
Zr	88	195	199	212	228	249	272	280	232	26.75	231	23.01	304	190	0.12	228	228	剔除后正态分布	232	234
SiO_2	91	60.3	60.6	61.6	63.5	66.0	68.7	69.7	64.0	3.07	64.0	10.97	73.3	58.5	0.05	63.5	63.7	正态分布	64.0	64.1
Al_2O_3	91	11.78	12.44	13.97	15.31	15.91	16.48	16.81	14.91	1.48	14.83	4.74	17.13	11.43	0.10	15.31	14.99	正态分布	14.91	14.84
TFe_2O_3	91	3.98	4.20	4.98	5.85	6.28	6.71	6.86	5.63	0.92	5.55	2.72	7.40	3.59	0.16	5.85	5.54	正态分布	5.63	5.58
MgO	91	1.52	1.70	1.86	2.02	2.16	2.26	2.31	1.99	0.24	1.97	1.52	2.52	1.11	0.12	2.02	2.02	正态分布	1.99	1.99
CaO	91	0.80	0.85	1.08	1.52	1.98	2.49	2.69	1.59	0.59	1.48	1.56	2.94	0.74	0.37	1.52	1.59	正态分布	1.59	1.49
Na_2O	91	1.18	1.19	1.27	1.42	1.60	1.72	1.79	1.44	0.20	1.43	1.28	1.93	1.08	0.14	1.42	1.38	正态分布	1.44	1.46
K_2O	91	2.21	2.28	2.49	2.77	2.91	3.01	3.08	2.71	0.28	2.69	1.79	3.22	1.84	0.10	2.77	2.89	正态分布	2.71	2.71
TC	91	0.46	0.51	0.58	0.72	0.88	1.05	1.19	0.77	0.27	0.73	1.43	2.27	0.34	0.35	0.72	0.69	正态分布	0.77	0.76
Corg	91	0.19	0.21	0.25	0.31	0.41	0.49	0.62	0.35	0.22	0.32	2.17	2.10	0.12	0.63	0.31	0.26	对数正态分布	0.32	0.32
pH	91	7.53	7.68	7.96	8.22	8.39	8.53	8.59	8.03	8.06	8.16	3.35	8.85	7.34	1.00	8.22	8.07	正态分布	8.03	8.00

注：氧化物、TC、Corg 单位为%，N、P 单位为 g/kg，Au、Ag 单位为 μg/kg，其他元素/指标单位为 mg/kg；pH 为无量纲；后表单位相同。

表 3-19 旱地土壤地球化学基准值参数统计表

元素/指标	N	$X_{5\%}$	$X_{10\%}$	$X_{25\%}$	$X_{50\%}$	$X_{75\%}$	$X_{90\%}$	$X_{95\%}$	$\bar{X}$	S	$\bar{X}_g$	S_g	X_{max}	X_{min}	CV	X_{me}	X_{mo}	旱地基准值	嘉兴市基准值
Ag	9	60.4	66.8	75.0	77.0	85.0	89.0	89.0	77.6	11.00	76.8	11.34	89.0	54.0	0.14	77.0	89.0	77.0	73.4
As	9	3.72	4.81	6.69	9.77	10.28	11.14	11.34	8.49	2.97	7.82	3.21	11.54	2.63	0.35	9.77	9.03	9.77	7.72
Au	9	1.06	1.21	1.76	1.88	2.04	2.21	2.50	1.83	0.52	1.76	1.55	2.79	0.91	0.29	1.88	1.82	1.88	1.57
B	9	63.4	63.8	66.0	70.0	76.0	80.8	82.4	71.8	7.50	71.4	11.19	84.0	63.0	0.10	70.0	76.0	70.0	73.7
Ba	9	441	446	463	486	510	520	527	485	32.91	484	32.09	534	437	0.07	486	486	486	478
Be	9	1.95	2.10	2.30	2.70	2.86	2.98	3.13	2.60	0.44	2.56	1.72	3.27	1.79	0.17	2.70	2.62	2.70	2.48
Bi	9	0.30	0.35	0.39	0.44	0.46	0.53	0.56	0.43	0.10	0.42	1.73	0.60	0.24	0.22	0.44	0.46	0.44	0.39
Br	9	1.66	1.82	2.00	2.50	2.90	3.06	3.18	2.48	0.59	2.41	1.71	3.30	1.50	0.24	2.50	2.50	2.50	1.50
Cd	9	0.10	0.10	0.10	0.10	0.12	0.15	0.16	0.12	0.03	0.11	3.53	0.17	0.09	0.22	0.10	0.10	0.10	0.11
Ce	9	68.4	68.8	73.0	74.0	77.0	78.2	78.6	74.2	3.90	74.1	11.17	79.0	68.0	0.05	74.0	73.0	74.0	73.3
Cl	9	63.8	64.6	70.0	87.0	104	120	125	89.9	23.32	87.3	12.19	129	63.0	0.26	87.0	92.0	87.0	80.0
Co	9	13.12	14.44	15.90	17.20	20.00	20.42	20.86	17.28	2.96	17.04	4.90	21.30	11.80	0.17	17.20	17.20	17.20	16.64
Cr	9	67.8	78.6	87.0	102	112	115	121	97.9	20.23	95.7	12.87	127	57.0	0.21	102	112	102	94.1
Cu	9	15.81	20.20	25.39	30.63	35.28	38.46	42.25	29.82	9.80	28.06	6.54	46.05	11.43	0.33	30.63	30.63	30.63	28.09
F	9	487	532	557	667	730	815	920	678	164	661	38.14	1025	442	0.24	667	667	667	648
Ga	9	16.40	17.40	18.20	19.40	20.90	22.36	23.28	19.68	2.59	19.53	5.30	24.20	15.40	0.13	19.40	19.40	19.40	18.55
Ge	9	1.42	1.43	1.53	1.56	1.61	1.67	1.70	1.56	0.10	1.56	1.29	1.73	1.42	0.06	1.56	1.56	1.56	1.61
Hg	9	0.04	0.04	0.04	0.05	0.06	0.07	0.08	0.06	0.02	0.05	5.39	0.09	0.04	0.33	0.05	0.06	0.05	0.04
I	9	1.13	1.24	1.68	1.80	3.14	4.06	4.11	2.43	1.17	2.18	1.78	4.16	1.03	0.48	1.80	2.96	1.80	2.10
La	9	36.68	37.16	38.30	39.80	41.50	42.26	43.38	40.01	2.52	39.94	7.88	44.50	36.20	0.06	39.80	39.80	39.80	39.63
Li	9	35.38	40.66	45.10	56.7	61.9	64.3	68.6	53.9	12.63	52.4	9.19	73.0	30.10	0.23	56.7	54.8	56.7	49.77
Mn	9	541	610	696	707	847	858	879	739	133	727	39.73	900	473	0.18	707	847	707	834
Mo	9	0.35	0.38	0.45	0.50	0.63	0.81	0.84	0.55	0.18	0.53	1.61	0.86	0.33	0.32	0.50	0.54	0.50	0.44
N	9	0.39	0.46	0.58	0.65	0.73	0.79	0.80	0.62	0.15	0.60	1.48	0.81	0.33	0.24	0.65	0.65	0.65	0.52
Nb	9	16.78	16.86	17.10	18.30	18.50	18.74	18.82	17.88	0.85	17.86	5.07	18.90	16.70	0.05	18.30	18.30	18.30	17.17
Ni	9	28.78	32.66	35.40	44.80	47.20	50.1	51.4	42.07	8.75	41.13	7.98	52.7	24.90	0.21	44.80	43.80	44.80	39.70
P	9	0.54	0.55	0.60	0.63	0.68	0.71	0.72	0.63	0.07	0.63	1.34	0.73	0.53	0.11	0.63	0.63	0.63	0.63
Pb	9	20.54	23.38	26.10	27.00	28.40	30.28	32.44	26.91	4.43	26.56	6.28	34.60	17.70	0.16	27.00	27.00	27.00	25.18

续表 3-19

元素/指标	N	$X_{5\%}$	$X_{10\%}$	$X_{25\%}$	$X_{50\%}$	$X_{75\%}$	$X_{90\%}$	$X_{95\%}$	$\overline{X}$	S	$\overline{X}_g$	S_g	X_{max}	X_{min}	CV	X_{mc}	X_{mo}	旱地基准值	嘉兴市基准值
Rb	9	100.0	111	123	144	159	163	167	140	25.90	137	15.71	172	89.1	0.19	144	141	144	129
S	9	57.4	59.8	92.0	105	189	1151	1814	448	798	176	24.82	2478	55.0	1.78	105	92.0	105	108
Sb	9	0.27	0.31	0.40	0.47	0.54	0.55	0.57	0.45	0.11	0.43	1.76	0.58	0.23	0.25	0.47	0.54	0.47	0.47
Sc	9	11.78	12.46	13.00	14.30	14.50	15.84	16.12	13.92	1.61	13.84	4.37	16.40	11.10	0.12	14.30	14.30	14.30	13.21
Se	9	0.07	0.09	0.10	0.17	0.18	0.22	0.23	0.15	0.06	0.14	3.40	0.24	0.04	0.40	0.17	0.17	0.17	0.12
Sn	9	3.42	3.53	3.73	3.95	4.27	4.98	5.05	4.12	0.60	4.08	2.26	5.13	3.30	0.15	3.95	4.26	3.95	3.64
Sr	9	97.4	97.8	113	114	122	138	146	118	17.56	117	14.48	154	97.0	0.15	114	114	114	122
Th	9	12.74	13.58	14.00	14.70	15.00	15.60	16.20	14.60	1.31	14.55	4.50	16.80	11.90	0.09	14.70	14.70	14.70	13.96
Ti	9	4285	4425	4496	4909	5281	5344	5431	4921	460	4901	117	5517	4145	0.09	4909	4909	4909	4811
Tl	9	0.62	0.69	0.73	0.74	0.77	0.91	0.96	0.77	0.12	0.76	1.25	1.01	0.56	0.16	0.74	0.73	0.74	0.72
U	9	2.05	2.17	2.37	2.40	2.45	2.62	2.65	2.39	0.21	2.38	1.63	2.68	1.94	0.09	2.40	2.38	2.40	2.26
V	9	81.0	89.0	95.0	118	124	132	138	112	21.55	110	13.88	144	73.0	0.19	118	114	118	106
W	9	1.74	1.79	1.81	1.83	2.02	2.09	2.12	1.90	0.15	1.89	1.44	2.15	1.70	0.08	1.83	1.83	1.83	1.86
Y	9	26.40	26.80	27.00	28.00	28.00	29.00	29.00	27.67	1.00	27.65	6.42	29.00	26.00	0.04	28.00	28.00	28.00	26.00
Zn	9	66.0	74.0	86.0	101	105	111	117	95.2	18.93	93.3	12.65	123	58.0	0.20	101	101	101	88.9
Zr	9	189	193	203	214	227	275	299	226	42.51	223	21.32	323	186	0.19	214	227	214	234
SiO$_2$	9	59.3	60.3	61.7	62.6	65.8	67.1	68.2	63.3	3.35	63.2	10.29	69.3	58.4	0.05	62.6	62.8	62.6	64.1
Al$_2$O$_3$	9	12.76	13.51	14.62	16.40	16.63	17.09	17.48	15.58	1.81	15.48	4.64	17.87	12.01	0.12	16.40	15.43	16.40	14.84
TFe$_2$O$_3$	9	4.14	4.71	5.04	5.68	6.41	6.72	7.05	5.72	1.11	5.62	2.65	7.37	3.57	0.19	5.68	5.68	5.68	5.58
MgO	9	1.77	1.80	1.84	1.98	2.19	2.20	2.23	2.00	0.18	1.99	1.47	2.25	1.75	0.09	1.98	2.19	1.98	1.99
CaO	9	0.75	0.77	0.94	1.32	1.51	2.36	2.44	1.43	0.63	1.31	1.54	2.52	0.73	0.44	1.32	1.47	1.32	1.49
Na$_2$O	9	1.07	1.16	1.24	1.33	1.47	1.63	1.72	1.37	0.24	1.35	1.27	1.82	0.98	0.17	1.33	1.37	1.33	1.46
K$_2$O	9	2.32	2.41	2.64	2.92	3.15	3.16	3.19	2.84	0.34	2.82	1.80	3.21	2.24	0.12	2.92	3.15	2.92	2.71
TC	9	0.60	0.63	0.67	0.82	0.85	0.96	1.01	0.80	0.15	0.78	1.24	1.06	0.58	0.19	0.82	0.82	0.82	0.76
C$_{org}$	9	0.23	0.24	0.31	0.46	0.53	0.60	0.65	0.44	0.16	0.41	1.84	0.71	0.22	0.37	0.46	0.46	0.46	0.32
pH	9	7.67	7.67	7.79	7.90	8.35	8.50	8.61	7.95	8.13	8.07	3.22	8.72	7.67	1.02	7.90	7.67	7.90	8.00

表 3-20 园地土壤地球化学基准值参数统计表

元素/指标	N	$X_{5\%}$	$X_{10\%}$	$X_{25\%}$	$X_{50\%}$	$X_{75\%}$	$X_{90\%}$	$X_{95\%}$	$\overline{X}$	S	$\overline{X}_g$	S_g	X_{max}	X_{min}	CV	X_{me}	X_{mo}	园地基准值	嘉兴市基准值
Ag	27	55.2	60.4	68.0	72.0	76.5	86.2	92.2	73.7	12.91	72.7	11.84	117	51.0	0.18	72.0	72.0	72.0	73.4
As	27	3.88	4.49	5.54	7.58	9.28	11.24	11.73	7.65	2.87	7.14	3.34	15.08	3.62	0.38	7.58	4.71	7.58	7.72
Au	27	0.99	1.08	1.31	1.55	1.81	2.05	2.19	1.66	0.72	1.56	1.50	4.82	0.80	0.44	1.55	1.59	1.55	1.57
B	27	62.3	63.0	68.0	73.0	76.0	79.8	81.7	72.1	6.65	71.9	11.62	87.0	59.0	0.09	73.0	74.0	73.0	73.7
Ba	27	435	442	452	471	492	521	536	476	31.92	475	33.85	547	423	0.07	471	477	471	478
Be	27	1.90	1.98	2.08	2.39	2.59	2.83	2.92	2.38	0.36	2.35	1.68	3.15	1.68	0.15	2.39	2.39	2.39	2.48
Bi	27	0.27	0.29	0.31	0.36	0.41	0.52	0.53	0.38	0.09	0.37	1.85	0.61	0.20	0.25	0.36	0.41	0.36	0.39
Br	27	1.50	1.50	1.65	1.90	2.65	3.92	4.52	2.38	1.11	2.19	1.80	5.60	1.20	0.47	1.90	1.50	1.90	1.50
Cd	27	0.08	0.09	0.10	0.11	0.13	0.15	0.15	0.12	0.03	0.11	3.59	0.17	0.08	0.22	0.11	0.11	0.11	0.11
Ce	27	57.9	59.6	71.5	75.0	78.5	86.0	86.0	74.0	10.19	73.3	11.64	97.0	48.00	0.14	75.0	74.0	75.0	73.3
Cl	27	54.2	57.0	65.0	84.0	95.0	114	422	120	145	90.7	12.66	681	51.0	1.21	84.0	95.0	84.0	80.0
Co	27	11.61	13.03	14.40	16.20	17.90	21.94	22.42	16.48	3.44	16.15	5.01	24.30	11.00	0.21	16.20	15.00	16.20	16.64
Cr	27	63.9	69.0	75.0	88.0	99.5	120	124	89.9	19.84	87.8	13.18	132	52.0	0.22	88.0	88.0	88.0	94.1
Cu	27	16.90	18.72	21.59	26.16	29.07	35.91	39.38	26.25	7.90	25.08	6.51	48.18	9.40	0.30	26.16	26.28	26.16	28.09
F	27	469	513	569	608	667	762	797	626	103	618	39.62	871	423	0.16	608	608	608	648
Ga	27	14.58	15.00	16.23	18.00	20.40	23.44	24.36	18.39	3.21	18.13	5.30	25.20	13.01	0.17	18.00	18.40	18.00	18.55
Ge	27	1.28	1.33	1.47	1.53	1.60	1.63	1.63	1.51	0.12	1.50	1.28	1.73	1.20	0.08	1.53	1.53	1.53	1.61
Hg	27	0.03	0.03	0.04	0.04	0.05	0.05	0.07	0.05	0.01	0.04	6.13	0.10	0.02	0.32	0.04	0.05	0.04	0.04
I	27	1.24	1.46	1.79	2.23	2.89	4.19	4.64	2.59	1.22	2.37	1.87	6.49	1.06	0.47	2.23	2.23	2.23	2.10
La	27	32.77	33.86	37.30	40.80	44.05	47.00	50.00	40.71	6.02	40.26	8.22	53.6	25.70	0.15	40.80	44.40	40.80	39.63
Li	27	34.38	36.44	39.95	46.40	52.0	61.8	63.4	47.29	10.16	46.24	9.14	68.9	27.70	0.21	46.40	50.7	46.40	49.77
Mn	27	519	550	611	720	868	1210	1330	798	257	763	45.79	1380	434	0.32	720	784	720	834
Mo	27	0.33	0.35	0.38	0.41	0.57	0.65	0.68	0.46	0.12	0.45	1.67	0.68	0.31	0.26	0.41	0.38	0.41	0.44
N	27	0.32	0.37	0.42	0.53	0.61	0.77	0.88	0.54	0.17	0.52	1.62	1.03	0.31	0.32	0.53	0.53	0.53	0.52
Nb	27	13.77	14.48	16.05	17.16	18.75	20.28	20.82	17.47	2.26	17.33	5.20	21.90	13.50	0.13	17.16	18.40	17.16	17.17
Ni	27	29.08	29.68	32.60	38.50	42.40	47.30	48.60	38.27	7.43	37.57	8.07	55.4	23.50	0.19	38.50	40.20	38.50	39.70
P	27	0.51	0.52	0.57	0.62	0.66	0.70	0.72	0.61	0.07	0.61	1.37	0.74	0.43	0.12	0.62	0.65	0.62	0.63
Pb	27	19.42	20.60	21.85	23.50	26.95	30.82	32.35	24.60	4.35	24.24	6.26	35.80	16.10	0.18	23.50	22.40	23.50	25.18

续表 3-20

元素/指标	N	$X_{5\%}$	$X_{10\%}$	$X_{25\%}$	$X_{50\%}$	$X_{75\%}$	$X_{90\%}$	$X_{95\%}$	$\overline{X}$	S	$\overline{X}_g$	S_g	X_{max}	X_{min}	CV	X_{me}	X_{mo}	园地基准值	嘉兴市基准值
Rb	27	89.6	99.3	107	125	140	152	155	124	21.63	122	15.88	164	83.2	0.17	125	140	125	129
S	27	50.00	50.00	57.0	70.0	164	309	1769	364	964	118	19.56	4644	46.00	2.65	70.0	50.00	70.0	108
Sb	27	0.34	0.35	0.39	0.44	0.48	0.58	0.63	0.45	0.09	0.44	1.67	0.65	0.25	0.21	0.44	0.46	0.44	0.47
Sc	27	10.40	10.52	11.46	13.00	14.35	16.46	17.42	13.23	2.37	13.02	4.40	18.50	8.68	0.18	13.00	13.60	13.00	13.21
Se	27	0.03	0.04	0.08	0.12	0.15	0.18	0.21	0.12	0.06	0.10	4.10	0.24	0.02	0.48	0.12	0.12	0.12	0.12
Sn	27	2.75	2.84	2.95	3.45	3.96	4.66	4.93	3.68	1.02	3.57	2.17	7.56	2.61	0.28	3.45	3.71	3.45	3.64
Sr	27	103	104	112	118	131	147	155	123	17.48	122	15.46	170	98.0	0.14	118	127	118	122
Th	27	11.05	11.72	12.55	13.70	14.65	16.14	17.64	13.76	2.01	13.62	4.49	18.50	9.50	0.15	13.70	14.00	13.70	13.96
Ti	27	4138	4299	4468	4781	5046	5190	5584	4766	448	4746	126	5886	3921	0.09	4781	4850	4781	4811
Tl	27	0.54	0.56	0.63	0.66	0.78	0.89	0.93	0.70	0.13	0.69	1.32	0.98	0.49	0.19	0.66	0.63	0.66	0.72
U	27	2.05	2.10	2.14	2.33	2.49	2.70	2.75	2.34	0.32	2.32	1.63	3.28	1.54	0.14	2.33	2.33	2.33	2.26
V	27	76.9	82.0	87.5	102	112	125	128	102	17.60	100.0	14.16	141	69.0	0.17	102	104	102	106
W	27	1.53	1.57	1.65	1.81	2.00	2.27	2.46	1.87	0.32	1.84	1.48	2.75	1.28	0.17	1.81	1.87	1.81	1.86
Y	27	22.11	23.00	26.00	28.00	30.00	31.00	35.20	27.97	4.02	27.70	6.66	39.00	20.00	0.14	28.00	28.00	28.00	26.00
Zn	27	66.6	68.6	73.5	84.0	97.0	103	104	85.4	15.11	84.1	12.77	118	55.0	0.18	84.0	95.0	84.0	88.9
Zr	27	194	199	215	242	257	281	295	239	32.07	237	23.00	305	188	0.13	242	242	242	234
SiO_2	27	58.7	59.6	63.6	65.2	67.1	68.7	70.9	65.2	3.45	65.1	10.91	71.7	58.5	0.05	65.2	65.2	65.2	64.1
Al_2O_3	27	11.44	12.49	12.77	14.74	15.36	16.41	16.63	14.38	1.75	14.27	4.64	17.54	10.63	0.12	14.74	15.14	14.74	14.84
TFe_2O_3	27	3.91	4.24	4.52	5.44	5.77	6.79	7.20	5.33	1.04	5.24	2.66	7.63	3.44	0.20	5.44	5.38	5.44	5.58
MgO	27	1.54	1.66	1.75	1.88	2.05	2.18	2.24	1.89	0.22	1.88	1.45	2.26	1.40	0.12	1.88	1.90	1.88	1.99
CaO	27	0.78	0.85	0.94	1.42	2.06	2.46	3.17	1.61	0.82	1.44	1.63	4.01	0.73	0.51	1.42	1.20	1.42	1.49
Na_2O	27	1.12	1.22	1.35	1.51	1.65	1.82	1.85	1.50	0.23	1.48	1.30	1.95	1.08	0.15	1.51	1.51	1.51	1.46
K_2O	27	2.15	2.24	2.40	2.71	2.82	3.02	3.05	2.64	0.31	2.62	1.76	3.30	2.05	0.12	2.71	2.64	2.71	2.71
TC	27	0.36	0.40	0.49	0.65	0.89	1.08	1.11	0.70	0.28	0.65	1.60	1.39	0.24	0.39	0.65	0.49	0.65	0.76
Corg	27	0.15	0.18	0.22	0.29	0.41	0.64	0.77	0.35	0.19	0.31	2.20	0.82	0.14	0.53	0.29	0.30	0.29	0.32
pH	27	7.23	7.38	7.77	8.13	8.29	8.46	8.78	7.64	7.32	8.01	3.28	9.32	6.60	0.96	8.13	7.92	8.13	8.00

园地区深层土壤总体为碱性,土壤pH基准值为8.13,极大值为9.32,极小值为6.60,基本接近于嘉兴市基准值。

园地区深层土壤各元素/指标中,大多数元素/指标变异系数在0.40以下,说明分布较为均匀;S、Cl、pH、Corg、CaO、Se、Br、I、Au共9项元素/指标变异系数不小于0.40,其中S、Cl、pH变异系数不小于0.80,空间变异性较大。

与嘉兴市土壤基准值相比,园地区土壤基准值中Br基准值略高于嘉兴市基准值,与嘉兴市基准值比值为1.2~1.4;S基准值略低于嘉兴市基准值;其他各项元素/指标基准值与嘉兴市基准值基本接近。

四、林地土壤地球化学基准值

林地区采集深层土壤样品4件,具体参数统计如下(表3-21)。

林地区深层土壤总体为碱性,土壤pH基准值为8.30,极大值为8.35,极小值为7.87,基本接近于嘉兴市基准值。

林地区深层土壤各元素/指标中,大多数元素/指标变异系数在0.40以下,说明分布较为均匀;pH、I、Se、CaO变异系数大于0.40,其中pH变异系数大于0.80,空间变异性较大。

与嘉兴市土壤基准值相比,林地区土壤基准值中S基准值明显低于嘉兴市基准值,仅为嘉兴市基准值的54.17%;TC基准值略低于嘉兴市背景值;As、Se基准值略高于嘉兴市基准值,与嘉兴市基准值比值为1.2~1.4;Br基准值明显高于嘉兴市基准值,与嘉兴市基准值比值为1.4以上;其他各项元素/指标基准值均与嘉兴市基准值基本接近。

表 3-21 林地土壤地球化学基准值参数统计表

元素/指标	N	$X_{5\%}$	$X_{10\%}$	$X_{25\%}$	$X_{50\%}$	$X_{75\%}$	$X_{90\%}$	$X_{95\%}$	$\overline{X}$	S	$\overline{X}_g$	S_g	X_{max}	X_{min}	CV	X_{me}	X_{mo}	林地基准值	嘉兴市基准值
Ag	4	61.6	62.2	64.0	67.0	71.5	76.0	77.5	68.5	7.72	68.2	9.84	79.0	61.0	0.11	67.0	69.0	67.0	73.4
As	4	8.67	8.78	9.11	10.18	12.57	15.27	16.18	11.50	3.86	11.07	3.54	17.08	8.56	0.34	10.18	11.06	10.18	7.72
Au	4	1.32	1.36	1.46	1.57	1.80	2.11	2.21	1.69	0.44	1.65	1.43	2.31	1.29	0.26	1.57	1.63	1.57	1.57
B	4	73.3	73.6	74.5	76.0	78.0	79.8	80.4	76.5	3.42	76.4	10.42	81.0	73.0	0.04	76.0	77.0	76.0	73.7
Ba	4	460	468	490	506	519	534	540	502	37.92	501	28.51	545	453	0.08	506	502	506	478
Be	4	2.09	2.19	2.48	2.72	2.85	2.96	3.00	2.62	0.45	2.59	1.70	3.04	1.99	0.17	2.72	2.65	2.72	2.48
Bi	4	0.25	0.28	0.34	0.42	0.46	0.46	0.47	0.38	0.11	0.37	1.84	0.47	0.23	0.28	0.42	0.38	0.42	0.39
Br	4	1.60	1.71	2.03	2.30	2.45	2.54	2.57	2.17	0.48	2.13	1.58	2.60	1.50	0.22	2.30	2.20	2.30	1.50
Cd	4	0.09	0.09	0.09	0.09	0.09	0.10	0.10	0.09	0.01	0.09	3.59	0.10	0.09	0.08	0.09	0.09	0.09	0.11
Ce	4	65.1	67.2	73.5	77.5	79.2	81.5	82.2	75.2	8.58	74.9	10.26	83.0	63.0	0.11	77.5	77.0	77.5	73.3
Cl	4	62.2	63.4	67.0	70.5	73.0	74.8	75.4	69.5	6.35	69.3	10.05	76.0	61.0	0.09	70.5	69.0	70.5	80.0
Co	4	11.51	12.32	14.75	17.35	19.03	19.79	20.05	16.43	4.19	15.97	4.49	20.30	10.70	0.26	17.35	16.10	17.35	16.64
Cr	4	71.2	76.5	92.2	104	110	116	118	98.2	22.95	96.0	11.74	120	66.0	0.23	104	101	104	94.1
Cu	4	16.80	19.09	25.97	31.61	35.22	38.44	39.52	29.58	11.00	27.67	6.37	40.59	14.51	0.37	31.61	29.79	31.61	28.09
F	4	479	484	501	620	741	761	767	622	152	608	31.36	774	473	0.24	620	730	620	648
Ga	4	13.69	14.38	16.45	18.90	20.27	20.41	20.45	17.82	3.47	17.54	4.73	20.50	13.00	0.19	18.90	17.60	18.90	18.55
Ge	4	1.43	1.45	1.50	1.55	1.57	1.59	1.60	1.53	0.08	1.53	1.26	1.61	1.41	0.05	1.55	1.53	1.55	1.61
Hg	4	0.03	0.03	0.03	0.04	0.04	0.04	0.04	0.04	0.01	0.04	6.26	0.04	0.03	0.18	0.04	0.04	0.04	0.04
I	4	0.84	0.88	1.02	1.92	2.82	2.98	3.03	1.93	1.15	1.64	1.85	3.08	0.79	0.60	1.92	2.73	1.92	2.10
La	4	35.92	36.34	37.60	40.40	42.73	43.13	43.27	39.92	3.69	39.79	7.26	43.40	35.50	0.09	40.40	38.30	40.40	39.63
Li	4	36.33	38.65	45.62	53.6	58.9	60.9	61.6	50.9	12.45	49.62	8.22	62.3	34.00	0.24	53.6	49.50	53.6	49.77
Mn	4	546	571	648	903	1135	1171	1183	880	326	832	36.86	1195	520	0.37	903	691	903	834
Mo	4	0.35	0.36	0.41	0.45	0.52	0.61	0.64	0.47	0.14	0.46	1.71	0.67	0.33	0.30	0.45	0.47	0.45	0.44
N	4	0.48	0.49	0.51	0.54	0.56	0.57	0.57	0.53	0.04	0.53	1.42	0.57	0.47	0.08	0.54	0.53	0.54	0.52
Nb	4	12.33	12.85	14.43	16.05	17.07	17.57	17.73	15.45	2.66	15.26	4.35	17.90	11.80	0.17	16.05	15.30	16.05	17.17
Ni	4	29.23	30.46	34.15	40.90	47.23	50.2	51.1	40.48	10.57	39.39	7.15	52.1	28.00	0.26	40.90	36.20	40.90	39.70
P	4	0.49	0.52	0.62	0.69	0.71	0.71	0.72	0.64	0.13	0.63	1.43	0.72	0.45	0.20	0.69	0.68	0.69	0.63
Pb	4	18.59	19.88	23.75	26.80	28.02	28.61	28.80	24.98	5.27	24.49	5.73	29.00	17.30	0.21	26.80	25.90	26.80	25.18

续表 3-21

元素/指标	N	$X_{5\%}$	$X_{10\%}$	$X_{25\%}$	$X_{50\%}$	$X_{75\%}$	$X_{90\%}$	$X_{95\%}$	$\overline{X}$	S	$\overline{X}_g$	S_g	X_{max}	X_{min}	CV	X_{me}	X_{mo}	林地基准值	嘉兴市基准值
Rb	4	106	110	121	134	143	149	151	131	21.52	129	13.68	153	103	0.16	134	128	134	129
S	4	50.8	51.5	53.8	58.5	63.2	65.5	66.2	58.5	7.51	58.1	9.33	67.0	50.00	0.13	58.5	55.0	58.5	108
Sb	4	0.36	0.38	0.46	0.50	0.57	0.67	0.71	0.52	0.17	0.50	1.55	0.74	0.34	0.32	0.50	0.52	0.50	0.47
Sc	4	9.64	10.18	11.80	13.50	14.50	14.86	14.98	12.80	2.66	12.57	3.94	15.10	9.10	0.21	13.50	12.70	13.50	13.21
Se	4	0.07	0.09	0.14	0.16	0.17	0.18	0.18	0.14	0.06	0.13	3.31	0.18	0.05	0.42	0.16	0.16	0.16	0.12
Sn	4	3.53	3.59	3.77	3.95	4.05	4.08	4.09	3.87	0.28	3.86	2.08	4.10	3.47	0.07	3.95	3.87	3.95	3.64
Sr	4	109	110	115	124	134	138	140	124	14.86	124	13.42	141	107	0.12	124	118	124	122
Th	4	12.20	12.80	14.60	15.65	15.88	16.19	16.29	14.82	2.18	14.69	4.34	16.40	11.60	0.15	15.65	15.60	15.65	13.96
Ti	4	4540	4631	4905	5102	5205	5311	5347	5008	397	4996	99.0	5382	4449	0.08	5102	5057	5102	4811
Tl	4	0.55	0.58	0.64	0.71	0.77	0.82	0.83	0.70	0.13	0.69	1.30	0.85	0.53	0.19	0.71	0.68	0.71	0.72
U	4	1.77	1.86	2.12	2.31	2.36	2.38	2.38	2.17	0.33	2.15	1.56	2.39	1.68	0.15	2.31	2.26	2.31	2.26
V	4	86.5	92.1	109	120	124	128	130	113	21.88	111	12.74	131	81.0	0.19	120	118	120	106
W	4	1.47	1.52	1.68	1.83	1.92	1.92	1.93	1.75	0.24	1.74	1.38	1.93	1.42	0.13	1.83	1.76	1.83	1.86
Y	4	21.35	22.70	26.75	29.00	29.00	29.00	29.00	26.75	4.50	26.43	5.95	29.00	20.00	0.17	29.00	29.00	29.00	26.00
Zn	4	68.8	69.5	71.8	88.0	105	108	109	88.5	21.08	86.6	10.86	110	68.0	0.24	88.0	103	88.0	88.9
Zr	4	207	208	213	236	272	299	308	249	50.6	245	19.93	317	205	0.20	236	256	236	234
SiO$_2$	4	60.4	60.5	60.7	63.5	66.7	67.5	67.8	63.9	3.88	63.8	9.49	68.0	60.4	0.06	63.5	66.3	63.5	64.1
Al$_2$O$_3$	4	13.07	13.42	14.48	15.29	15.75	16.18	16.33	14.94	1.59	14.87	4.28	16.47	12.72	0.11	15.29	15.06	15.29	14.84
TFe$_2$O$_3$	4	4.56	4.78	5.45	6.08	6.47	6.74	6.82	5.85	1.10	5.77	2.59	6.91	4.34	0.19	6.08	5.82	6.08	5.58
MgO	4	1.54	1.56	1.63	1.93	2.19	2.20	2.21	1.90	0.35	1.87	1.42	2.21	1.52	0.19	1.93	1.67	1.93	1.99
CaO	4	0.89	0.93	1.05	1.50	1.96	2.10	2.15	1.51	0.63	1.41	1.54	2.19	0.85	0.42	1.50	1.89	1.50	1.49
Na$_2$O	4	1.31	1.31	1.31	1.39	1.53	1.64	1.67	1.45	0.19	1.44	1.26	1.71	1.31	0.13	1.39	1.31	1.39	1.46
K$_2$O	4	2.41	2.41	2.42	2.65	2.92	2.99	3.02	2.69	0.32	2.67	1.68	3.04	2.41	0.12	2.65	2.88	2.65	2.71
TC	4	0.43	0.45	0.49	0.58	0.72	0.86	0.91	0.64	0.23	0.61	1.45	0.96	0.42	0.37	0.58	0.64	0.58	0.76
Corg	4	0.26	0.26	0.28	0.29	0.33	0.38	0.39	0.31	0.07	0.31	1.91	0.41	0.25	0.22	0.29	0.30	0.29	0.32
pH	4	7.93	7.99	8.17	8.30	8.34	8.34	8.35	8.15	8.36	8.21	3.10	8.35	7.87	1.03	8.30	8.27	8.30	8.00

第四章　土壤元素背景值

第一节　各行政区土壤元素背景值

一、嘉兴市土壤元素背景值

嘉兴市土壤元素背景值数据经正态分布检验,结果表明(表 4-1),原始数据中 Ce、Sc、Th、Ti 符合正态分布,Ba、Be、F、Li、Rb、W 剔除异常值后符合正态分布,Br、Cl、La、Sn、U、SiO_2、Na_2O、TC 符合对数正态分布,Ag、B、S、Sr、Zr、CaO 剔除异常值后符合对数正态分布,其他元素/指标不符合正态分布或对数正态分布。

嘉兴市表层土壤总体呈酸性,土壤 pH 背景值为 6.16,极大值为 8.17,极小值为 4.14,略高于浙江省背景值,略低于中国背景值。

嘉兴市表层土壤各元素/指标中,大多数变异系数小于 0.40,分布相对均匀;pH、Sn、Hg、Cl、N 变异系数不小于 0.40,其中 pH 变异系数大于 0.80,空间变异性较大。

与浙江省土壤元素背景值相比,嘉兴市土壤元素背景值中 Ce 背景值略低于浙江省背景值,为浙江省背景值的 71%;Be、F、Hg、Se、TFe_2O_3 背景值略高于浙江省背景值,与浙江省背景值比值在 1.2~1.4 之间;Au、B、Bi、Br、Cu、Li、Sc、Sn、MgO、CaO、Na_2O 背景值明显高于浙江省背景值,与浙江省背景值比值为 1.4 以上;其他元素/指标背景值则与浙江省背景值基本接近。

与中国土壤元素背景值相比,嘉兴市土壤元素背景值中 Sr、CaO 背景值明显偏低,不足中国背景值的 60%,其中 CaO 背景值是中国背景值的 36%;Sb 背景值略低于中国背景值,为中国背景值的 75%;Co、Bi、Ti、Rb、F、Sc、Nb、Al_2O_3、P、Be、Ge 背景值略高于中国背景值,为中国背景值的 1.2~1.4 倍;Hg、Sn、Corg、Br、Au、Cu、Se、I、Li、V、Cr、N、Zn、Ni、B、Pb、Ag 背景值明显高于中国背景值,是中国背景值的 1.4 倍以上,其中 Hg、Sn、Corg、Br、Au 明显相对富集,背景值是中国背景值的 2.0 倍以上,最高的 Hg 背景值是中国背景值的 5.77 倍;其他元素/指标背景值则与中国背景值基本接近。

二、海宁市土壤元素背景值

海宁市土壤元素背景值数据经正态分布检验,结果表明(表 4-2),原始数据中 Ba、Be、Bi、Br、Ce、F、Ga、La、Li、S、Sc、Th、Ti、Tl、U、W、Zr、SiO_2、Al_2O_3、TFe_2O_3、MgO、Na_2O、TC、Corg 符合正态分布,As、I、N、Sb、Sn、Sr 符合对数正态分布,Ag、Cl、Pb、CaO 剔除异常值后符合正态分布,Au、B、Cu、Mn、Mo、Zn 剔除异常值后符合对数正态分布,其他元素/指标不符合正态分布或对数正态分布。

海宁市表层土壤总体呈酸性,土壤 pH 背景值为 6.38,极大值为 8.59,极小值为 4.33,与嘉兴市背景值基本接近,略高于浙江省背景值。

表 4-1 嘉兴市土壤元素背景值参数统计表

元素/指标	N	$X_{5\%}$	$X_{10\%}$	$X_{25\%}$	$X_{50\%}$	$X_{75\%}$	$X_{90\%}$	$X_{95\%}$	$\bar{X}$	S	$\bar{X}_g$	S_g	X_{max}	X_{min}	CV	X_{me}	X_{mo}	分布类型	嘉兴市背景值	浙江省背景值	中国背景值
Ag	890	82.0	86.0	99.0	111	128	151	162	115	23.63	112	15.08	183	56.0	0.21	111	110	剔除后对数分布	112	100.0	77.0
As	26 254	5.35	5.94	6.87	7.81	8.77	9.63	10.16	7.81	1.42	7.67	3.31	11.71	3.95	0.18	7.81	10.10	其他分布	10.10	10.10	9.00
Au	896	1.80	2.00	2.40	3.10	4.10	5.30	6.10	3.38	1.31	3.14	2.11	7.40	0.15	0.39	3.10	2.80	其他分布	2.80	1.50	1.30
B	23 518	47.00	50.6	56.8	64.3	72.3	79.7	84.7	64.8	11.32	63.8	11.08	96.8	33.00	0.17	64.3	63.7	剔除后对数分布	63.8	20.00	43.0
Ba	914	442	448	461	474	487	498	508	474	19.37	473	34.98	527	421	0.04	474	479	剔除后正态分布	474	475	512
Be	918	2.14	2.20	2.31	2.42	2.53	2.63	2.70	2.42	0.17	2.41	1.66	2.85	1.97	0.07	2.42	2.44	剔除后正态分布	2.42	2.00	2.00
Bi	921	0.30	0.33	0.36	0.41	0.45	0.50	0.54	0.41	0.07	0.40	1.77	0.61	0.21	0.17	0.41	0.40	其他分布	0.40	0.28	0.30
Br	951	3.23	3.53	4.12	4.90	5.88	6.92	7.78	5.13	1.44	4.95	2.64	15.19	2.14	0.28	4.90	4.80	对数分布	4.95	2.20	2.20
Cd	25 366	0.09	0.11	0.13	0.16	0.20	0.23	0.25	0.17	0.05	0.16	2.92	0.30	0.03	0.29	0.16	0.16	其他分布	0.16	0.14	0.137
Ce	951	63.5	65.9	69.3	72.7	75.9	78.3	79.7	72.4	5.01	72.2	11.85	105	55.7	0.07	72.7	74.0	正态分布	72.4	102	64.0
Cl	951	45.34	49.02	56.1	65.5	77.4	90.5	100.0	69.7	30.54	66.8	11.16	785	32.65	0.44	65.5	55.5	对数分布	66.8	71.0	78.0
Co	22 838	11.70	12.60	14.00	15.10	16.20	17.20	17.90	15.04	1.78	14.93	4.78	19.75	10.30	0.12	15.10	15.00	其他分布	15.00	14.80	11.00
Cr	25 493	69.1	73.3	79.9	85.7	90.9	95.5	98.2	85.1	8.57	84.6	13.00	108	61.6	0.10	85.7	83.0	其他分布	83.0	82.0	53.0
Cu	24 920	23.20	25.40	29.10	32.84	37.00	41.70	44.60	33.22	6.26	32.62	7.69	51.0	16.30	0.19	32.84	35.00	其他分布	35.00	16.00	20.00
F	935	463	501	553	604	658	700	719	603	77.8	598	39.69	815	400	0.13	604	658	剔除后正态分布	603	453	488
Ga	932	13.67	14.27	15.31	16.36	17.40	18.25	19.00	16.37	1.54	16.30	5.04	20.15	12.21	0.09	16.36	16.00	其他分布	16.00	16.00	15.00
Ge	948	1.34	1.37	1.43	1.50	1.56	1.61	1.62	1.49	0.09	1.49	1.27	1.68	1.24	0.06	1.50	1.56	其他分布	1.56	1.44	1.30
Hg	24 500	0.06	0.08	0.12	0.17	0.24	0.31	0.37	0.19	0.09	0.17	2.85	0.46	0.004	0.47	0.17	0.15	其他分布	0.15	0.110	0.026
I	916	1.20	1.40	1.70	2.10	2.50	2.90	3.20	2.09	0.58	2.01	1.66	3.60	0.70	0.28	2.10	1.80	其他分布	1.80	1.70	1.10
La	951	31.73	33.08	35.00	37.68	40.00	42.03	44.00	37.70	3.85	37.51	8.18	55.5	26.00	0.10	37.68	38.00	对数正态分布	37.51	41.00	33.00
Li	913	39.26	42.02	45.60	49.00	52.1	55.2	57.1	48.76	5.15	48.48	9.34	62.1	35.10	0.11	49.00	48.10	剔除后正态分布	48.76	25.00	30.00
Mn	25 033	406	437	498	589	714	828	895	613	150	595	39.55	1054	169	0.25	589	518	其他分布	518	440	569
Mo	25 590	0.37	0.42	0.51	0.61	0.72	0.83	0.91	0.62	0.16	0.60	1.47	1.08	0.18	0.26	0.61	0.62	其他分布	0.62	0.66	0.70
N	26 337	0.70	0.84	1.13	1.68	2.24	2.63	2.85	1.71	0.69	1.56	1.73	3.90	0.14	0.40	1.68	1.10	其他分布	1.10	1.28	0.707
Nb	926	13.86	14.52	15.31	16.12	17.10	17.95	18.81	16.28	1.43	16.22	5.05	19.80	12.79	0.09	16.12	15.84	其他分布	15.84	16.83	13.00
Ni	25 625	28.00	30.20	34.00	37.00	39.90	42.40	44.00	36.73	4.68	36.42	8.00	49.30	24.20	0.13	37.00	36.00	其他分布	36.00	35.00	24.00
P	24 811	0.50	0.54	0.62	0.75	0.92	1.11	1.24	0.79	0.22	0.76	1.37	1.46	0.14	0.28	0.75	0.69	其他分布	0.69	0.60	0.57
Pb	25 748	23.00	24.50	27.30	30.30	33.10	35.80	37.60	30.25	4.37	29.92	7.29	42.20	18.40	0.14	30.30	32.00	其他分布	32.00	32.00	22.00

续表 4-1

元素/指标	N	$X_{5\%}$	$X_{10\%}$	$X_{25\%}$	$X_{50\%}$	$X_{75\%}$	$X_{90\%}$	$X_{95\%}$	$\overline{X}$	S	$\overline{X}_g$	S_g	X_{max}	X_{min}	CV	X_{me}	X_{mo}	分布类型	嘉兴市背景值	浙江省背景值	中国背景值
Rb	905	104	107	114	120	126	131	133	119	8.93	119	15.75	142	96.0	0.07	120	120	剔除后正态分布	119	120	96.0
S	943	150	172	208	264	338	398	431	276	86.3	262	24.17	524	85.0	0.31	264	225	剔除后对数分布	262	248	245
Sb	910	0.47	0.49	0.53	0.60	0.70	0.83	0.90	0.63	0.13	0.62	1.45	1.00	0.41	0.20	0.60	0.55	其他分布	0.55	0.53	0.73
Sc	951	9.70	10.22	11.29	12.34	13.30	14.29	14.87	12.31	1.56	12.21	4.25	18.70	7.42	0.13	12.34	11.20	正态分布	12.31	8.70	10.00
Se	26 162	0.13	0.16	0.21	0.27	0.32	0.36	0.39	0.26	0.08	0.25	2.28	0.48	0.04	0.30	0.27	0.29	其他分布	0.29	0.21	0.17
Sn	951	6.10	6.80	8.30	10.50	13.70	17.30	20.30	11.70	6.22	10.75	4.10	110	2.30	0.53	10.50	8.90	对数正态分布	10.75	3.60	3.00
Sr	908	102	105	108	112	118	123	127	113	7.39	113	15.37	134	93.3	0.07	112	114	剔除后正态分布	113	105	197
Th	951	10.71	11.15	11.98	12.90	13.90	14.80	15.30	12.94	1.50	12.85	4.41	20.34	4.43	0.12	12.90	13.20	正态分布	12.94	13.30	11.00
Ti	951	4079	4147	4276	4468	4641	4811	4926	4472	265	4465	128	5496	3447	0.06	4468	4512	偏峰分布	4472	4665	3498
Tl	939	0.51	0.55	0.60	0.65	0.69	0.73	0.75	0.64	0.07	0.64	1.34	0.83	0.45	0.11	0.65	0.65	对数正态分布	0.65	0.70	0.60
U	951	2.08	2.14	2.25	2.39	2.53	2.67	2.78	2.40	0.22	2.39	1.66	3.31	1.67	0.09	2.39	2.39	其他分布	2.39	2.90	2.50
V	23 061	88.6	92.7	100.0	107	113	118	121	106	9.75	106	14.76	132	79.8	0.09	107	110	剔除后正态分布	110	106	70.0
W	911	1.49	1.57	1.68	1.80	1.92	2.06	2.13	1.80	0.19	1.79	1.42	2.30	1.32	0.11	1.80	1.82	其他分布	1.80	1.80	1.60
Y	932	21.36	22.25	24.00	25.00	27.00	28.00	29.00	25.25	2.22	25.15	6.47	31.52	19.51	0.09	25.00	25.00	其他分布	25.00	25.00	24.00
Zn	24 982	72.0	78.0	86.5	95.0	104	113	120	95.3	13.93	94.3	14.00	134	58.0	0.15	95.0	101	对数正态分布	101	101	66.0
Zr	881	218	222	229	238	249	260	267	240	14.83	239	23.76	281	199	0.06	238	243	偏峰分布	239	243	230
SiO_2	951	64.5	65.2	66.2	67.5	68.7	70.6	71.6	67.6	2.13	67.6	11.43	76.0	61.4	0.03	67.5	66.2	其他分布	67.6	71.3	66.7
Al_2O_3	913	12.86	13.18	13.84	14.34	14.83	15.20	15.39	14.27	0.76	14.25	4.61	16.24	12.17	0.05	14.34	14.43	剔除后正态分布	14.43	13.20	11.90
TFe_2O_3	917	4.02	4.25	4.56	4.85	5.11	5.32	5.48	4.82	0.42	4.80	2.47	5.94	3.69	0.09	4.85	4.87	其他分布	4.87	3.74	4.20
MgO	917	1.30	1.36	1.48	1.56	1.63	1.73	1.76	1.55	0.13	1.54	1.30	1.88	1.21	0.09	1.56	1.56	其他分布	1.56	0.50	1.43
CaO	873	0.83	0.86	0.92	0.98	1.05	1.13	1.19	0.99	0.11	0.98	1.11	1.29	0.70	0.11	0.98	0.98	剔除后正态分布	0.98	0.24	2.74
Na_2O	951	1.27	1.30	1.37	1.46	1.57	1.68	1.79	1.48	0.16	1.48	1.30	2.09	1.09	0.11	1.46	1.43	对数正态分布	1.48	0.19	1.75
K_2O	26 404	1.91	1.98	2.18	2.42	2.56	2.66	2.72	2.37	0.26	2.35	1.66	3.12	1.61	0.11	2.42	2.51	其他分布	2.51	2.35	2.36
TC	951	0.93	1.04	1.25	1.57	1.94	2.24	2.35	1.61	0.46	1.54	1.43	3.41	0.66	0.28	1.57	1.53	对数正态分布	1.54	1.43	1.30
Corg	2365	0.75	0.87	1.21	1.71	2.15	2.60	2.91	1.72	0.65	1.59	1.62	3.56	0.26	0.38	1.71	1.49	其他分布	1.49	1.31	0.60
pH	26 217	4.96	5.24	5.65	6.10	6.63	7.33	7.73	5.58	5.22	6.18	2.85	8.17	4.14	0.93	6.10	6.16	其他分布	6.16	5.10	8.00

注：氧化物、TC、Corg 单位为%，N、P 单位为 g/kg，Au、Ag 单位为 μg/kg，其他元素/指标单位为 mg/kg，pH 为无量纲；浙江省背景值引自《浙江省土壤元素背景值》（黄春雷等，2023）；中国背景值引自《全国地球化学基准网建立与土壤地球化学基准值特征》（王学求等，2016）。后表单位和资料来源相同。

表 4-2 海宁市土壤元素背景参数统计表

元素/指标	N	$X_{5\%}$	$X_{10\%}$	$X_{25\%}$	$X_{50\%}$	$X_{75\%}$	$X_{90\%}$	$X_{95\%}$	$\overline{X}$	S	$\overline{X}_g$	S_g	X_{max}	X_{min}	CV	X_{me}	X_{mo}	分布类型	海宁市背景值	嘉兴市背景值	浙江省背景值
Ag	153	75.6	81.0	94.0	104	114	124	129	103	17.02	102	14.51	149	60.0	0.16	104	109	剔除后正态分布	103	112	100.0
As	4041	4.67	5.07	5.81	6.89	8.14	9.23	9.91	7.07	1.80	6.87	3.11	39.70	2.96	0.25	6.89	10.10	对数正态分布	6.87	10.10	10.10
Au	150	1.45	1.79	2.10	2.60	3.40	4.70	5.30	2.92	1.16	2.68	2.07	6.60	0.15	0.40	2.60	1.90	剔除后对数分布	2.68	2.80	1.50
B	3944	51.8	55.5	61.5	68.8	76.5	85.2	90.5	69.5	11.47	68.5	11.59	100.0	38.10	0.17	68.8	69.4	剔除后对数分布	68.5	63.8	20.00
Ba	166	418	432	447	468	487	501	515	469	31.98	468	34.46	643	396	0.07	468	487	正态分布	469	474	475
Be	166	1.89	1.94	2.11	2.30	2.50	2.66	2.72	2.30	0.27	2.29	1.61	2.97	1.64	0.12	2.30	2.43	正态分布	2.30	2.42	2.00
Bi	166	0.27	0.29	0.33	0.38	0.43	0.48	0.51	0.38	0.08	0.38	1.87	0.71	0.19	0.22	0.38	0.35	正态分布	0.38	0.40	0.28
Br	166	3.66	4.00	4.51	5.19	6.12	6.84	7.75	5.37	1.26	5.23	2.71	10.08	2.92	0.23	5.19	4.80	正态分布	5.37	4.95	2.20
Cd	3824	0.08	0.10	0.12	0.14	0.17	0.20	0.22	0.15	0.04	0.14	3.18	0.26	0.03	0.29	0.14	0.12	其他分布	0.12	0.16	0.14
Ce	166	64.2	67.0	70.3	73.4	76.2	78.0	79.6	73.0	4.78	72.9	11.80	86.5	55.7	0.07	73.4	73.2	正态分布	73.0	72.4	102
Cl	161	43.41	47.73	52.4	58.8	68.4	75.3	79.6	60.2	11.14	59.2	10.73	90.6	32.90	0.19	58.8	57.6	剔除后正态分布	60.2	66.8	71.0
Co	4036	9.51	10.20	11.50	13.50	15.60	17.10	17.80	13.57	2.61	13.31	4.48	21.20	5.44	0.19	13.50	12.20	其他分布	13.57	15.00	14.80
Cr	3885	58.2	61.6	68.4	77.4	87.5	94.5	98.5	78.0	12.69	76.9	12.29	118	39.80	0.16	77.4	101	其他分布	78.0	83.0	82.0
Cu	3816	18.80	20.80	24.00	28.30	33.00	38.00	41.00	28.80	6.78	27.98	7.03	48.50	9.89	0.24	28.30	28.60	剔除后对数分布	27.98	35.00	16.00
F	166	383	421	464	544	604	647	691	537	92.6	529	36.43	754	238	0.17	544	575	正态分布	537	603	453
Ga	166	13.17	13.87	14.83	16.30	17.87	19.33	19.74	16.41	2.10	16.28	4.94	22.00	11.00	0.13	16.30	17.00	正态分布	16.41	16.00	16.00
Ge	165	1.32	1.36	1.42	1.50	1.58	1.61	1.62	1.49	0.10	1.49	1.26	1.68	1.23	0.07	1.50	1.61	偏峰分布	1.49	1.56	1.44
Hg	3742	0.05	0.07	0.10	0.15	0.20	0.28	0.32	0.16	0.08	0.14	3.14	0.42	0.01	0.51	0.15	0.11	其他分布	0.16	0.15	0.110
I	166	1.40	1.55	1.80	2.20	2.70	3.25	3.68	2.34	0.79	2.22	1.76	6.40	0.80	0.34	2.20	2.20	对数正态分布	2.22	1.80	1.70
La	166	34.12	35.00	38.00	39.00	41.00	43.00	44.38	39.32	3.11	39.19	8.24	49.50	31.00	0.08	39.00	38.00	正态分布	39.32	37.51	41.00
Li	166	32.20	34.50	38.52	44.80	50.6	55.0	57.5	44.59	8.13	43.83	8.66	63.7	24.60	0.18	44.80	48.10	正态分布	44.59	48.76	25.00
Mn	3953	404	434	491	574	678	783	848	591	135	576	38.97	977	211	0.23	574	599	剔除后对数分布	576	518	440
Mo	3838	0.32	0.37	0.44	0.53	0.64	0.75	0.83	0.54	0.15	0.52	1.58	0.99	0.15	0.28	0.53	0.50	剔除后正态分布	0.52	0.62	0.66
N	4041	0.55	0.65	0.83	1.07	1.39	1.77	2.04	1.15	0.46	1.07	1.50	4.26	0.20	0.40	1.07	1.16	对数正态分布	1.07	1.10	1.28
Nb	157	14.85	14.85	15.84	16.83	17.82	18.81	18.81	16.84	1.44	16.78	5.11	19.80	13.86	0.09	16.83	17.82	其他分布	16.84	15.84	16.83
Ni	4004	21.90	23.90	27.30	32.40	38.10	42.10	44.10	32.73	7.12	31.91	7.43	54.2	10.80	0.22	32.40	29.00	其他分布	32.73	36.00	35.00
P	3824	0.49	0.53	0.59	0.70	0.86	1.04	1.16	0.74	0.21	0.72	1.38	1.36	0.16	0.28	0.70	0.62	其他分布	0.72	0.69	0.60
Pb	3931	19.60	21.30	24.00	26.80	29.60	32.30	34.00	26.79	4.27	26.44	6.77	38.60	15.10	0.16	26.80	27.00	剔除后正态分布	26.79	32.00	32.00

续表 4-2

元素/指标	N	$X_{5\%}$	$X_{10\%}$	$X_{25\%}$	$X_{50\%}$	$X_{75\%}$	$X_{90\%}$	$X_{95\%}$	$\bar{X}$	S	$\bar{X}_g$	S_g	X_{max}	X_{min}	CV	X_{me}	X_{mo}	分布类型	海宁市背景值	嘉兴市背景值	浙江省背景值
Rb	166	88.2	92.5	100.0	112	124	129	132	112	14.63	111	14.81	145	77.0	0.13	112	120	偏峰分布	120	119	120
S	166	147	160	190	220	259	294	311	225	54.3	219	22.72	452	132	0.24	220	231	正态分布	225	262	248
Sb	166	0.45	0.46	0.48	0.53	0.59	0.65	0.81	0.57	0.26	0.55	1.54	3.23	0.41	0.46	0.53	0.47	对数正态分布	0.55	0.55	0.53
Sc	166	9.30	9.66	10.53	11.45	12.80	14.05	14.54	11.68	1.71	11.56	4.07	16.24	7.90	0.15	11.45	11.20	正态分布	11.68	12.31	8.70
Se	3888	0.11	0.14	0.18	0.22	0.27	0.33	0.36	0.23	0.07	0.22	2.50	0.43	0.03	0.32	0.22	0.21	其他分布	0.21	0.29	0.21
Sn	166	5.40	6.50	7.62	8.90	12.17	15.25	17.65	10.25	4.47	9.47	3.86	34.80	2.30	0.44	8.90	7.50	对数正态分布	9.47	10.75	3.60
Sr	166	104	105	111	119	130	141	147	122	15.02	121	16.15	173	93.3	0.12	119	120	对数正态分布	121	113	105
Th	166	10.80	11.16	11.90	12.80	13.80	14.75	15.28	12.91	1.45	12.83	4.31	17.70	8.86	0.11	12.80	12.80	正态分布	12.91	12.94	13.30
Ti	166	4033	4156	4314	4546	4713	4879	5040	4518	304	4508	127	5388	3718	0.07	4546	4410	正态分布	4518	4472	4665
Tl	166	0.46	0.49	0.55	0.60	0.67	0.74	0.77	0.60	0.10	0.60	1.43	0.85	0.29	0.16	0.60	0.65	正态分布	0.60	0.65	0.70
U	166	2.00	2.09	2.20	2.34	2.50	2.69	2.73	2.35	0.24	2.34	1.64	2.82	1.67	0.10	2.34	2.46	正态分布	2.35	2.39	2.90
V	4032	78.6	83.1	90.1	99.8	111	118	121	100.0	13.38	99.2	14.22	141	60.4	0.13	99.8	106	其他分布	106	110	106
W	166	1.32	1.38	1.53	1.71	1.91	2.04	2.14	1.71	0.27	1.69	1.39	2.61	0.91	0.16	1.71	1.73	正态分布	1.71	1.80	1.80
Y	162	22.00	22.08	24.00	25.00	27.00	28.00	29.00	25.15	2.27	25.05	6.36	31.00	20.00	0.09	25.00	24.00	其他分布	24.00	25.00	25.00
Zn	3850	60.0	64.4	73.4	85.4	97.4	109	119	86.3	17.39	84.6	13.13	137	38.70	0.20	85.4	102	剔除后对数分布	84.6	101	101
Zr	166	222	230	240	256	281	302	308	260	27.09	259	25.04	333	213	0.10	256	244	正态分布	260	239	243
SiO_2	166	65.4	66.2	67.6	69.1	71.0	72.2	73.0	69.2	2.41	69.2	11.57	75.5	63.5	0.03	69.1	68.0	正态分布	69.2	67.6	71.3
Al_2O_3	166	11.38	11.95	12.68	13.52	14.41	14.93	15.21	13.47	1.20	13.41	4.42	16.02	9.75	0.09	13.52	13.28	正态分布	13.47	14.43	13.20
TFe_2O_3	166	3.52	3.65	4.00	4.38	4.98	5.24	5.45	4.47	0.62	4.43	2.33	6.13	3.32	0.14	4.38	4.65	正态分布	4.47	4.87	3.74
MgO	166	1.14	1.16	1.30	1.45	1.61	1.71	1.75	1.45	0.20	1.43	1.27	1.88	0.87	0.14	1.45	1.59	正态分布	1.45	1.56	0.50
CaO	151	0.80	0.86	0.91	0.98	1.10	1.23	1.31	1.01	0.15	1.00	1.15	1.44	0.76	0.14	0.98	0.92	剔除后正态分布	1.01	0.98	0.24
Na_2O	166	1.32	1.39	1.47	1.60	1.77	1.90	1.93	1.62	0.19	1.61	1.37	2.09	1.24	0.12	1.60	1.52	正态分布	1.62	1.48	0.19
K_2O	4026	1.91	1.97	2.11	2.32	2.50	2.62	2.69	2.31	0.25	2.29	1.62	3.04	1.58	0.11	2.32	2.50	其他分布	2.31	2.51	2.35
TC	166	0.86	0.94	1.09	1.27	1.46	1.68	1.82	1.29	0.29	1.26	1.30	2.19	0.67	0.23	1.27	1.44	正态分布	1.29	1.54	1.43
Corg	166	0.62	0.71	0.84	1.02	1.19	1.39	1.47	1.02	0.26	0.99	1.30	1.76	0.47	0.25	1.02	1.00	正态分布	1.02	1.49	1.31
pH	4032	5.05	5.34	5.92	6.45	7.01	7.80	8.04	5.73	5.33	6.48	2.92	8.59	4.33	0.93	6.45	6.38	其他分布	6.38	6.16	5.10

海宁市表层土壤各元素/指标中,大多数元素/指标变异系数小于0.40,分布相对均匀;pH、Hg、Sb、Sn变异系数大于0.40,其中pH变异系数大于0.80,空间变异性较大。

与嘉兴市土壤元素背景值相比,海宁市土壤元素背景值中Cu、Cd、Hg、Se、Corg、As背景值略低于嘉兴市背景值;I、Cr、Nb背景值略高于嘉兴市背景值,是嘉兴市背景值的1.2~1.4倍;其他元素/指标背景值则与嘉兴市背景值基本接近。

与浙江省土壤元素背景值相比,海宁市土壤元素背景值中As、Ce、Mo、Corg背景值略低于浙江省背景值;Bi、Cr、I、Mn、Sc背景值略高于浙江省背景值,与浙江省背景值比值在1.2~1.4之间;Au、B、Br、Cu、Li、Sn、MgO、CaO、Na_2O背景值明显偏高,与浙江省背景值比值均在1.4以上;其他元素/指标背景值则与浙江省背景值基本接近。

三、海盐县土壤元素背景值

海盐县土壤元素背景值数据经正态分布检验,结果表明(表4-3),原始数据中Ag、Be、Bi、Ce、F、Ga、Ge、La、S、Sc、Sr、Th、Ti、Tl、U、W、SiO_2、TFe_2O_3、Na_2O、TC、Corg符合正态分布,Au、Br、Cl、I、Sb、Sn、Zr符合对数正态分布,As、Ba、Li、Rb、MgO、CaO剔除异常值后符合正态分布,B剔除异常值后符合对数正态分布,其他元素/指标不符合正态分布或对数正态分布。

海盐县表层土壤总体呈酸性,土壤pH背景值为6.00,极大值为7.64,极小值为4.30,与嘉兴市背景值和浙江省背景值基本接近。

海盐县表层土壤各元素/指标中,大多数元素/指标变异系数小于0.40,分布相对均匀;pH、Au变异系数大于0.40,其中pH变异系数大于0.80,空间变异性较大。

与嘉兴市土壤元素背景值相比,海盐县土壤元素背景值中As背景值略低于嘉兴市背景值,为嘉兴市背景值的60%~80%;Br背景值略高于嘉兴市背景值,是嘉兴市背景值的1.21倍;N、I背景值明显偏高,是嘉兴市背景值的1.4倍以上,其中N背景值是嘉兴市背景值的2.0倍以上;其他元素/指标背景值则与嘉兴市背景值基本接近。

与浙江省土壤元素背景值相比,海盐县土壤元素背景值中As、Ce背景值略低于浙江省背景值;F、Hg、Sc、TFe_2O_3背景值略高于浙江省背景值,与浙江省背景值比值在1.2~1.4之间;Au、B、Bi、Br、Cu、I、N、Se、Sn、MgO、CaO、Na_2O背景值明显偏高,与浙江省背景值比值均在1.4以上;其他元素/指标背景值则与浙江省背景值基本接近。

四、嘉善县土壤元素背景值

嘉善县土壤元素背景值数据经正态分布检验,结果表明(表4-4),原始数据Ba、Be、Bi、Br、Ce、Co、F、Ga、Ge、I、La、Li、Nb、Rb、S、Sc、Sr、Th、Ti、Tl、U、Y、Zr、SiO_2、Al_2O_3、TFe_2O_3、MgO、Na_2O、TC符合正态分布,Ag、Au、Cl、Sb、Sn、W、Corg符合对数正态分布,As、CaO剔除异常值后符合正态分布,B、Zn、pH剔除异常值后符合对数正态分布,其他元素/指标不符合正态分布或对数正态分布。

嘉善县表层土壤总体呈酸性,土壤pH背景值为5.93,极大值为7.42,极小值为4.51,与嘉兴市背景值和浙江省背景值基本接近。

嘉善县表层土壤各元素/指标中,大多数元素/指标变异系数小于0.40,分布相对均匀;pH、W、Au变异系数大于0.40,其中pH变异系数大于0.80,空间变异性较大。

与嘉兴市土壤元素背景值相比,嘉善县土壤元素背景值中TC、Corg、Au、Cd、Cl、Bi、P背景值略高于嘉兴市背景值,是嘉兴市背景值的1.2~1.4倍;N、Sb、Hg、S背景值明显偏高,其中N背景值是嘉兴市背景值的2.1倍;其他元素/指标背景值则与嘉兴市背景值基本接近。

与浙江省土壤元素背景值相比,嘉善县土壤元素背景值中Ce背景值略低于浙江省背景值,为浙江省背景值的72%;Ag、Be、F、P、Sc、TFe_2O_3背景值略高于浙江省背景值,与浙江省背景值比值在1.2~1.4之

第四章 土壤元素背景值

表4-3 海盐县土壤元素背景值参数统计表

元素/指标	N	$X_{5\%}$	$X_{10\%}$	$X_{25\%}$	$X_{50\%}$	$X_{75\%}$	$X_{90\%}$	$X_{95\%}$	$\bar{X}$	S	$\bar{X}_g$	S_g	X_{max}	X_{min}	CV	X_{me}	X_{mo}	分布类型	海盐县背景值	嘉兴市背景值	浙江省背景值
Ag	123	73.2	81.0	89.0	100.0	111	121	126	101	20.27	99.2	14.16	236	58.0	0.20	100.0	103	正态分布	101	112	100.0
As	3871	5.20	5.73	6.60	7.44	8.28	9.07	9.57	7.43	1.28	7.32	3.20	10.90	4.01	0.17	7.44	7.20	剔除后正态分布	7.43	10.10	10.10
Au	123	1.61	1.80	2.10	2.40	2.90	3.48	4.45	2.67	1.35	2.50	1.85	14.20	1.30	0.50	2.40	2.30	对数正态分布	2.50	2.80	1.50
B	1712	48.71	52.5	59.4	67.9	76.9	87.4	93.4	68.8	13.25	67.5	11.50	104	33.86	0.19	67.9	62.2	剔除后对数正态分布	67.5	63.8	20.00
Ba	114	439	447	463	476	491	509	518	477	23.02	476	34.88	530	416	0.05	476	477	正态分布	477	474	475
Be	123	1.99	2.11	2.25	2.42	2.53	2.66	2.70	2.38	0.22	2.37	1.66	2.88	1.76	0.09	2.42	2.44	正态分布	2.38	2.42	2.00
Bi	123	0.30	0.32	0.37	0.40	0.45	0.52	0.55	0.42	0.09	0.41	1.74	0.85	0.24	0.21	0.40	0.42	正态分布	0.42	0.40	0.28
Br	123	4.42	4.61	5.10	5.98	6.66	7.80	8.31	6.13	1.54	5.97	2.88	15.19	3.23	0.25	5.98	4.80	对数正态分布	5.97	4.95	2.20
Cd	3736	0.10	0.12	0.14	0.17	0.20	0.23	0.25	0.17	0.04	0.17	2.85	0.29	0.06	0.25	0.17	0.16	其他分布	0.16	0.16	0.14
Ce	123	66.4	68.0	70.8	74.0	76.6	79.7	80.4	73.8	4.55	73.6	11.99	86.3	61.0	0.06	74.0	74.0	正态分布	73.8	72.4	102
Cl	123	44.72	48.86	53.8	61.1	69.3	82.2	92.0	64.6	21.42	62.4	10.83	242	32.65	0.33	61.1	69.1	对数正态分布	62.4	66.8	71.0
Co	3045	11.70	12.60	14.00	15.40	16.70	17.90	18.60	15.30	2.04	15.16	4.83	20.80	9.78	0.13	15.40	15.40	偏峰分布	15.40	15.00	14.80
Cr	3813	67.0	71.2	78.8	85.8	91.4	96.6	99.3	84.9	9.67	84.3	12.98	111	58.2	0.11	85.8	89.4	偏峰分布	89.4	83.0	82.0
Cu	3648	24.49	26.49	30.00	32.90	36.00	39.42	41.80	32.97	5.00	32.58	7.59	46.40	20.08	0.15	32.90	32.60	其他分布	32.60	35.00	16.00
F	123	462	483	534	599	650	685	705	590	78.2	585	39.08	776	376	0.13	599	599	正态分布	590	603	453
Ga	123	14.00	15.00	15.85	17.00	18.00	18.96	19.40	16.81	1.65	16.73	5.12	21.00	13.00	0.10	17.00	17.00	正态分布	16.81	16.00	16.00
Ge	123	1.30	1.32	1.39	1.46	1.54	1.61	1.62	1.47	0.10	1.47	1.26	1.68	1.24	0.07	1.46	1.39	其他分布	1.47	1.56	1.44
Hg	3627	0.07	0.09	0.12	0.15	0.19	0.23	0.26	0.16	0.05	0.15	2.96	0.31	0.02	0.34	0.15	0.15	其他分布	0.15	0.15	0.110
I	123	1.70	1.80	2.05	2.50	3.20	3.70	4.08	2.68	0.85	2.56	1.86	6.10	1.50	0.32	2.50	1.90	对数正态分布	2.56	1.80	1.70
La	123	35.00	36.50	38.25	40.50	43.00	44.90	47.00	40.62	3.47	40.47	8.50	49.00	31.50	0.09	40.50	43.00	正态分布	40.62	37.51	41.00
Li	119	36.16	39.02	44.60	48.90	51.6	54.2	55.6	47.71	5.68	47.35	9.22	60.6	33.30	0.12	48.90	47.50	剔除后正态分布	47.71	48.76	25.00
Mn	3003	405	434	482	547	631	723	777	563	110	553	38.22	872	279	0.20	547	490	偏峰分布	490	518	440
Mo	3825	0.46	0.51	0.59	0.69	0.80	0.92	1.00	0.70	0.16	0.68	1.37	1.15	0.30	0.23	0.69	0.68	偏峰分布	0.68	0.62	0.66
N	3947	0.95	1.13	1.47	1.95	2.31	2.62	2.81	1.91	0.57	1.81	1.67	3.55	0.30	0.30	1.95	2.27	其他分布	2.27	1.10	1.28
Nb	115	14.85	14.85	15.84	16.83	17.82	18.81	18.81	17.03	1.36	16.97	5.13	19.80	13.86	0.08	16.83	16.83	其他分布	16.83	15.84	16.83
Ni	3826	25.92	28.34	32.60	36.50	40.00	42.98	44.80	36.13	5.58	35.67	7.93	51.5	20.44	0.15	36.50	35.00	偏峰分布	35.00	36.00	35.00
P	3673	0.48	0.54	0.63	0.74	0.87	1.03	1.13	0.76	0.19	0.74	1.35	1.33	0.23	0.25	0.74	0.66	其他分布	0.66	0.69	0.60
Pb	3810	25.30	26.70	28.70	30.87	32.79	34.50	35.60	30.68	3.06	30.52	7.27	39.13	22.28	0.10	30.87	32.00	偏峰分布	32.00	32.00	32.00

续表 4-3

元素/指标	N	$X_{5\%}$	$X_{10\%}$	$X_{25\%}$	$X_{50\%}$	$X_{75\%}$	$X_{90\%}$	$X_{95\%}$	$\overline{X}$	S	$\overline{X}_g$	S_g	X_{max}	X_{min}	CV	X_{me}	X_{mo}	分布类型	海盐县背景值	嘉兴市背景值	浙江省背景值
Rb	110	105	107	116	120	124	131	132	120	8.08	119	15.69	137	100.0	0.07	120	124	剔除后正态分布	120	119	120
S	123	159	179	215	242	292	323	345	249	54.6	243	23.83	360	128	0.22	242	220	正态分布	249	262	248
Sb	123	0.47	0.48	0.50	0.55	0.59	0.65	0.72	0.57	0.14	0.56	1.46	1.82	0.43	0.25	0.55	0.55	对数正态分布	0.56	0.55	0.53
Sc	123	9.73	10.20	11.23	12.21	13.11	14.18	14.40	12.16	1.40	12.08	4.21	15.30	9.00	0.11	12.21	11.90	正态分布	12.16	12.31	8.70
Se	3809	0.18	0.20	0.24	0.28	0.32	0.36	0.38	0.28	0.06	0.27	2.14	0.44	0.12	0.21	0.28	0.30	其他分布	0.30	0.29	0.21
Sn	123	5.41	6.30	7.80	9.30	11.10	14.12	15.49	9.91	3.81	9.35	3.78	34.80	4.30	0.38	9.30	9.00	对数正态分布	9.35	10.75	3.60
Sr	123	98.3	101	107	114	121	129	134	115	11.20	114	15.33	148	73.8	0.10	114	106	正态分布	115	113	105
Th	123	11.81	12.30	12.80	13.70	14.45	15.48	16.00	13.77	1.33	13.71	4.54	17.80	10.50	0.10	13.70	14.30	正态分布	13.77	12.94	13.30
Ti	123	4269	4349	4482	4608	4742	4869	4960	4620	213	4615	129	5252	4156	0.05	4608	4628	正态分布	4620	4472	4665
Tl	123	0.52	0.57	0.60	0.65	0.71	0.73	0.78	0.65	0.07	0.65	1.32	0.82	0.46	0.11	0.65	0.65	正态分布	0.65	0.65	0.70
U	123	2.16	2.24	2.34	2.45	2.63	2.87	2.96	2.50	0.25	2.49	1.72	3.30	2.07	0.10	2.45	2.34	正态分布	2.50	2.39	2.90
V	2919	88.6	92.2	97.8	102	107	111	113	102	7.03	102	14.41	119	83.3	0.07	102	103	其他分布	103	110	106
W	123	1.51	1.59	1.69	1.79	1.89	2.02	2.11	1.81	0.20	1.80	1.42	2.63	1.27	0.11	1.79	1.77	正态分布	1.81	1.80	1.80
Y	121	23.00	24.00	25.00	27.00	28.00	29.00	30.00	26.44	1.97	26.37	6.60	32.00	22.00	0.07	27.00	27.00	其他分布	27.00	25.00	25.00
Zn	3678	74.2	79.8	88.7	95.5	102	109	114	95.1	11.27	94.4	13.92	125	65.6	0.12	95.5	102	对数正态分布	102	101	101
Zr	123	224	231	238	249	267	312	349	261	39.73	258	24.74	466	218	0.15	249	246	其他分布	258	239	243
SiO_2	123	65.8	66.4	67.4	68.3	70.0	71.7	73.0	68.8	2.25	68.8	11.46	76.0	64.2	0.03	68.3	68.2	正态分布	68.8	67.6	71.3
Al_2O_3	120	12.15	12.71	13.54	14.14	14.47	14.98	15.13	13.95	0.85	13.92	4.56	15.88	11.80	0.06	14.14	13.87	偏峰分布	13.87	14.43	13.20
TFe_2O_3	123	3.68	3.90	4.30	4.71	5.02	5.24	5.35	4.64	0.52	4.61	2.42	5.87	3.18	0.11	4.71	4.74	正态分布	4.64	4.87	3.74
MgO	119	1.24	1.28	1.46	1.55	1.61	1.72	1.75	1.52	0.15	1.51	1.29	1.78	1.12	0.10	1.55	1.55	剔除后正态分布	1.52	1.56	0.50
CaO	113	0.82	0.85	0.89	0.97	1.05	1.12	1.16	0.98	0.11	0.97	1.12	1.28	0.68	0.12	0.97	1.05	剔除后正态分布	0.98	0.98	0.24
Na_2O	123	1.34	1.36	1.43	1.51	1.62	1.74	1.80	1.53	0.15	1.52	1.30	1.90	1.09	0.10	1.51	1.54	其他分布	1.53	1.48	0.19
K_2O	3665	2.23	2.32	2.42	2.50	2.57	2.64	2.69	2.49	0.13	2.49	1.70	2.84	2.13	0.05	2.50	2.50	其他分布	2.50	2.51	2.35
TC	123	1.04	1.11	1.31	1.53	1.75	2.02	2.14	1.55	0.34	1.51	1.38	2.52	0.89	0.22	1.53	1.53	正态分布	1.55	1.54	1.43
Corg	123	0.80	0.92	1.07	1.24	1.44	1.64	1.73	1.26	0.29	1.23	1.31	1.95	0.59	0.23	1.24	1.21	正态分布	1.26	1.49	1.31
pH	3760	4.81	5.18	5.55	5.93	6.34	6.78	7.07	5.49	5.19	5.95	2.80	7.64	4.30	0.95	5.93	6.00	其他分布	6.00	6.16	5.10

表 4-4 嘉善县土壤元素背景值参数统计表

元素/指标	N	$X_{5\%}$	$X_{10\%}$	$X_{25\%}$	$X_{50\%}$	$X_{75\%}$	$X_{90\%}$	$X_{95\%}$	$\overline{X}$	S	$\overline{X}_g$	S_g	X_{max}	X_{min}	CV	X_{me}	X_{mo}	分布类型	嘉善县背景值	嘉兴市背景值	浙江省背景值
Ag	119	99.0	104	113	126	140	158	173	132	37.36	128	16.88	435	84.0	0.28	126	126	对数正态分布	128	112	100.0
As	3773	6.71	7.16	7.96	8.82	9.60	10.30	10.80	8.78	1.22	8.70	3.53	12.10	5.44	0.14	8.82	10.50	剔除后正态分布	8.78	10.10	10.10
Au	119	2.39	2.60	2.80	3.40	4.40	5.92	6.80	3.95	2.28	3.65	2.36	24.30	2.10	0.58	3.40	2.80	对数正态分布	3.65	2.80	1.50
B	3716	50.3	53.6	59.7	66.0	73.0	79.8	83.4	66.4	9.89	65.7	11.26	93.3	39.60	0.15	66.0	66.4	剔除后对数分布	65.7	63.8	20.00
Ba	119	447	452	466	480	490	508	519	480	23.52	480	34.87	604	438	0.05	480	481	正态分布	480	474	475
Be	119	2.25	2.28	2.37	2.44	2.52	2.61	2.64	2.44	0.13	2.44	1.68	2.75	2.08	0.05	2.44	2.39	正态分布	2.44	2.42	2.00
Bi	119	0.37	0.39	0.43	0.49	0.55	0.59	0.62	0.49	0.08	0.48	1.56	0.80	0.34	0.17	0.49	0.54	正态分布	0.49	0.40	0.28
Br	119	3.42	3.59	4.00	4.50	5.10	5.52	5.84	4.54	0.83	4.46	2.43	7.20	2.40	0.18	4.50	4.80	正态分布	4.54	4.95	2.20
Cd	3606	0.12	0.14	0.16	0.19	0.22	0.26	0.28	0.20	0.05	0.19	2.65	0.33	0.07	0.24	0.19	0.20	其他分布	0.20	0.16	0.14
Ce	119	64.1	65.7	69.4	73.0	76.4	79.5	80.9	73.0	5.16	72.8	11.76	86.2	61.6	0.07	73.0	74.0	正态分布	73.0	72.4	102
Cl	119	63.4	64.8	70.8	81.0	90.4	106	134	85.2	21.45	83.0	12.94	167	59.7	0.25	81.0	85.2	对数正态分布	83.0	66.8	71.0
Co	1904	12.90	13.30	14.20	15.10	16.00	16.80	17.31	15.08	1.39	15.01	4.80	20.10	9.38	0.09	15.10	15.20	正态分布	15.08	15.00	14.80
Cr	3727	75.0	77.0	80.3	84.6	89.3	93.9	96.5	85.0	6.47	84.8	13.02	103	67.0	0.08	84.6	82.0	其他分布	82.0	83.0	82.0
Cu	3555	30.00	31.00	34.00	37.00	41.00	46.00	49.00	37.91	5.68	37.50	8.25	54.7	22.00	0.15	37.00	36.00	正态分布	36.00	35.00	16.00
F	119	518	531	580	616	674	706	719	623	67.7	620	41.15	846	454	0.11	616	647	正态分布	623	603	453
Ga	119	12.93	13.21	14.09	16.16	17.20	17.88	18.29	15.78	1.78	15.68	4.95	19.13	12.31	0.11	16.16	16.10	正态分布	15.78	16.00	16.00
Ge	119	1.33	1.36	1.41	1.46	1.51	1.57	1.59	1.46	0.08	1.46	1.25	1.65	1.27	0.05	1.46	1.48	正态分布	1.46	1.56	1.44
Hg	3492	0.13	0.15	0.19	0.23	0.28	0.35	0.39	0.24	0.08	0.23	2.34	0.47	0.03	0.32	0.23	0.23	其他分布	0.23	0.15	0.110
I	119	1.09	1.20	1.40	1.70	2.00	2.30	2.51	1.75	0.47	1.69	1.52	3.30	0.80	0.27	1.70	1.60	偏峰分布	1.75	1.80	1.70
La	119	32.61	33.60	35.69	37.23	39.26	41.91	43.77	37.61	3.36	37.46	8.02	46.24	27.22	0.09	37.23	38.43	正态分布	37.61	37.51	41.00
Li	119	42.89	44.38	46.10	49.00	51.8	54.0	55.4	49.19	3.92	49.04	9.58	60.3	40.70	0.08	49.00	54.00	正态分布	49.19	48.76	25.00
Mn	3636	378	412	467	538	617	704	756	547	112	536	37.58	870	248	0.20	538	518	偏峰分布	518	518	440
Mo	3672	0.52	0.57	0.64	0.72	0.82	0.92	0.98	0.73	0.14	0.72	1.30	1.11	0.36	0.19	0.72	0.70	其他分布	0.70	0.62	0.66
N	3742	1.36	1.56	1.90	2.23	2.53	2.80	2.98	2.21	0.48	2.15	1.68	3.49	0.90	0.22	2.23	2.31	正态分布	2.31	1.10	1.28
Nb	119	13.73	13.86	14.54	15.28	16.31	17.12	17.63	15.43	1.27	15.38	4.87	18.98	12.01	0.08	15.28	15.66	其他分布	15.43	15.84	16.83
Ni	3750	31.90	33.00	35.00	37.00	39.40	41.80	43.00	37.21	3.41	37.05	8.08	46.70	28.00	0.09	37.00	36.00	正态分布	36.00	36.00	35.00
P	3558	0.54	0.57	0.65	0.77	0.99	1.26	1.42	0.85	0.27	0.81	1.37	1.66	0.36	0.32	0.77	0.83	其他分布	0.83	0.69	0.60
Pb	3670	27.00	28.20	30.30	32.50	35.00	37.00	38.50	32.61	3.40	32.43	7.57	42.00	23.40	0.10	32.50	32.00	其他分布	32.00	32.00	32.00

续表 4-4

元素/指标	N	$X_{5\%}$	$X_{10\%}$	$X_{25\%}$	$X_{50\%}$	$X_{75\%}$	$X_{90\%}$	$X_{95\%}$	$\bar{X}$	S	$\bar{X}_g$	S_g	X_{max}	X_{min}	CV	X_{me}	X_{mo}	分布类型	嘉善县背景值	嘉兴市背景值	浙江省背景值
Rb	119	106	109	112	117	122	128	130	118	7.49	117	15.76	139	103	0.06	117	117	正态分布	118	119	120
S	119	266	303	350	389	428	469	485	386	73.7	378	30.40	607	191	0.19	389	417	正态分布	386	262	248
Sb	119	0.62	0.68	0.78	0.88	0.95	1.13	1.24	0.91	0.27	0.88	1.28	2.67	0.52	0.30	0.88	0.90	对数正态分布	0.88	0.55	0.53
Sc	119	9.55	10.03	10.82	11.85	13.09	14.06	14.38	11.97	1.55	11.86	4.27	15.26	8.36	0.13	11.85	11.70	正态分布	11.97	12.31	8.70
Se	3672	0.24	0.26	0.29	0.33	0.37	0.41	0.43	0.33	0.06	0.33	1.93	0.49	0.18	0.17	0.33	0.33	其他分布	0.33	0.29	0.21
Sn	119	7.79	8.38	9.75	11.10	13.00	15.58	17.21	11.83	3.32	11.43	4.18	26.60	6.50	0.28	11.10	10.50	对数正态分布	11.43	10.75	3.60
Sr	119	104	105	108	111	114	118	121	111	5.29	111	15.03	125	89.0	0.05	111	112	正态分布	111	113	105
Th	119	10.51	10.98	11.57	12.58	13.89	14.77	15.50	12.77	1.84	12.65	4.37	20.34	7.51	0.14	12.58	11.38	正态分布	12.77	12.94	13.30
Ti	119	4064	4093	4164	4303	4437	4541	4630	4316	180	4312	125	4791	4009	0.04	4303	4387	正态分布	4316	4472	4665
Tl	119	0.58	0.61	0.63	0.67	0.71	0.74	0.75	0.67	0.05	0.67	1.28	0.79	0.53	0.08	0.67	0.67	正态分布	0.67	0.65	0.70
U	119	2.17	2.24	2.38	2.49	2.61	2.80	2.93	2.50	0.23	2.49	1.68	3.31	1.90	0.09	2.49	2.47	其他分布	2.50	2.39	2.90
V	1891	95.8	98.3	103	108	113	119	122	108	7.92	108	14.95	130	88.0	0.07	108	106	正态分布	106	110	106
W	119	1.54	1.64	1.82	1.96	2.19	2.47	2.72	2.19	1.43	2.05	1.64	16.11	1.39	0.65	1.96	1.87	对数正态分布	2.05	1.80	1.80
Y	119	19.87	20.47	22.16	24.60	26.63	28.44	29.05	24.52	3.00	24.34	6.32	31.52	18.36	0.12	24.60	23.54	正态分布	24.52	25.00	25.00
Zn	3596	80.0	83.6	90.0	99.0	108	118	124	99.9	13.31	99.0	14.39	138	62.9	0.13	99.0	101	剔除后正态分布	99.0	101	101
Zr	119	217	218	227	234	243	254	260	236	13.57	235	23.06	278	208	0.06	234	230	正态分布	236	239	243
SiO_2	119	65.0	65.3	66.1	66.9	67.8	68.7	69.0	66.9	1.32	66.9	11.23	70.2	63.5	0.02	66.9	66.1	正态分布	66.9	67.6	71.3
Al_2O_3	119	13.44	13.61	14.12	14.59	14.88	15.23	15.32	14.49	0.60	14.48	4.69	16.05	12.97	0.04	14.59	14.86	正态分布	14.49	14.43	13.20
TFe_2O_3	119	4.39	4.50	4.68	4.87	5.06	5.28	5.38	4.89	0.31	4.88	2.52	5.86	4.23	0.06	4.87	5.20	正态分布	4.89	4.87	3.74
MgO	119	1.27	1.31	1.40	1.51	1.58	1.65	1.69	1.49	0.13	1.49	1.30	1.85	1.24	0.09	1.51	1.53	正态分布	1.49	1.56	0.50
CaO	109	0.90	0.92	0.96	0.98	1.03	1.06	1.08	0.99	0.06	0.99	1.06	1.16	0.86	0.06	0.98	0.98	剔除后正态分布	0.99	0.98	0.24
Na_2O	119	1.20	1.23	1.29	1.36	1.42	1.48	1.49	1.36	0.09	1.35	1.20	1.57	1.15	0.07	1.36	1.36	正态分布	1.36	1.48	0.19
K_2O	3788	2.06	2.10	2.20	2.30	2.39	2.46	2.51	2.29	0.14	2.29	1.62	2.68	1.92	0.06	2.30	2.32	其他分布	2.32	2.51	2.35
TC	119	1.57	1.69	1.90	2.14	2.28	2.49	2.63	2.11	0.34	2.08	1.57	3.41	1.32	0.16	2.14	2.21	正态分布	2.11	1.54	1.43
Corg	1083	1.17	1.37	1.70	2.00	2.42	2.91	3.14	2.08	0.60	1.99	1.68	4.52	0.32	0.29	2.00	1.91	对数正态分布	1.99	1.49	1.31
pH	3694	5.07	5.26	5.58	5.91	6.28	6.64	6.90	5.63	5.49	5.93	2.80	7.42	4.51	0.97	5.91	5.74	剔除后对数分布	5.93	6.16	5.10

间;而 Au、B、Bi、Br、Cd、Cu、Hg、Li、N、S、Sb、Se、Sn、MgO、CaO、Na$_2$O、TC、C$_{org}$ 背景值明显偏高,与浙江省背景值比值均在 1.4 以上,其中最高的 Na$_2$O 背景值为浙江省背景值的 7.16 倍;其他元素/指标背景值则与浙江省背景值基本接近。

五、平湖市土壤元素背景值

平湖市土壤元素背景值数据经正态分布检验,结果表明(表 4-5),原始数据 Be、Br、Ce、F、Ga、I、La、Li、N、Nb、Rb、S、Sc、Th、Ti、Tl、U、W、Y、SiO$_2$、Al$_2$O$_3$、TFe$_2$O$_3$、MgO、TC、C$_{org}$ 符合正态分布,Au、Bi、Cl、Sn、Sr、CaO、Na$_2$O 符合对数正态分布,Ag、Ba、Cu、Pb、Sb 剔除异常值后符合正态分布,B、P、Zr、pH 等剔除异常值后符合对数正态分布,其他元素/指标不符合正态分布或对数正态分布。

平湖市表层土壤总体呈酸性,土壤 pH 背景值为 5.98,极大值为 7.64,极小值为 4.36,基本接近于嘉兴市背景值与浙江省背景值。

平湖市表层土壤各元素/指标中,大多数元素/指标变异系数小于 0.40,分布相对均匀;pH、Sn、Cl、Au 变异系数大于 0.40,其中 pH 变异系数大于 0.80,空间变异性较大。

与嘉兴市土壤元素背景值相比,平湖市土壤元素背景值中 Br、S、Sb、TC、I、Sn、P、Cr、Cl 背景值略高于嘉兴市背景值,是嘉兴市背景值的 1.2~1.4 倍;N 背景值明显高于嘉兴市背景值,是嘉兴市背景值的 1.9 倍;其他元素/指标背景值则与嘉兴市背景值基本接近。

与浙江省土壤元素背景值相比,平湖市土壤元素背景值中 Ce 略低于浙江省背景值,为浙江省背景值的 71%;Cd、Cr、I、S、Sb、Se、TFe$_2$O$_3$、TC、C$_{org}$ 背景值略高于浙江省背景值,与浙江省背景值比值在 1.2~1.4 之间;而 Au、B、Bi、Br、Cu、F、Hg、Li、N、P、Sc、Sn、MgO、CaO、Na$_2$O 背景值明显偏高,与浙江省背景值比值均在 1.4 以上,其中最高的 Na$_2$O 背景值为浙江省背景值的 7.58 倍;其他元素/指标背景值则与浙江省背景值基本接近。

六、桐乡市土壤元素背景值

桐乡市土壤元素背景值数据经正态分布检验,结果表明(表 4-6),原始数 Be、Br、Ce、Cl、F、Ge、La、Li、Rb、Sc、Sn、Sr、Th、Ti、Tl、U、W、Y、Zr、SiO$_2$、Al$_2$O$_3$、TFe$_2$O$_3$、MgO、Na$_2$O、C$_{org}$ 符合正态分布,Ag、Au、Bi、I、S、Sb、CaO、TC 符合对数正态分布,Ba、Mn 剔除异常值后符合正态分布,As、B、N 剔除异常值后符合对数正态分布,其他元素/指标不符合正态分布或对数正态分布。

桐乡市表层土壤总体呈中性,土壤 pH 背景值为 6.75,极大值为 8.54,极小值为 3.92,基本接近于嘉兴市背景值,略高于浙江省背景值。

桐乡市表层土壤各元素/指标中,大多数元素/指标变异系数小于 0.40,分布相对均匀;pH、Au、Hg、Ag、Sn 变异系数大于 0.40,其中 pH 变异系数大于 0.80,空间变异性较大。

与嘉兴市土壤元素背景值相比,桐乡市土壤元素背景值中 Se 背景值明显低于嘉兴市背景值,为嘉兴市背景值的 59%;K$_2$O、Mo、Cd、Hg、As、C$_{org}$ 背景值略低于嘉兴市背景值,为嘉兴市背景值的 60%~80%;Au、Mn、Sn 背景值略高于嘉兴市背景值,是嘉兴市背景值的 1.2~1.4 倍;其他元素/指标背景值则与嘉兴市背景值基本接近。

与浙江省土壤元素背景值相比,桐乡市土壤元素背景值中 As、Ce、Mo、C$_{org}$ 背景值略低于浙江省背景值;Ag、Bi、F、TFe$_2$O$_3$ 背景值略高于浙江省背景值,与浙江省背景值比值在 1.2~1.4 之间;而 Au、B、Br、Cu、Li、Mn、Sc、Sn、MgO、CaO、Na$_2$O 背景值明显偏高,与浙江省背景值比值均在 1.4 以上,其中最高的 Na$_2$O 背景值为浙江省背景值的 7.95 倍;其他元素/指标背景值则与浙江省背景值基本接近。

七、南湖区土壤元素背景值

南湖区土壤元素背景值数据经正态分布检验,结果表明(表 4-7),原始数据 Be、Br、Ce、Cl、F、Ga、Ge、

表 4-5 平湖市土壤元素背景值参数统计表

元素/指标	N	$X_{5\%}$	$X_{10\%}$	$X_{25\%}$	$X_{50\%}$	$X_{75\%}$	$X_{90\%}$	$X_{95\%}$	$\bar{X}$	S	$\bar{X}_g$	S_g	X_{max}	X_{min}	CV	X_{me}	X_{mo}	分布类型	平湖市背景值	嘉兴市背景值	浙江省背景值
Ag	119	79.8	86.8	97.0	110	128	144	155	113	22.91	110	15.16	171	56.0	0.20	110	117	剔除后正态分布	113	112	100.0
As	4532	5.66	6.20	7.21	8.14	8.96	9.65	10.10	8.04	1.32	7.93	3.36	11.60	4.54	0.16	8.14	10.10	偏峰分布	10.10	10.10	10.10
Au	125	1.92	2.10	2.40	2.80	3.70	4.72	5.74	3.36	2.03	3.06	2.15	18.80	1.40	0.60	2.80	2.80	对数正态分布	3.06	2.80	1.50
B	4442	42.40	45.50	51.5	59.2	69.2	79.8	85.9	61.0	13.10	59.7	10.67	98.7	25.80	0.21	59.2	58.1	剔除后正态分布	59.7	63.8	20.00
Ba	117	448	453	460	470	479	487	494	470	14.07	470	34.60	502	436	0.03	470	465	剔除后正态分布	470	474	475
Be	125	2.17	2.25	2.31	2.38	2.47	2.56	2.59	2.38	0.14	2.38	1.65	2.74	1.70	0.06	2.38	2.35	正态分布	2.38	2.42	2.00
Bi	125	0.34	0.35	0.39	0.42	0.48	0.52	0.60	0.44	0.11	0.43	1.70	1.09	0.24	0.24	0.42	0.41	对数正态分布	0.43	0.40	0.28
Br	125	4.35	4.60	5.40	6.40	7.50	8.36	9.10	6.55	1.64	6.36	3.05	13.13	3.23	0.25	6.40	5.40	正态分布	6.55	4.95	2.20
Cd	4400	0.11	0.12	0.15	0.17	0.20	0.23	0.25	0.18	0.04	0.17	2.79	0.29	0.06	0.24	0.17	0.17	其他	0.17	0.16	0.14
Ce	125	63.7	65.9	69.0	72.0	75.1	77.9	79.0	72.0	5.61	71.8	11.77	105	56.0	0.08	72.0	72.0	正态分布	72.0	72.4	102
Cl	125	61.7	64.1	69.9	78.0	85.2	99.4	116	86.4	65.8	80.5	12.88	785	47.22	0.76	78.0	81.7	对数正态分布	80.5	66.8	71.0
Co	4505	12.40	13.10	14.20	15.20	16.20	17.10	17.60	15.17	1.55	15.09	4.80	19.30	11.00	0.10	15.20	15.50	其他	15.50	15.00	14.80
Cr	4502	71.4	75.2	81.2	86.9	91.8	95.8	98.1	86.2	7.95	85.8	13.08	108	64.4	0.09	86.9	101	偏峰分布	101	83.0	82.0
Cu	4379	23.91	25.50	28.90	31.90	34.90	37.90	39.90	31.90	4.69	31.54	7.46	44.80	19.70	0.15	31.90	31.50	剔除后正态分布	31.90	35.00	16.00
F	125	524	567	616	668	699	751	779	659	76.4	654	41.37	933	457	0.12	668	658	正态分布	659	603	453
Ga	125	13.01	14.13	15.27	16.17	17.16	18.00	19.00	16.16	1.80	16.06	4.99	21.49	9.83	0.11	16.17	16.00	正态分布	16.16	16.00	16.00
Ge	125	1.34	1.37	1.43	1.51	1.57	1.61	1.63	1.50	0.09	1.49	1.27	1.66	1.23	0.06	1.51	1.56	偏峰分布	1.50	1.56	1.44
Hg	4268	0.07	0.10	0.13	0.17	0.22	0.27	0.30	0.18	0.07	0.16	2.80	0.36	0.02	0.37	0.17	0.17	其他	0.17	0.15	0.110
I	125	1.50	1.60	1.90	2.20	2.60	3.00	3.28	2.29	0.59	2.21	1.70	4.20	1.10	0.26	2.20	2.10	正态分布	2.29	1.80	1.70
La	125	31.66	32.68	34.12	36.00	38.08	40.36	41.84	36.34	3.49	36.19	7.97	52.5	29.19	0.10	36.00	36.00	正态分布	36.34	37.51	41.00
Li	125	38.92	42.76	47.00	49.80	51.9	54.7	56.2	49.08	5.11	48.78	9.31	60.7	27.30	0.10	49.80	49.80	正态分布	49.08	48.76	25.00
Mn	4426	401	425	476	549	651	767	835	574	131	560	38.03	954	329	0.23	549	504	偏峰分布	504	518	440
Mo	4482	0.43	0.46	0.53	0.60	0.68	0.76	0.81	0.61	0.11	0.60	1.41	0.92	0.30	0.19	0.60	0.60	其他	0.60	0.62	0.66
N	4606	0.99	1.24	1.65	2.08	2.49	2.86	3.07	2.07	0.64	1.96	1.75	4.71	0.36	0.31	2.08	1.83	正态分布	2.07	1.10	1.28
Nb	125	13.88	14.48	15.63	16.37	17.05	17.92	18.81	16.32	1.42	16.26	5.04	20.52	12.87	0.09	16.37	16.83	正态分布	16.32	15.84	16.83
Ni	4480	30.10	31.90	34.90	37.60	39.90	42.10	43.20	37.28	3.91	37.07	8.06	47.90	26.80	0.10	37.60	36.00	其他	36.00	36.00	35.00
P	4355	0.63	0.67	0.76	0.86	0.99	1.13	1.22	0.88	0.18	0.87	1.23	1.40	0.40	0.20	0.86	0.86	剔除后对数分布	0.87	0.69	0.60
Pb	4467	25.60	27.00	29.20	31.60	33.80	35.90	37.30	31.53	3.46	31.33	7.43	41.10	22.10	0.11	31.60	31.00	剔除后正态分布	31.53	32.00	32.00

续表 4-5

元素/指标	N	$X_{5\%}$	$X_{10\%}$	$X_{25\%}$	$X_{50\%}$	$X_{75\%}$	$X_{90\%}$	$X_{95\%}$	$\bar{X}$	S	$\bar{X}_g$	S_g	X_{max}	X_{min}	CV	X_{me}	X_{mo}	分布类型	平湖市背景值	嘉兴市背景值	浙江省背景值
Rb	125	106	109	115	120	125	129	132	120	8.41	119	15.65	135	88.0	0.07	120	119	正态分布	120	119	120
S	125	236	252	290	343	384	432	459	343	68.2	336	28.20	544	189	0.20	343	339	正态分布	343	262	248
Sb	122	0.57	0.58	0.63	0.72	0.78	0.84	0.90	0.71	0.10	0.71	1.30	0.94	0.50	0.14	0.72	0.72	剔除后正态分布	0.71	0.55	0.53
Sc	125	10.20	11.02	11.80	12.70	14.02	14.96	15.78	12.90	1.68	12.79	4.37	18.70	8.70	0.13	12.70	12.70	正态分布	12.90	12.31	8.70
Se	4513	0.17	0.19	0.23	0.27	0.31	0.33	0.35	0.27	0.05	0.26	2.16	0.42	0.12	0.20	0.27	0.29	其他分布	0.29	0.29	0.21
Sn	125	8.12	8.94	10.70	13.30	17.00	20.34	23.36	15.29	11.78	13.67	4.93	110	5.10	0.77	13.30	13.60	对数正态分布	13.67	10.75	3.60
Sr	125	105	106	109	113	117	124	129	114	8.16	114	15.45	149	99.0	0.07	113	109	对数正态分布	114	113	105
Th	125	10.34	10.90	11.83	12.50	13.56	14.12	14.40	12.56	1.29	12.49	4.32	16.29	9.36	0.10	12.50	13.70	正态分布	12.56	12.94	13.30
Ti	125	4048	4093	4225	4378	4501	4629	4700	4363	209	4358	125	4814	3789	0.05	4378	4084	正态分布	4363	4472	4665
Tl	125	0.50	0.54	0.60	0.63	0.67	0.71	0.74	0.63	0.06	0.63	1.34	0.78	0.48	0.10	0.63	0.61	正态分布	0.63	0.65	0.70
U	125	2.09	2.14	2.23	2.36	2.48	2.59	2.66	2.37	0.19	2.36	1.65	2.99	1.98	0.08	2.36	2.39	正态分布	2.37	2.39	2.90
V	4503	91.0	94.5	101	106	111	115	117	105	7.73	105	14.72	127	83.6	0.07	106	108	其他分布	108	110	106
W	125	1.56	1.62	1.69	1.81	1.90	2.07	2.12	1.81	0.17	1.80	1.43	2.34	1.41	0.09	1.81	1.88	正态分布	1.81	1.80	1.80
Y	125	21.50	22.76	24.00	25.00	26.57	27.53	28.87	25.14	2.08	25.05	6.44	29.90	18.42	0.08	25.00	27.00	正态分布	25.14	25.00	25.00
Zn	125	78.5	82.7	89.7	97.1	104	112	117	97.3	11.50	96.6	14.12	130	66.0	0.12	97.1	101	其他分布	101	101	101
Zr	115	216	218	223	231	244	260	264	234	15.65	234	23.39	276	199	0.07	231	224	剔除后对数分布	234	239	243
SiO$_2$	125	63.7	64.3	65.1	66.3	67.6	69.3	70.6	66.6	2.06	66.5	11.28	72.8	61.9	0.03	66.3	67.2	正态分布	66.6	67.6	71.3
Al$_2$O$_3$	125	12.79	13.13	13.98	14.44	14.90	15.18	15.40	14.34	0.84	14.31	4.61	16.23	11.23	0.06	14.44	14.33	正态分布	14.34	14.43	13.20
TFe$_2$O$_3$	125	4.04	4.31	4.65	4.95	5.19	5.40	5.52	4.89	0.44	4.87	2.48	5.78	3.70	0.09	4.95	4.99	正态分布	4.89	4.87	3.74
MgO	125	1.46	1.50	1.57	1.64	1.74	1.79	1.82	1.64	0.12	1.64	1.34	1.88	1.26	0.07	1.64	1.60	正态分布	1.64	1.56	0.50
CaO	125	0.92	0.94	0.98	1.02	1.07	1.12	1.20	1.05	0.20	1.04	1.15	2.47	0.90	0.19	1.02	0.98	对数正态分布	1.04	0.98	0.24
Na$_2$O	125	1.28	1.30	1.33	1.42	1.52	1.66	1.74	1.45	0.15	1.44	1.28	1.91	1.19	0.10	1.42	1.32	对数正态分布	1.44	1.48	0.19
K$_2$O	4504	2.36	2.41	2.49	2.57	2.67	2.76	2.81	2.58	0.13	2.57	1.73	2.94	2.23	0.05	2.57	2.55	其他分布	2.55	2.51	2.35
TC	125	1.39	1.47	1.70	1.98	2.24	2.36	2.50	1.96	0.36	1.93	1.50	2.91	1.11	0.19	1.98	2.26	正态分布	1.96	1.54	1.43
Corg	125	1.11	1.18	1.34	1.66	1.93	2.07	2.12	1.64	0.36	1.59	1.40	2.46	0.67	0.22	1.66	1.32	正态分布	1.64	1.49	1.31
pH	4356	5.11	5.28	5.58	5.93	6.34	6.78	7.08	5.63	5.40	5.98	2.80	7.64	4.36	0.96	5.93	5.66	剔除后对数分布	5.98	6.16	5.10

嘉兴市土壤元素背景值

表 4-6 桐乡市土壤元素背景值参数统计表

元素/指标	N	$X_{5\%}$	$X_{10\%}$	$X_{25\%}$	$X_{50\%}$	$X_{75\%}$	$X_{90\%}$	$X_{95\%}$	$\overline{X}$	S	$\overline{X}_g$	S_g	X_{max}	X_{min}	CV	X_{me}	X_{mo}	分布类型	桐乡市背景值	嘉兴市背景值	浙江省背景值
Ag	181	88.0	93.0	103	116	142	180	209	130	62.1	124	16.35	806	74.0	0.48	116	103	对数正态分布	124	112	100.0
As	4199	5.33	5.82	6.53	7.29	8.11	8.97	9.45	7.34	1.21	7.24	3.17	10.60	4.09	0.17	7.29	7.32	剔除后对数正态分布	7.24	10.10	10.10
Au	181	2.00	2.20	2.70	3.70	5.50	7.50	9.00	4.59	3.47	3.91	2.61	36.30	0.15	0.76	3.70	2.50	对数正态分布	3.91	2.80	1.50
B	4250	51.1	54.0	59.3	65.3	72.2	77.9	81.6	65.7	9.18	65.1	11.17	92.1	39.90	0.14	65.3	64.4	剔除后正态分布	65.1	63.8	20.00
Ba	178	446	450	459	472	484	497	503	473	17.71	472	34.85	518	431	0.04	472	468	剔除后正态分布	473	474	475
Be	181	2.16	2.21	2.28	2.37	2.49	2.60	2.63	2.39	0.15	2.38	1.65	2.83	1.93	0.06	2.37	2.35	正态分布	2.39	2.42	2.00
Bi	181	0.28	0.31	0.34	0.37	0.41	0.46	0.50	0.38	0.06	0.37	1.80	0.59	0.24	0.17	0.37	0.36	对数正态分布	0.37	0.40	0.28
Br	181	2.85	3.14	3.48	4.14	4.80	5.46	5.78	4.19	0.91	4.09	2.35	7.06	2.20	0.22	4.14	4.70	正态分布	4.19	4.95	2.20
Cd	4059	0.09	0.10	0.11	0.13	0.16	0.20	0.22	0.14	0.04	0.13	3.20	0.26	0.02	0.28	0.13	0.12	其他分布	0.12	0.16	0.14
Ce	181	61.9	66.0	69.2	72.6	75.0	77.7	78.7	71.9	4.81	71.8	11.78	82.0	58.9	0.07	72.6	72.0	正态分布	71.9	72.4	102
Cl	181	43.49	46.00	52.2	58.9	66.8	75.5	80.5	59.9	11.09	58.9	10.62	96.9	32.90	0.19	58.9	60.3	其他分布	59.9	66.8	71.0
Co	4198	12.20	12.80	14.00	15.10	16.10	17.10	17.70	15.01	1.61	14.92	4.77	19.40	10.60	0.11	15.10	15.40	其他分布	15.40	15.00	14.80
Cr	4153	70.1	73.4	78.5	83.7	88.4	93.0	96.0	83.4	7.60	83.1	12.83	104	62.7	0.09	83.7	82.8	其他分布	82.8	83.0	82.0
Cu	4090	23.80	25.40	27.80	30.60	33.90	37.30	39.60	30.97	4.68	30.62	7.38	44.40	18.10	0.15	30.60	30.00	正态分布	30.00	35.00	16.00
F	181	463	478	535	574	615	658	685	574	70.8	569	38.60	773	349	0.12	574	549	对数正态分布	574	603	453
Ga	180	14.21	15.00	15.38	16.00	17.24	18.00	18.17	16.36	1.29	16.31	5.01	20.00	13.00	0.08	16.00	16.00	正态分布	16.00	16.00	16.00
Ge	181	1.37	1.39	1.46	1.52	1.56	1.61	1.63	1.51	0.08	1.51	1.28	1.68	1.24	0.06	1.52	1.56	剔除后正态分布	1.51	1.56	1.44
Hg	4033	0.06	0.07	0.10	0.16	0.27	0.38	0.45	0.20	0.12	0.16	3.03	0.58	0.004	0.63	0.16	0.11	剔除后正态分布	0.11	0.15	0.110
I	181	1.20	1.30	1.60	1.90	2.30	2.70	2.90	1.98	0.60	1.89	1.60	4.10	0.70	0.30	1.90	1.90	对数正态分布	1.89	1.80	1.70
La	181	31.65	33.21	35.00	38.00	40.50	42.00	43.50	37.66	3.61	37.48	8.16	45.50	26.00	0.10	38.00	38.00	正态分布	37.66	37.51	41.00
Li	181	40.30	41.60	44.40	46.80	49.60	51.8	53.2	46.88	4.16	46.69	9.14	57.9	31.50	0.09	46.80	45.00	剔除后正态分布	46.88	48.76	25.00
Mn	4195	484	537	624	712	803	889	940	713	136	699	43.67	1088	340	0.19	712	700	其他分布	713	518	440
Mo	4132	0.32	0.35	0.42	0.49	0.60	0.72	0.78	0.52	0.14	0.50	1.59	0.91	0.18	0.27	0.49	0.48	剔除后正态分布	0.48	0.62	0.66
N	4179	0.61	0.72	0.90	1.11	1.39	1.68	1.88	1.16	0.37	1.10	1.42	2.21	0.14	0.32	1.11	1.10	其他分布	1.10	1.10	1.28
Nb	170	13.86	14.85	15.37	15.84	16.83	17.82	18.56	16.16	1.24	16.11	4.97	18.81	13.26	0.08	15.84	15.84	其他分布	15.84	15.84	16.83
Ni	4204	28.62	30.50	33.40	36.40	39.00	41.60	43.20	36.21	4.28	35.95	7.92	47.60	24.60	0.12	36.40	37.40	偏峰分布	37.40	36.00	35.00
P	4070	0.48	0.52	0.59	0.69	0.83	1.00	1.11	0.72	0.19	0.70	1.38	1.29	0.17	0.26	0.69	0.65	其他分布	0.65	0.69	0.60
Pb	4219	21.39	22.90	25.30	28.20	31.70	35.12	37.40	28.65	4.85	28.24	7.11	42.40	15.30	0.17	28.20	26.00	其他分布	26.00	32.00	32.00

第四章 土壤元素背景值

续表 4-6

元素/指标	N	$X_{5\%}$	$X_{10\%}$	$X_{25\%}$	$X_{50\%}$	$X_{75\%}$	$X_{90\%}$	$X_{95\%}$	$\bar{X}$	S	$\bar{X}_g$	S_g	X_{max}	X_{min}	CV	X_{me}	X_{mo}	分布类型	桐乡市背景值	嘉兴市背景值	浙江省背景值
Rb	181	107	109	113	117	123	130	133	118	8.51	118	15.61	143	89.0	0.07	117	114	正态分布	118	119	120
S	181	134	147	176	207	259	295	320	224	84.6	213	22.62	986	101	0.38	207	189	对数正态分布	213	262	248
Sb	181	0.48	0.48	0.53	0.56	0.61	0.67	0.70	0.57	0.08	0.57	1.42	1.07	0.45	0.14	0.56	0.53	对数正态分布	0.57	0.55	0.53
Sc	181	10.07	10.90	11.52	12.17	13.21	14.14	14.34	12.29	1.36	12.22	4.21	16.59	7.42	0.11	12.17	12.00	正态分布	12.29	12.31	8.70
Se	4195	0.11	0.13	0.16	0.20	0.25	0.32	0.35	0.21	0.07	0.20	2.62	0.41	0.03	0.35	0.20	0.17	其他分布	0.17	0.29	0.21
Sn	181	6.10	6.70	8.90	12.20	16.10	19.50	23.00	12.98	5.60	11.91	4.38	36.40	4.60	0.43	12.20	18.40	正态分布	12.98	10.75	3.60
Sr	181	101	105	109	114	120	124	128	115	7.88	114	15.37	141	97.2	0.07	114	114	正态分布	115	113	105
Th	181	10.90	11.30	12.01	12.90	13.90	14.70	15.20	12.98	1.38	12.91	4.42	17.40	9.00	0.11	12.90	13.30	正态分布	12.98	12.94	13.30
Ti	181	4079	4137	4293	4461	4641	4779	4879	4462	252	4455	127	5026	3447	0.06	4461	4474	正态分布	4462	4472	4665
Tl	181	0.52	0.53	0.59	0.64	0.68	0.73	0.74	0.63	0.07	0.63	1.33	0.81	0.42	0.11	0.64	0.65	正态分布	0.63	0.65	0.70
U	181	1.99	2.02	2.18	2.31	2.47	2.58	2.72	2.32	0.23	2.31	1.64	3.01	1.80	0.10	2.31	2.41	正态分布	2.32	2.39	2.90
V	4223	93.6	97.1	104	109	115	120	123	109	8.74	109	14.98	132	85.3	0.08	109	109	其他分布	109	110	106
W	181	1.51	1.58	1.68	1.80	1.92	2.01	2.08	1.80	0.18	1.79	1.42	2.53	1.41	0.10	1.80	1.89	正态分布	1.80	1.80	1.80
Y	181	22.00	23.00	24.00	25.00	26.38	28.00	28.15	25.27	1.94	25.20	6.46	30.00	19.19	0.08	25.00	25.00	正态分布	25.27	25.00	25.00
Zn	4036	73.7	77.8	84.0	90.7	98.0	107	113	91.5	11.36	90.8	13.66	123	61.6	0.12	90.7	102	其他分布	102	101	101
Zr	181	220	225	234	242	252	258	263	242	13.07	242	23.71	279	212	0.05	242	242	正态分布	242	239	243
SiO_2	181	65.5	66.2	66.9	67.8	68.8	69.6	70.2	67.8	1.45	67.8	11.40	73.4	64.1	0.02	67.8	67.8	正态分布	67.8	67.6	71.3
Al_2O_3	181	13.14	13.34	13.68	14.03	14.51	14.85	15.04	14.08	0.58	14.07	4.58	15.53	12.57	0.04	14.03	14.47	正态分布	14.08	14.43	13.20
TFe_2O_3	181	4.21	4.41	4.55	4.80	5.03	5.26	5.46	4.81	0.40	4.79	2.47	5.94	3.19	0.08	4.80	4.80	正态分布	4.81	4.87	3.74
MgO	181	1.37	1.40	1.48	1.56	1.62	1.69	1.72	1.55	0.12	1.54	1.29	1.81	0.98	0.08	1.56	1.56	正态分布	1.55	1.56	0.50
CaO	181	0.84	0.87	0.95	1.03	1.17	1.33	1.45	1.07	0.19	1.06	1.19	2.11	0.77	0.18	1.03	0.98	对数正态分布	1.06	0.98	0.24
Na_2O	181	1.33	1.37	1.43	1.51	1.58	1.64	1.66	1.51	0.11	1.51	1.28	1.79	1.23	0.07	1.51	1.51	正态分布	1.51	1.48	0.19
K_2O	4066	1.78	1.83	1.91	1.98	2.06	2.14	2.19	1.98	0.12	1.98	1.49	2.31	1.67	0.06	1.98	1.95	其他分布	1.95	2.51	2.35
TC	181	0.85	0.92	1.06	1.21	1.48	1.71	1.82	1.29	0.33	1.25	1.33	2.67	0.69	0.26	1.21	1.20	对数正态分布	1.25	1.54	1.43
Corg	181	0.61	0.66	0.81	0.95	1.17	1.36	1.51	1.00	0.28	0.96	1.32	2.17	0.46	0.28	0.95	0.82	正态分布	1.00	1.49	1.31
pH	4348	4.70	5.06	5.82	6.51	7.14	7.71	7.88	5.46	5.00	6.44	2.94	8.54	3.92	0.92	6.51	6.75	其他分布	6.75	6.16	5.10

表 4-7 南湖区土壤元素背景值参数统计表

元素/指标	N	$X_{5\%}$	$X_{10\%}$	$X_{25\%}$	$X_{50\%}$	$X_{75\%}$	$X_{90\%}$	$X_{95\%}$	$\bar{X}$	S	$\bar{X}_g$	S_g	X_{max}	X_{min}	CV	X_{me}	X_{mo}	分布类型	南湖区背景值	嘉兴市背景值	浙江省背景值
Ag	104	90.6	97.3	106	123	144	172	190	129	29.37	126	15.76	214	83.0	0.23	123	124	剔除后正态分布	126	112	100.0
As	2758	6.66	7.00	7.53	8.12	8.84	9.57	10.00	8.21	0.99	8.15	3.39	10.90	5.51	0.12	8.12	10.10	剔除后对数分布	8.15	10.10	10.10
Au	111	2.15	2.30	3.00	4.00	4.90	6.10	9.45	4.34	1.99	3.98	2.31	11.40	1.80	0.46	4.00	4.40	对数正态分布	3.98	2.80	1.50
B	2618	48.50	51.7	57.4	64.6	72.1	80.0	85.5	65.4	11.63	64.3	11.12	122	15.30	0.18	64.6	65.6	对数正态分布	64.3	63.8	20.00
Ba	110	451	454	461	476	485	497	498	475	16.21	474	34.74	515	436	0.03	476	480	剔除后正态分布	475	474	475
Be	111	2.28	2.33	2.39	2.44	2.54	2.62	2.70	2.46	0.12	2.46	1.68	2.79	2.19	0.05	2.44	2.40	正态分布	2.46	2.42	2.00
Bi	111	0.34	0.35	0.38	0.41	0.43	0.47	0.49	0.41	0.06	0.41	1.72	0.75	0.30	0.14	0.41	0.42	对数正态分布	0.41	0.40	0.28
Br	111	3.60	3.90	4.12	4.75	5.50	6.02	6.40	4.88	0.97	4.79	2.54	9.60	2.60	0.20	4.75	4.10	正态分布	4.88	4.95	2.20
Cd	2688	0.10	0.12	0.15	0.18	0.21	0.25	0.28	0.18	0.05	0.18	2.77	0.32	0.06	0.28	0.18	0.18	其他分布	0.18	0.16	0.14
Ce	111	62.1	64.6	68.7	71.5	75.2	77.1	79.4	71.6	5.08	71.4	11.72	89.0	60.6	0.07	71.5	72.0	正态分布	71.6	72.4	102
Cl	111	45.11	50.9	58.3	66.1	77.5	87.6	94.9	69.1	16.74	67.2	11.21	141	37.76	0.24	66.1	68.6	正态分布	69.1	66.8	71.0
Co	2592	13.40	13.80	14.50	15.40	16.30	17.10	17.60	15.42	1.26	15.37	4.85	18.90	11.80	0.08	15.40	15.60	剔除后对数分布	15.37	15.00	14.80
Cr	2775	80.0	82.0	85.3	88.8	92.4	96.1	98.0	88.9	5.36	88.7	13.35	103	74.2	0.06	88.8	89.2	剔除后正态分布	88.9	83.0	82.0
Cu	2624	28.91	30.60	33.90	38.14	43.91	50.9	55.5	39.52	7.99	38.76	8.48	64.1	18.50	0.20	38.14	35.80	剔除后对数分布	38.76	35.00	16.00
F	111	554	566	601	629	672	706	718	636	52.7	634	41.03	788	508	0.08	629	629	正态分布	636	603	453
Ga	111	14.52	15.00	15.93	17.00	17.48	18.24	18.80	16.67	1.35	16.61	5.08	19.57	11.36	0.08	17.00	17.00	正态分布	16.67	16.00	16.00
Ge	111	1.37	1.40	1.46	1.51	1.56	1.58	1.61	1.50	0.07	1.50	1.27	1.63	1.30	0.05	1.51	1.56	正态分布	1.50	1.56	1.44
Hg	2591	0.09	0.12	0.15	0.19	0.26	0.35	0.41	0.21	0.09	0.19	2.60	0.50	0.02	0.43	0.19	0.18	其他分布	0.18	0.15	0.110
I	111	1.20	1.30	1.50	1.80	2.20	2.70	2.85	1.92	0.53	1.85	1.56	3.50	0.90	0.28	1.80	1.50	正态分布	1.92	1.80	1.70
La	111	30.20	31.00	33.87	36.00	37.98	39.42	40.00	35.89	3.85	35.70	7.89	55.5	28.26	0.11	36.00	38.00	正态分布	35.89	37.51	41.00
Li	111	45.90	47.10	48.70	51.3	53.8	57.7	59.4	51.8	4.27	51.7	9.64	67.9	42.20	0.08	51.3	51.8	正态分布	51.8	48.76	25.00
Mn	2576	428	454	497	572	696	812	874	605	139	590	39.45	1012	328	0.23	572	506	其他分布	506	518	440
Mo	2539	0.45	0.50	0.57	0.65	0.74	0.83	0.89	0.66	0.13	0.64	1.36	1.01	0.32	0.19	0.65	0.68	其他分布	0.68	0.62	0.66
N	2613	0.78	0.94	1.44	1.90	2.35	2.75	3.00	1.89	0.67	1.76	1.74	3.71	0.19	0.35	1.90	1.62	其他分布	1.62	1.10	1.28
Nb	111	14.12	14.68	15.31	16.13	16.85	17.82	18.36	16.15	1.43	16.08	5.02	21.78	10.12	0.09	16.13	16.83	正态分布	16.15	15.84	16.83
Ni	2806	33.50	34.60	36.60	38.70	41.00	43.20	44.27	38.79	3.25	38.65	8.25	47.60	30.00	0.08	38.70	39.20	剔除后正态分布	38.79	36.00	35.00
P	2465	0.56	0.60	0.69	0.86	1.13	1.41	1.61	0.94	0.32	0.89	1.39	1.94	0.37	0.34	0.86	0.81	其他分布	0.81	0.69	0.60
Pb	2730	25.10	26.50	28.40	30.50	33.00	36.30	38.10	30.92	3.76	30.70	7.38	40.70	21.30	0.12	30.50	30.00	其他分布	30.00	32.00	32.00

第四章 土壤元素背景值

续表 4-7

元素/指标	N	$X_{5\%}$	$X_{10\%}$	$X_{25\%}$	$X_{50\%}$	$X_{75\%}$	$X_{90\%}$	$X_{95\%}$	$\bar{X}$	S	$\bar{X}_g$	S_g	X_{max}	X_{min}	CV	X_{me}	X_{mo}	分布类型	南湖区背景值	嘉兴市背景值	浙江省背景值
Rb	111	114	116	119	123	128	133	136	124	7.07	124	15.93	143	106	0.06	123	120	正态分布	124	119	120
S	111	190	214	256	301	346	370	395	297	64.9	289	26.25	463	118	0.22	301	364	正态分布	297	262	248
Sb	111	0.53	0.55	0.59	0.63	0.70	0.76	0.85	0.67	0.24	0.65	1.41	2.81	0.50	0.35	0.63	0.59	对数正态分布	0.65	0.55	0.53
Sc	111	10.55	11.45	12.01	12.80	13.61	14.87	15.51	12.83	1.39	12.75	4.36	16.32	8.94	0.11	12.80	12.20	正态分布	12.83	12.31	8.70
Se	2748	0.15	0.18	0.26	0.30	0.34	0.38	0.41	0.29	0.07	0.28	2.11	0.47	0.12	0.24	0.30	0.30	其他分布	0.30	0.29	0.21
Sn	111	6.35	6.70	7.80	9.40	12.30	15.00	17.15	10.57	4.50	9.90	3.76	37.10	5.60	0.43	9.40	8.20	对数正态分布	9.90	10.75	3.60
Sr	111	103	104	107	110	114	117	119	111	5.10	111	15.08	129	99.5	0.05	110	109	正态分布	111	113	105
Th	111	10.52	11.05	11.80	12.54	13.38	14.09	14.40	12.48	1.46	12.37	4.35	15.60	4.43	0.12	12.54	12.00	正态分布	12.48	12.94	13.30
Ti	111	4136	4175	4274	4456	4613	4780	5007	4468	276	4459	126	5496	3764	0.06	4456	4512	正态分布	4468	4472	4665
Tl	111	0.57	0.58	0.61	0.64	0.68	0.71	0.73	0.64	0.06	0.64	1.31	0.77	0.41	0.09	0.64	0.64	正态分布	0.64	0.65	0.70
U	111	2.15	2.17	2.25	2.38	2.50	2.59	2.65	2.38	0.16	2.38	1.66	2.82	2.02	0.07	2.38	2.40	正态分布	2.38	2.39	2.90
V	2539	103	105	109	113	116	119	121	113	5.44	112	15.28	126	98.6	0.05	113	112	其他分布	112	110	106
W	111	1.54	1.60	1.70	1.82	1.89	2.01	2.12	1.81	0.16	1.80	1.43	2.20	1.32	0.09	1.82	1.82	正态分布	1.81	1.80	1.80
Y	111	21.39	22.92	24.00	25.00	26.16	27.92	28.57	25.12	2.08	25.03	6.45	30.31	17.80	0.08	25.00	25.00	正态分布	25.12	25.00	25.00
Zn	2652	84.5	88.3	94.8	103	115	131	140	106	16.60	105	14.94	156	63.4	0.16	103	101	其他分布	101	101	101
Zr	111	222	224	228	233	242	249	251	235	9.68	235	23.29	262	213	0.04	233	236	正态分布	235	239	243
SiO_2	111	64.1	64.6	65.4	66.3	67.4	68.2	68.6	66.4	1.49	66.4	11.24	70.7	62.7	0.02	66.3	65.4	正态分布	66.4	67.6	71.3
Al_2O_3	111	13.84	13.93	14.25	14.73	15.09	15.44	15.64	14.72	0.62	14.70	4.68	16.38	12.66	0.04	14.73	14.84	正态分布	14.72	14.43	13.20
TFe_2O_3	111	4.46	4.56	4.78	4.92	5.16	5.23	5.40	4.94	0.31	4.94	2.51	5.79	3.91	0.06	4.92	4.87	正态分布	4.94	4.87	3.74
MgO	111	1.45	1.48	1.53	1.56	1.62	1.69	1.75	1.58	0.10	1.58	1.31	1.98	1.38	0.06	1.56	1.54	正态分布	1.58	1.56	0.50
CaO	111	0.83	0.85	0.90	0.96	1.04	1.11	1.20	0.98	0.11	0.97	1.12	1.32	0.77	0.11	0.96	0.93	正态分布	0.98	0.98	0.24
Na_2O	111	1.27	1.31	1.35	1.41	1.47	1.56	1.59	1.42	0.09	1.42	1.24	1.66	1.24	0.07	1.41	1.46	其他分布	1.42	1.48	0.19
K_2O	111	2.42	2.45	2.49	2.56	2.63	2.69	2.73	2.56	0.10	2.56	1.72	2.83	2.29	0.04	2.56	2.54	正态分布	2.54	2.51	2.35
TC	111	1.25	1.33	1.50	1.73	1.96	2.14	2.22	1.74	0.32	1.71	1.44	2.35	0.82	0.18	1.73	1.72	正态分布	1.74	1.54	1.43
Corg	580	0.74	0.84	1.25	1.77	2.23	2.62	2.91	1.76	0.67	1.62	1.69	3.89	0.26	0.38	1.77	1.49	正态分布	1.76	1.49	1.31
pH	2676	4.87	5.09	5.49	5.94	6.36	6.92	7.40	5.49	5.21	5.97	2.80	7.90	4.14	0.95	5.94	6.03	其他分布	6.03	6.16	5.10

I、La、Li、Nb、Rb、S、Sc、Sr、Th、Ti、Tl、U、W、Y、Zr、SiO_2、Al_2O_3、TFe_2O_3、MgO、CaO、Na_2O、TC、Corg 符合正态分布，Au、B、Bi、Sb、Sn 符合对数正态分布，Ba、Cr、Ni 剔除异常值后符合正态分布，Ag、As、Co、Cu 剔除异常值后符合对数正态分布，其他元素/指标不符合正态分布或对数正态分布。

南湖区表层土壤总体呈酸性，土壤pH背景值为6.03，极大值为7.90，极小值为4.14，基本接近于嘉兴市背景值与浙江省背景值。

南湖区表层土壤各元素/指标中，大多数元素/指标变异系数小于0.40，分布相对均匀；pH、Au、Hg、Sn变异系数大于0.40，其中pH变异系数大于0.80，空间变异性较大。

与嘉兴市土壤元素背景值相比，南湖区土壤元素背景值中N、Au背景值明显偏高，是嘉兴市背景值的1.4倍以上；其他元素/指标背景值则与嘉兴市背景值基本接近。

与浙江省土壤元素背景值相比，南湖区土壤元素背景值中Ce背景值略低于浙江省背景值，为浙江省背景值的70%；Ag、Be、Cd、N、P、Sb、TFe_2O_3、TC、Corg背景值略高于浙江省背景值，与浙江省背景值比值在1.2~1.4之间；而Au、B、Bi、Br、Cu、F、Hg、Li、Sc、Se、Sn、MgO、CaO、Na_2O背景值明显偏高，与浙江省背景值比值均在1.4以上，其中最高的Na_2O背景值为浙江省背景值的7.47倍；其他元素/指标背景值则与浙江省背景值基本接近。

八、秀洲区土壤元素背景值

秀洲区土壤元素背景值数据经正态分布检验，结果表明（表4-8），原始数据Ba、Be、Br、Ce、F、Ga、Ge、I、La、Li、Nb、Rb、Sc、Sr、Th、Ti、Tl、U、W、Y、Zr、SiO_2、Al_2O_3、TFe_2O_3、MgO、Na_2O、TC、Corg 符合正态分布，Ag、Au、B、Bi、Cl、S、Sb、Sn、CaO 符合对数正态分布，Cr、Ni 剔除异常值后符合正态分布，As、Zn 剔除异常值后符合对数正态分布，其他元素/指标不符合正态分布或对数正态分布。

秀洲区表层土壤总体呈酸性，土壤pH背景值为6.30，极大值为7.96，极小值为4.56，与嘉兴市背景值基本接近，略高于浙江省背景值。

秀洲区表层土壤各元素/指标中，大多数元素/指标变异系数小于0.40，分布相对均匀；S、pH、Hg、Au、Sb、Ag、N、Sn 共8项元素/指标变异系数大于0.40，其中S、pH变异系数大于0.80，空间变异性较大。

与嘉兴市土壤元素背景值相比，秀洲区土壤元素背景值中P、As、Cd、Hg背景值略低于嘉兴市背景值，为嘉兴市背景值的60%~80%；Mn、Au、I、Sb背景值略高于嘉兴市背景值，是嘉兴市背景值的1.2~1.4倍；N背景值明显高于嘉兴市背景值，是嘉兴市背景值的2.02倍；其他元素/指标背景值则与嘉兴市背景值基本接近。

与浙江省土壤元素背景值相比，秀洲区土壤元素背景值中As、Ce背景值略低于浙江省背景值；Ag、Be、F、I、Sb、TFe_2O_3背景值略高于浙江省背景值，与浙江省背景值比值在1.2~1.4之间；而Au、B、Bi、Br、Cu、Li、Mn、N、Sc、Se、Sn、MgO、CaO、Na_2O背景值明显偏高，与浙江省背景值比值均在1.4以上，其中最高的Na_2O背景值为浙江省背景值的7.58倍；其他元素/指标背景值则与浙江省背景值基本接近。

第二节　主要土壤母质类型元素背景值

一、松散岩类（陆相）沉积物土壤母质元素背景值

松散岩类（陆相）沉积物区元素背景值数据经正态分布检验，结果表明（表4-9），原始数据中Be、Br、Ce、Cl、F、Ga、Ge、I、La、Li、Nb、Rb、Sc、Sr、Th、Ti、Tl、U、Y、SiO_2、Al_2O_3、TFe_2O_3、MgO、Na_2O、TC 符合正态分布，Ag、Au、Bi、Sb、Sn、W、Zr 符合对数正态分布，As、B、Ba、S、CaO 剔除异常值后符合正态分布，Co、Corg、pH 剔除异常值后符合对数正态分布，其他元素/指标不符合正态分布或对数正态分布。

第四章 土壤元素背景值

表 4-8 秀洲区土壤元素背景值参数统计表

元素/指标	N	$X_{5\%}$	$X_{10\%}$	$X_{25\%}$	$X_{50\%}$	$X_{75\%}$	$X_{90\%}$	$X_{95\%}$	$\overline{X}$	S	$\overline{X}_g$	S_g	X_{max}	X_{min}	CV	X_{me}	X_{mo}	分布类型	秀洲区背景值	嘉兴市背景值	浙江省背景值
Ag	124	85.0	86.6	103	119	150	174	206	131	54.7	125	16.05	577	77.0	0.42	119	104	对数正态分布	125	112	100.0
As	2920	6.30	6.60	7.17	7.89	8.74	9.60	10.20	8.01	1.18	7.92	3.33	11.30	4.75	0.15	7.89	7.40	剔除后对数分布	7.92	10.10	10.10
Au	124	1.90	2.13	2.70	3.55	4.53	7.07	8.27	4.08	2.21	3.65	2.34	14.90	1.20	0.54	3.55	3.60	对数正态分布	3.65	2.80	1.50
B	2982	44.80	47.80	53.1	59.4	66.8	72.6	76.4	60.1	10.55	59.2	10.58	194	20.20	0.18	59.4	63.1	对数正态分布	59.2	63.8	20.00
Ba	124	443	452	466	477	489	498	514	478	21.90	478	34.98	600	430	0.05	477	479	正态分布	478	474	475
Be	124	2.23	2.28	2.37	2.51	2.65	2.74	2.79	2.51	0.19	2.50	1.70	3.05	2.11	0.07	2.51	2.44	正态分布	2.51	2.42	2.00
Bi	124	0.35	0.36	0.39	0.42	0.46	0.54	0.59	0.44	0.09	0.43	1.70	0.90	0.32	0.20	0.42	0.41	对数正态分布	0.43	0.40	0.28
Br	124	3.12	3.40	3.99	4.50	5.24	5.90	6.25	4.60	1.01	4.49	2.38	7.38	2.14	0.22	4.50	4.20	正态分布	4.60	4.95	2.20
Cd	2897	0.09	0.10	0.12	0.15	0.19	0.22	0.24	0.15	0.04	0.15	3.00	0.29	0.04	0.29	0.15	0.12	其他分布	0.12	0.16	0.14
Ce	124	63.3	64.1	67.6	71.7	75.0	77.2	78.8	71.3	4.81	71.1	11.70	80.2	58.6	0.07	71.7	69.0	正态分布	71.3	72.4	102
Cl	124	45.66	48.80	54.6	62.2	73.8	94.3	116	67.8	20.91	65.3	10.73	155	39.44	0.31	62.2	66.0	对数正态分布	65.3	66.8	71.0
Co	2926	13.20	13.71	14.60	15.50	16.60	17.60	18.20	15.57	1.49	15.50	4.87	19.60	11.60	0.10	15.50	15.40	其他分布	15.40	15.00	14.80
Cr	2921	76.8	79.3	83.6	88.2	92.9	97.3	99.8	88.2	6.93	87.9	13.30	107	69.2	0.08	88.2	101	剔除后正态分布	88.2	83.0	82.0
Cu	2859	26.29	27.50	30.08	33.30	37.40	41.40	43.70	33.90	5.37	33.48	7.81	49.50	18.70	0.16	33.30	32.40	偏峰分布	32.40	35.00	16.00
F	124	527	541	574	618	658	717	743	623	66.8	619	40.68	784	463	0.11	618	629	正态分布	623	603	453
Ga	124	13.76	14.94	15.60	16.36	17.15	17.96	18.24	16.30	1.42	16.23	5.02	19.87	12.05	0.09	16.36	16.00	正态分布	16.30	16.00	16.00
Ge	124	1.35	1.39	1.44	1.50	1.56	1.60	1.61	1.50	0.08	1.49	1.28	1.63	1.26	0.05	1.50	1.54	其他分布	1.50	1.56	1.44
Hg	2771	0.06	0.07	0.10	0.17	0.26	0.38	0.45	0.20	0.12	0.16	3.00	0.59	0.01	0.62	0.17	0.11	其他分布	0.11	0.15	0.110
I	124	1.32	1.50	1.80	2.10	2.60	3.20	3.50	2.26	0.70	2.16	1.73	5.00	0.90	0.31	2.10	2.00	正态分布	2.26	1.80	1.70
La	124	29.46	31.81	33.77	35.42	38.23	40.00	41.04	35.80	3.63	35.62	7.85	50.3	27.90	0.10	35.42	34.00	正态分布	35.80	37.51	41.00
Li	124	42.70	44.43	47.35	51.7	55.1	58.4	59.7	51.4	5.35	51.1	9.66	64.9	38.80	0.10	51.7	52.9	正态分布	51.4	48.76	25.00
Mn	2968	414	448	532	678	813	921	988	683	181	659	41.30	1230	318	0.26	678	676	其他分布	676	518	440
Mo	2920	0.36	0.40	0.49	0.59	0.69	0.79	0.84	0.59	0.15	0.58	1.47	1.01	0.20	0.25	0.59	0.63	其他分布	0.63	0.62	0.66
N	2973	0.70	0.82	1.05	1.49	2.20	2.61	2.79	1.63	0.68	1.48	1.72	3.80	0.29	0.42	1.49	2.22	其他分布	2.22	1.10	1.28
Nb	124	13.87	14.30	15.20	15.84	16.78	17.82	18.76	16.01	1.42	15.95	4.98	19.80	12.07	0.09	15.84	15.84	正态分布	16.01	15.84	16.83
Ni	2935	31.30	32.90	35.30	38.00	40.60	43.00	44.63	37.95	3.97	37.74	8.15	48.90	27.00	0.10	38.00	38.00	剔除后正态分布	37.95	36.00	35.00
P	2728	0.46	0.48	0.54	0.61	0.71	0.85	0.94	0.64	0.14	0.63	1.39	1.08	0.27	0.22	0.61	0.55	其他分布	0.55	0.69	0.60
Pb	2895	23.30	24.60	27.00	29.90	33.90	38.00	40.70	30.67	5.19	30.24	7.42	45.00	16.50	0.17	29.90	28.00	偏峰分布	28.00	32.00	32.00

续表 4-8

元素/指标	N	$X_{5\%}$	$X_{10\%}$	$X_{25\%}$	$X_{50\%}$	$X_{75\%}$	$X_{90\%}$	$X_{95\%}$	$\overline{X}$	S	$\overline{X}_g$	S_g	X_{max}	X_{min}	CV	X_{me}	X_{mo}	分布类型	秀洲区背景值	嘉兴市背景值	浙江省背景值
Rb	124	107	111	118	124	129	135	140	124	9.45	124	16.12	152	102	0.08	124	129	正态分布	124	119	120
S	124	137	160	202	255	326	417	463	301	307	262	23.66	3455	85.0	1.02	255	169	对数正态分布	262	262	248
Sb	124	0.50	0.53	0.55	0.64	0.72	0.91	0.99	0.70	0.31	0.67	1.47	3.22	0.43	0.44	0.64	0.53	对数正态分布	0.67	0.55	0.53
Sc	124	10.03	10.70	11.74	12.71	13.62	14.40	14.86	12.62	1.44	12.54	4.35	16.20	8.64	0.11	12.71	11.30	正态分布	12.62	12.31	8.70
Se	2965	0.12	0.15	0.18	0.25	0.31	0.35	0.38	0.25	0.08	0.23	2.35	0.50	0.05	0.33	0.25	0.30	其他分布	0.30	0.29	0.21
Sn	124	5.75	6.33	7.67	9.70	12.53	16.74	18.17	10.71	4.36	9.97	3.84	27.90	4.20	0.41	9.70	10.30	对数正态分布	9.97	10.75	3.60
Sr	124	103	104	107	110	115	119	122	111	6.18	111	15.03	127	96.6	0.06	110	112	正态分布	111	113	105
Th	124	10.64	11.17	12.10	13.00	14.00	15.13	15.58	13.06	1.42	12.98	4.38	16.80	10.16	0.11	13.00	13.00	正态分布	13.06	12.94	13.30
Ti	124	4123	4199	4356	4561	4726	4904	4963	4549	264	4541	129	5214	3944	0.06	4561	4542	正态分布	4549	4472	4665
Tl	124	0.52	0.55	0.60	0.66	0.70	0.72	0.76	0.65	0.07	0.65	1.32	0.86	0.44	0.11	0.66	0.65	其他分布	0.65	0.65	0.70
U	124	2.16	2.22	2.28	2.37	2.47	2.58	2.67	2.39	0.18	2.39	1.65	3.26	1.95	0.08	2.37	2.31	正态分布	2.39	2.39	2.90
V	2961	91.3	94.5	102	109	116	122	125	109	10.36	108	14.87	136	81.2	0.10	109	110	正态分布	110	110	106
W	124	1.56	1.64	1.72	1.81	1.94	2.07	2.22	1.84	0.20	1.83	1.44	2.74	1.28	0.11	1.81	1.82	正态分布	1.84	1.80	1.80
Y	124	19.95	20.96	23.00	24.55	26.23	27.68	28.16	24.49	2.57	24.35	6.34	31.00	17.65	0.10	24.55	25.00	正态分布	24.49	25.00	25.00
Zn	2841	77.8	81.1	87.2	93.9	102	111	117	95.1	11.58	94.4	14.01	128	63.6	0.12	93.9	101	剔除后对数分布	94.4	101	101
Zr	124	216	219	225	236	243	251	262	235	13.77	235	23.36	277	207	0.06	236	243	正态分布	235	239	243
SiO_2	124	64.2	64.6	65.8	67.0	68.0	68.7	69.4	66.8	1.71	66.8	11.26	71.0	61.4	0.03	67.0	66.8	正态分布	66.8	67.6	71.3
Al_2O_3	124	13.47	13.75	14.11	14.59	15.05	15.49	15.83	14.60	0.73	14.58	4.68	16.39	12.76	0.05	14.59	14.63	正态分布	14.60	14.43	13.20
TFe_2O_3	124	4.41	4.51	4.73	4.97	5.20	5.51	5.67	4.99	0.42	4.98	2.54	6.46	3.99	0.08	4.97	4.98	正态分布	4.99	4.87	3.74
MgO	124	1.42	1.44	1.49	1.56	1.62	1.73	1.79	1.57	0.12	1.57	1.32	1.96	1.32	0.07	1.56	1.54	正态分布	1.57	1.56	0.50
CaO	124	0.78	0.83	0.87	0.95	1.03	1.11	1.40	0.97	0.16	0.96	1.16	1.56	0.70	0.16	0.95	0.98	对数正态分布	0.96	0.98	0.24
Na_2O	124	1.25	1.28	1.36	1.45	1.51	1.59	1.63	1.44	0.12	1.43	1.26	1.68	1.09	0.08	1.45	1.43	正态分布	1.44	1.48	0.19
K_2O	2934	2.21	2.26	2.34	2.44	2.53	2.64	2.69	2.44	0.14	2.44	1.68	2.84	2.05	0.06	2.44	2.39	其他分布	2.39	2.51	2.35
TC	124	0.95	1.00	1.27	1.60	1.94	2.19	2.35	1.62	0.45	1.55	1.43	2.89	0.66	0.28	1.60	1.69	正态分布	1.62	1.54	1.43
Corg	124	0.64	0.79	0.94	1.34	1.61	1.94	2.03	1.33	0.46	1.25	1.46	2.75	0.48	0.34	1.34	0.80	正态分布	1.33	1.49	1.31
pH	2849	5.25	5.47	5.81	6.19	6.60	7.18	7.53	5.84	5.59	6.25	2.87	7.96	4.56	0.96	6.19	6.30	其他分布	6.30	6.16	5.10

第四章 土壤元素背景值

表 4-9 松散岩类（陆相）沉积物土壤母质元素背景值参数统计表

元素/指标	N	$X_{5\%}$	$X_{10\%}$	$X_{25\%}$	$X_{50\%}$	$X_{75\%}$	$X_{90\%}$	$X_{95\%}$	$\overline{X}$	S	$\overline{X}_g$	S_g	X_{max}	X_{min}	CV	X_{me}	X_{mo}	分布类型	松散岩类（陆相）沉积物背景值	嘉兴市背景值
Ag	155	97.8	101	112	126	146	169	195	135	46.60	130	17.11	577	78.0	0.35	126	126	对数正态分布	130	112
As	4948	6.40	6.79	7.58	8.54	9.40	10.10	10.60	8.50	1.29	8.40	3.45	12.20	4.81	0.15	8.54	10.20	剔除后正态分布	8.50	10.1
Au	155	2.20	2.54	2.90	3.60	4.40	6.06	7.75	4.04	1.95	3.71	2.41	14.90	1.20	0.48	3.60	2.90	对数正态分布	3.71	2.80
B	4910	44.90	48.50	55.0	63.0	70.8	78.4	83.0	63.2	11.46	62.1	10.93	94.8	31.90	0.18	63.0	60.8	剔除后正态分布	63.2	63.8
Ba	151	448	453	466	479	488	500	512	478	18.06	478	34.96	525	439	0.04	479	479	剔除后正态分布	478	474
Be	155	2.25	2.29	2.37	2.46	2.58	2.70	2.74	2.48	0.15	2.47	1.70	2.92	2.08	0.06	2.46	2.51	正态分布	2.48	2.42
Bi	155	0.38	0.39	0.41	0.46	0.54	0.59	0.62	0.48	0.09	0.47	1.59	0.80	0.34	0.18	0.46	0.41	对数正态分布	0.47	0.40
Br	155	3.47	3.68	4.12	4.62	5.39	5.96	6.86	4.82	0.98	4.72	2.52	7.90	2.40	0.20	4.62	4.20	正态分布	4.82	4.95
Cd	4721	0.11	0.12	0.15	0.19	0.22	0.25	0.27	0.19	0.05	0.18	2.73	0.32	0.05	0.27	0.19	0.20	其他分布	0.20	0.16
Ce	155	63.5	64.2	68.3	72.4	75.9	78.8	79.7	72.1	5.23	71.9	1.59	85.0	58.6	0.07	72.4	74.0	正态分布	72.1	72.4
Cl	155	52.2	57.7	64.9	75.2	89.5	103	123	80.2	22.48	77.4	11.68	167	39.44	0.28	75.2	88.2	正态分布	80.2	66.8
Co	3683	13.00	13.50	14.30	15.20	16.20	17.00	17.60	15.25	1.39	15.18	12.18	19.00	11.50	0.09	15.20	15.40	剔除后对数分布	15.18	15.00
Cr	4925	76.0	78.0	81.9	86.3	91.6	95.9	98.5	86.7	6.96	86.4	4.81	106	67.4	0.08	86.3	82.0	其他分布	82.0	83.00
Cu	4700	28.40	30.00	32.50	36.00	40.00	44.10	47.11	36.53	5.64	36.11	13.14	53.3	20.70	0.15	36.00	35.00	偏峰分布	35.00	35.00
F	155	522	541	580	616	676	717	747	625	71.7	621	8.13	846	454	0.11	616	647	正态分布	625	603
Ga	155	12.73	13.14	14.18	16.16	17.09	17.85	18.11	15.79	1.79	15.69	41.19	19.87	12.03	0.11	16.16	16.57	正态分布	15.79	16.00
Ge	155	1.32	1.35	1.41	1.46	1.53	1.57	1.60	1.46	0.08	1.46	4.96	1.63	1.24	0.06	1.46	1.41	正态分布	1.46	1.56
Hg	4589	0.09	0.11	0.16	0.22	0.28	0.36	0.41	0.23	0.09	0.21	1.26	0.51	0.01	0.41	0.22	0.21	其他分布	0.21	0.15
I	155	1.17	1.20	1.50	1.80	2.20	2.70	3.00	1.91	0.60	1.82	2.52	5.00	0.80	0.32	1.80	1.80	正态分布	1.91	1.80
La	155	29.91	32.10	34.14	36.22	38.73	41.27	42.26	36.49	3.68	36.31	1.62	46.24	27.50	0.10	36.22	36.67	正态分布	36.49	37.51
Li	155	43.10	44.84	46.80	50.1	53.8	57.1	58.6	50.5	4.72	50.2	7.86	60.9	40.70	0.09	50.1	50.1	正态分布	50.5	48.76
Mn	4863	386	415	473	553	664	777	846	577	140	561	9.75	979	248	0.24	553	518	偏峰分布	518	518
Mo	4797	0.45	0.51	0.61	0.69	0.79	0.88	0.95	0.70	0.14	0.68	38.04	1.08	0.33	0.21	0.69	0.68	其他分布	0.68	0.62
N	4954	0.92	1.20	1.76	2.22	2.56	2.84	3.02	2.13	0.62	2.01	1.35	3.78	0.53	0.29	2.22	2.31	其他分布	2.31	1.10
Nb	155	13.69	13.91	14.66	15.45	16.31	17.25	17.84	15.52	1.29	15.47	1.77	18.98	12.07	0.08	15.45	15.34	正态分布	15.52	15.84
Ni	4904	31.21	32.90	35.00	37.30	39.90	42.00	43.30	37.36	3.61	37.19	4.89	47.30	27.60	0.10	37.30	36.00	正态分布	36.00	36.00
P	4665	0.51	0.54	0.60	0.71	0.87	1.06	1.19	0.76	0.21	0.73	8.08	1.40	0.27	0.27	0.71	0.63	其他分布	0.63	0.69
Pb	4738	26.00	27.70	30.00	32.20	35.00	37.40	39.30	32.44	3.84	32.22	7.58	42.70	22.40	0.12	32.20	32.00	其他分布	32.00	32.00

续表 4-9

元素/指标	N	$X_{5\%}$	$X_{10\%}$	$X_{25\%}$	$X_{50\%}$	$X_{75\%}$	$X_{90\%}$	$X_{95\%}$	$\bar{X}$	S	$\bar{X}_g$	S_g	X_{max}	X_{min}	CV	X_{me}	X_{mo}	分布类型	松散岩类（陆相）沉积物背景值	嘉兴市背景值
Rb	155	106	109	113	119	127	132	135	120	9.04	120	16.01	141	102	0.08	119	116	正态分布	120	119
S	151	210	244	304	371	420	455	482	360	86.5	348	28.48	596	136	0.24	371	436	剔除后正态分布	360	262
Sb	155	0.55	0.60	0.68	0.82	0.92	1.04	1.17	0.83	0.22	0.80	1.34	2.21	0.43	0.26	0.82	0.90	对数正态分布	0.80	0.55
Sc	155	9.64	10.00	11.06	11.76	12.98	14.11	14.42	11.96	1.54	11.86	4.26	15.36	8.36	0.13	11.76	11.20	正态分布	11.96	12.31
Se	4794	0.18	0.21	0.27	0.32	0.36	0.40	0.42	0.31	0.07	0.30	2.02	0.49	0.14	0.22	0.32	0.33	其他分布	0.33	0.29
Sn	155	6.80	8.10	9.90	11.10	13.65	16.86	18.29	12.06	4.10	11.46	4.23	32.90	4.20	0.34	11.10	10.20	对数正态分布	11.46	10.75
Sr	155	103	104	107	110	114	119	123	111	6.30	111	15.06	131	89.0	0.06	110	112	正态分布	111	113
Th	155	10.59	11.10	11.94	12.87	14.06	14.84	15.43	12.90	1.63	12.79	4.39	19.39	7.51	0.13	12.87	13.50	正态分布	12.90	12.94
Ti	155	4063	4097	4190	4349	4568	4765	4897	4390	259	4383	127	5214	3944	0.06	4349	4187	正态分布	4390	4472
Tl	155	0.58	0.59	0.64	0.67	0.71	0.74	0.75	0.67	0.06	0.67	1.29	0.86	0.44	0.09	0.67	0.67	正态分布	0.67	0.65
U	155	2.21	2.26	2.35	2.47	2.58	2.76	2.85	2.49	0.21	2.48	1.68	3.31	2.13	0.08	2.47	2.47	其他分布	2.49	2.39
V	3679	92.2	95.2	101	106	112	117	120	106	8.25	106	14.74	128	84.7	0.08	106	105	对数正态分布	105	110
W	155	1.53	1.64	1.76	1.90	2.09	2.32	2.49	2.06	1.23	1.96	1.56	16.11	1.28	0.60	1.90	1.87	正态分布	1.96	1.80
Y	155	19.38	20.36	21.87	24.05	26.82	28.17	28.95	24.24	3.08	24.04	6.29	31.52	17.65	0.13	24.05	23.06	偏峰分布	24.24	25.00
Zn	4708	79.9	83.1	89.9	97.0	106	115	122	98.3	12.37	97.5	14.25	134	63.6	0.13	97.0	101	对数正态分布	101	101
Zr	155	216	218	224	230	241	250	259	233	13.58	233	22.98	278	207	0.06	230	230	正态分布	233	239
SiO₂	155	64.4	64.7	65.9	67.0	67.9	68.8	69.2	66.9	1.50	66.9	11.25	70.5	62.8	0.02	67.0	67.0	正态分布	66.9	67.6
Al₂O₃	155	13.45	13.66	14.13	14.63	14.99	15.32	15.61	14.56	0.65	14.55	4.71	16.19	12.97	0.04	14.63	14.86	正态分布	14.56	14.43
TFe₂O₃	155	4.35	4.46	4.66	4.86	5.08	5.35	5.52	4.89	0.35	4.88	2.52	6.08	3.99	0.07	4.86	4.86	正态分布	4.89	4.87
MgO	155	1.29	1.33	1.42	1.52	1.58	1.67	1.70	1.51	0.13	1.50	1.30	1.86	1.24	0.08	1.52	1.54	正态分布	1.51	1.56
CaO	140	0.88	0.91	0.96	1.00	1.04	1.07	1.08	1.00	0.06	1.00	1.07	1.16	0.85	0.06	1.00	0.98	剔除后正态分布	1.00	0.98
Na₂O	155	1.22	1.26	1.30	1.37	1.46	1.53	1.58	1.38	0.11	1.38	1.22	1.65	1.09	0.08	1.37	1.36	正态分布	1.38	1.48
K₂O	4976	2.07	2.11	2.22	2.35	2.49	2.61	2.68	2.36	0.19	2.35	1.64	2.88	1.83	0.08	2.35	2.39	其他分布	2.39	2.51
TC	155	1.30	1.54	1.79	2.08	2.28	2.43	2.59	2.03	0.40	1.98	1.55	3.41	0.66	0.20	2.08	1.94	正态分布	2.03	1.54
Corg	775	1.26	1.44	1.82	2.10	2.50	2.94	3.15	2.15	0.56	2.08	1.66	3.58	0.78	0.26	2.10	1.85	剔除后对数分布	2.08	1.49
pH	4788	5.12	5.30	5.63	5.98	6.38	6.82	7.14	5.69	5.51	6.02	2.81	7.63	4.47	0.97	5.98	6.10	剔除后对数分布	6.02	6.16

注：氧化物、TC、Corg 单位为 %；N、P 单位为 g/kg；Au、Ag 单位为 μg/kg；pH 为无量纲；其他元素/指标单位为 mg/kg；后表单位相同。

松散岩类(陆相)沉积物区表层土壤总体为酸性,土壤 pH 背景值为 6.02,极大值为 7.63,极小值为 4.47,接近于嘉兴市背景值。

松散岩类(陆相)沉积物区表层土壤各元素/指标中,大多数元素/指标变异系数小于 0.40,分布相对均匀;Hg、Au、W、pH 变异系数大于 0.40,其中 pH 变异系数大于 0.80,空间变异性较大。

与嘉兴市土壤元素背景值相比,松散岩类(陆相)沉积物区土壤元素背景值中 Hg、Corg、S、Au、TC、Cd、Cl 背景值略高于嘉兴市背景值,与嘉兴市背景值比值在 1.2~1.4 之间;而 N、Sb 背景值明显偏高,与嘉兴市背景值比值均在 1.4 以上,N 背景值最高为嘉兴市背景值的 2.1 倍;其他元素/指标背景值则与嘉兴市背景值基本接近。

二、松散岩类(海相)沉积物土壤母质元素背景值

松散岩类(海相)沉积物土壤母质元素背景值数据经正态分布检验,结果表明(表 4-10),原始数据中 Ce、Sc、Th、Ti 符合正态分布,Br、Cl、La、S、Sn、Sr、U、SiO$_2$、Na$_2$O、TC、Corg 符合对数正态分布,Ba、Be、Bi、F、Li、Tl、W 剔除异常值后符合正态分布,B、Zr、CaO 剔除异常值后符合对数正态分布,其他元素/指标不符合正态分布或对数正态分布。

松散岩类(海相)沉积物区表层土壤总体为酸性,土壤 pH 背景值为 6.06,极大值为 8.26,极小值为 4.11,接近于嘉兴市背景值。

松散岩类(海相)沉积物区表层土壤各元素/指标中,大多数元素/指标变异系数小于 0.40,分布相对均匀;Au、N、Hg、Sn、pH 变异系数不小于 0.40,其中 pH 变异系数大于 0.80,空间变异性较大。

与嘉兴市土壤元素背景值相比,松散岩类(海相)沉积物区土壤元素背景值中仅 I 背景值略高于嘉兴市背景值,为嘉兴市背景值的 1.22 倍;其他元素/指标背景值则与嘉兴市背景值基本接近。

三、中酸性火成岩类风化物土壤母质元素背景值

中酸性火成岩类风化物区土壤母质元素背景值数据经正态分布检验,结果表明(表 4-11),原始数据中 B、Co、Cu、Mn、Pb、V、Zn 符合正态分布,As、Mo、N、Se 符合对数正态分布,Cd、P、K$_2$O 剔除异常值后符合正态分布,Hg 符合剔除异常值后对数正态分布,其他元素/指标不符合正态分布或对数正态分布,部分元素/指标因样本量低于 30 件,因此未进行分布检验。

中酸性火成岩类风化物区表层土壤总体为强酸性,土壤 pH 背景值为 4.56,极大值为 8.27,极小值为 3.94,低于嘉兴市背景值。

中酸性火成岩类风化物区表层土壤各元素/指标中,大多数元素/指标变异系数小于 0.40,分布相对均匀;Br、Ni、Cd、Cu、P、N、Se、Mo、Hg、Sn、CaO、pH 共 12 项元素/指标变异系数不小于 0.40,其中 pH 变异系数大于 0.80,空间变异性较大。

与嘉兴市土壤元素背景值相比,中酸性火成岩类风化物区土壤元素背景值中 Cr 背景值明显偏低;Be、V、Sn、Ag、Li、P、Co、Au、Cd、Ni、Zn、Hg、Cu、Corg、As、F 背景值略低于嘉兴市背景值;N、Br 背景值略高于嘉兴市背景值,与嘉兴市背景值比值在 1.2~1.4 之间;I、Mo 背景值明显偏高,与嘉兴市背景值比值均在 1.4 以上,其中 I 背景值为嘉兴市背景值的 2.11 倍;其他元素/指标背景值则与嘉兴市背景值基本接近。

四、碳酸盐岩类风化物土壤母质元素背景值

碳酸盐岩类风化物土壤母质采集表层土壤样品 2 件,具体参数统计如下(表 4-12)。

碳酸盐岩类风化物区表层土壤总体为强酸性,土壤 pH 背景值为 4.85,极大值为 4.87,极小值为 4.83,略低于嘉兴市背景值。

表4-10 松散岩类(海相)沉积物土壤母质元素背景值参数统计表

元素/指标	N	$X_{5\%}$	$X_{10\%}$	$X_{25\%}$	$X_{50\%}$	$X_{75\%}$	$X_{90\%}$	$X_{95\%}$	$\bar{X}$	S	$\bar{X}_g$	S_g	X_{max}	X_{min}	CV	X_{me}	X_{mo}	分布类型	松散岩类(海相)沉积物背景值	嘉兴市背景值
Ag	721	82.0	86.0	97.0	109	124	146	158	113	22.67	110	14.95	177	60.0	0.20	109	105	偏峰分布	105	112
As	20 647	5.26	5.82	6.74	7.68	8.59	9.43	9.96	7.66	1.38	7.52	3.26	11.42	3.93	0.18	7.68	10.10	其他分布	10.10	10.10
Au	728	1.80	2.00	2.38	3.00	4.10	5.33	6.10	3.35	1.33	3.10	2.10	7.40	0.15	0.40	3.00	2.80	其他分布	2.80	2.80
B	18 184	47.80	51.3	57.4	64.7	72.6	80.1	85.2	65.3	11.20	64.3	11.13	97.0	33.86	0.17	64.7	65.7	剔除后对数正态分布	64.3	63.8
Ba	745	440	447	460	472	485	497	503	472	18.79	472	34.93	524	423	0.04	472	468	剔除后正态分布	472	474
Be	749	2.12	2.19	2.30	2.41	2.51	2.62	2.70	2.41	0.17	2.40	1.66	2.83	1.97	0.07	2.41	2.45	剔除后正态分布	2.41	2.42
Bi	738	0.30	0.33	0.35	0.40	0.44	0.48	0.50	0.40	0.06	0.39	1.77	0.55	0.24	0.15	0.40	0.40	剔除后正态分布	0.40	0.40
Br	774	3.18	3.50	4.12	4.92	5.92	7.01	7.85	5.16	1.43	4.97	2.65	11.74	2.14	0.28	4.92	4.80	对数正态分布	4.97	4.95
Cd	20 077	0.09	0.11	0.13	0.16	0.19	0.23	0.25	0.16	0.05	0.16	2.96	0.30	0.03	0.29	0.16	0.16	其他分布	0.16	0.16
Ce	774	63.6	66.1	69.5	72.8	75.9	78.1	79.6	72.4	4.96	72.3	11.87	105	55.7	0.07	72.8	72.0	正态分布	72.4	72.4
Cl	774	44.74	48.55	55.3	64.0	74.1	84.7	94.3	66.2	16.50	64.4	10.97	160	32.65	0.25	64.0	55.5	对数正态分布	64.4	66.8
Co	18 835	11.60	12.50	13.90	15.10	16.30	17.30	17.90	15.00	1.85	14.88	4.77	19.80	10.18	0.12	15.10	15.00	其他分布	15.00	15.00
Cr	20 214	67.9	71.9	79.2	85.5	90.8	95.5	98.2	84.7	8.95	84.2	12.95	109	60.7	0.11	85.5	86.0	其他分布	86.0	83.0
Cu	19 642	22.90	25.00	28.50	32.10	36.10	40.70	43.70	32.50	6.05	31.93	7.57	49.68	16.10	0.19	32.10	32.00	其他分布	32.00	35.00
F	761	461	485	549	602	658	691	718	601	77.6	596	39.43	805	405	0.13	602	629	剔除后正态分布	601	603
Ga	759	14.00	14.69	15.49	16.47	17.50	18.41	19.00	16.51	1.47	16.44	5.04	20.62	12.75	0.09	16.47	16.00	其他分布	16.00	16.00
Ge	769	1.34	1.39	1.44	1.51	1.56	1.61	1.63	1.50	0.09	1.50	1.27	1.68	1.26	0.06	1.51	1.56	其他分布	1.56	1.56
Hg	19 246	0.06	0.08	0.12	0.17	0.22	0.30	0.35	0.18	0.08	0.16	2.90	0.44	0.004	0.47	0.17	0.15	其他分布	0.15	0.15
I	758	1.30	1.50	1.70	2.10	2.50	3.00	3.30	2.16	0.60	2.08	1.68	3.90	0.70	0.28	2.10	2.20	其他分布	2.20	1.80
La	774	31.99	33.36	35.19	38.00	40.00	42.50	44.00	37.89	3.80	37.71	8.23	55.5	26.00	0.10	38.00	39.00	对数正态分布	37.71	37.51
Li	745	38.92	41.40	45.30	48.80	51.8	54.8	56.5	48.44	5.16	48.16	9.28	61.3	34.90	0.11	48.80	48.10	剔除后正态分布	48.44	48.76
Mn	19 720	414	445	506	599	725	837	904	623	151	605	39.96	1069	170	0.24	599	529	其他分布	529	518
Mo	20 065	0.37	0.41	0.49	0.59	0.70	0.80	0.87	0.60	0.15	0.58	1.49	1.03	0.18	0.25	0.59	0.58	其他分布	0.58	0.62
N	20 674	0.69	0.81	1.07	1.55	2.12	2.53	2.76	1.62	0.66	1.48	1.68	3.68	0.14	0.41	1.55	1.10	其他分布	1.10	1.10
Nb	761	13.93	14.85	15.72	16.44	17.72	18.81	18.81	16.49	1.49	16.43	5.07	20.79	12.79	0.09	16.44	15.84	其他分布	15.84	15.84
Ni	20 340	27.20	29.60	33.60	37.00	39.90	42.50	44.10	36.56	4.94	36.21	7.97	49.70	23.40	0.14	37.00	36.00	其他分布	36.00	36.00
P	19 507	0.51	0.55	0.63	0.76	0.93	1.12	1.25	0.80	0.22	0.77	1.35	1.47	0.15	0.28	0.76	0.69	其他分布	0.69	0.69
Pb	20 381	22.60	24.10	26.90	29.80	32.60	35.20	37.00	29.76	4.30	29.44	7.21	41.61	18.10	0.14	29.80	30.00	其他分布	30.00	32.00

续表 4-10

元素/指标	N	$X_{5\%}$	$X_{10\%}$	$X_{25\%}$	$X_{50\%}$	$X_{75\%}$	$X_{90\%}$	$X_{95\%}$	$\overline{X}$	S	$\overline{X}_g$	S_g	X_{max}	X_{min}	CV	X_{me}	X_{mo}	分布类型	松散岩类（海相）沉积物背景值	嘉兴市背景值
Rb	733	103	107	114	120	125	131	133	120	8.87	119	15.70	142	96.0	0.07	120	120	偏峰分布	120	119
S	774	147	167	201	250	310	367	399	261	83.3	249	23.75	986	101	0.32	250	201	对数正态分布	249	262
Sb	731	0.47	0.48	0.53	0.57	0.64	0.72	0.78	0.59	0.09	0.58	1.44	0.85	0.41	0.16	0.57	0.55	其他分布	0.55	0.55
Sc	774	9.80	10.49	11.50	12.43	13.40	14.32	14.90	12.43	1.55	12.33	4.24	18.70	7.42	0.12	12.43	11.20	正态分布	12.43	12.31
Se	20 638	0.13	0.15	0.20	0.26	0.31	0.35	0.38	0.25	0.08	0.24	2.33	0.47	0.04	0.30	0.26	0.29	其他分布	0.29	0.29
Sn	774	6.10	6.70	8.20	10.40	13.80	17.40	20.80	11.70	6.60	10.69	4.08	110	2.30	0.56	10.40	8.90	对数正态分布	10.69	10.75
Sr	774	103	105	108	113	119	127	134	115	10.18	115	15.57	173	96.0	0.09	113	114	对数正态分布	115	113
Th	774	10.74	11.20	12.00	12.90	13.88	14.70	15.30	12.94	1.47	12.86	4.42	20.34	4.43	0.11	12.90	13.20	正态分布	12.94	12.94
Ti	774	4086	4162	4316	4492	4659	4814	4952	4491	261	4484	128	5496	3447	0.06	4492	4512	正态分布	4491	4472
Tl	758	0.51	0.54	0.59	0.64	0.68	0.73	0.75	0.64	0.07	0.63	1.34	0.81	0.46	0.11	0.64	0.65	剔除后正态分布	0.64	0.65
U	774	2.05	2.12	2.23	2.36	2.49	2.65	2.74	2.37	0.22	2.36	1.66	3.30	1.67	0.09	2.36	2.40	对数正态分布	2.36	2.39
V	19 057	88.0	92.3	100.0	107	113	118	121	106	9.93	106	14.77	132	79.8	0.09	107	110	其他分布	110	110
W	750	1.48	1.56	1.67	1.79	1.90	2.01	2.11	1.79	0.18	1.78	1.41	2.26	1.32	0.10	1.79	1.82	剔除后正态分布	1.79	1.80
Y	764	22.00	23.00	24.00	25.00	27.00	28.00	29.00	25.40	2.05	25.31	6.49	31.00	19.88	0.08	25.00	25.00	偏峰分布	25.00	25.00
Zn	19 662	71.5	77.2	86.0	94.6	103	113	120	94.8	13.88	93.8	13.94	133	58.3	0.15	94.6	102	剔除后正态分布	102	101
Zr	714	219	223	231	240	250	261	269	241	14.77	241	23.85	285	199	0.06	240	236	偏峰分布	241	239
SiO_2	774	64.5	65.2	66.3	67.5	68.8	70.7	71.8	67.7	2.17	67.7	11.44	76.0	61.4	0.03	67.5	66.2	偏峰分布	67.7	67.6
Al_2O_3	746	12.72	13.05	13.77	14.29	14.74	15.15	15.37	14.21	0.79	14.19	4.60	16.24	12.13	0.06	14.29	14.35	偏峰分布	14.35	14.43
TFe_2O_3	754	3.95	4.16	4.54	4.85	5.12	5.32	5.47	4.80	0.45	4.78	2.46	5.94	3.60	0.09	4.85	4.87	其他分布	4.87	4.87
MgO	728	1.33	1.39	1.50	1.57	1.64	1.74	1.77	1.57	0.12	1.56	1.30	1.86	1.25	0.08	1.57	1.56	其他分布	1.56	1.56
CaO	717	0.84	0.86	0.91	0.98	1.06	1.15	1.21	0.99	0.11	0.99	1.12	1.31	0.68	0.11	0.98	0.98	剔除后对数正态分布	0.99	0.98
Na_2O	774	1.29	1.32	1.39	1.48	1.59	1.70	1.81	1.50	0.15	1.50	1.30	2.02	1.16	0.10	1.48	1.48	对数正态分布	1.50	1.48
K_2O	20 789	1.89	1.96	2.17	2.45	2.57	2.67	2.73	2.37	0.27	2.36	1.66	3.17	1.56	0.11	2.45	2.50	其他分布	2.50	2.51
TC	774	0.92	1.02	1.20	1.49	1.80	2.14	2.26	1.53	0.42	1.47	1.40	2.77	0.67	0.28	1.49	1.53	对数正态分布	1.47	1.54
Corg	1540	0.69	0.80	1.07	1.45	1.91	2.35	2.60	1.52	0.60	1.40	1.56	3.89	0.26	0.39	1.45	1.22	对数正态分布	1.40	1.49
pH	20 809	4.95	5.24	5.67	6.14	6.70	7.44	7.81	5.58	5.20	6.22	2.86	8.26	4.11	0.93	6.14	6.06	其他分布	6.06	6.16

表 4-11 中酸性火成岩类风化物土壤母质元素背景值参数统计表

元素/指标	N	$X_{5\%}$	$X_{10\%}$	$X_{25\%}$	$X_{50\%}$	$X_{75\%}$	$X_{90\%}$	$X_{95\%}$	$\overline{X}$	S	$\overline{X}_g$	S_g	X_{max}	X_{min}	CV	X_{me}	X_{mo}	分布类型	中酸性火成岩类风化物背景值	嘉兴市背景值
Ag	10	56.9	57.8	62.5	74.0	88.0	105	111	78.4	20.24	76.2	11.80	116	56.0	0.26	74.0	88.0	—	74.0	112
As	321	4.45	4.97	5.65	6.70	7.78	9.22	11.07	7.03	2.43	6.73	3.12	30.30	2.30	0.35	6.70	7.20	对数正态分布	6.73	10.10
Au	10	1.70	1.70	1.95	2.20	2.95	3.31	3.35	2.43	0.64	2.36	1.71	3.40	1.70	0.27	2.20	2.10	—	2.20	2.80
B	108	19.23	27.64	41.35	55.8	64.6	71.2	75.8	52.6	17.56	48.67	10.11	97.1	7.96	0.33	55.8	54.4	正态分布	52.6	63.8
Ba	10	494	498	502	519	615	738	738	568	99.4	561	34.86	738	489	0.17	519	519	—	519	474
Be	10	1.89	1.90	1.93	2.19	2.28	2.44	2.44	2.14	0.22	2.13	1.53	2.44	1.89	0.10	2.19	1.93	—	2.19	2.42
Bi	10	0.25	0.27	0.29	0.32	0.37	0.39	0.41	0.32	0.06	0.32	1.99	0.42	0.24	0.18	0.32	0.33	—	0.32	0.40
Br	10	4.64	4.77	4.97	5.95	7.29	10.38	11.76	6.84	2.76	6.44	2.94	13.13	4.51	0.40	5.95	5.95	—	5.95	4.95
Cd	313	0.05	0.06	0.08	0.12	0.15	0.18	0.19	0.12	0.05	0.11	3.72	0.27	0.02	0.41	0.12	0.16	剔除后正态分布	0.12	0.16
Ce	10	63.6	66.1	69.3	71.1	73.2	74.6	77.2	70.9	4.91	70.7	10.90	79.8	61.1	0.07	71.1	70.5	—	71.1	72.4
Cl	10	44.09	44.20	49.51	58.6	67.6	74.7	95.9	62.8	21.37	60.3	9.78	117	43.98	0.34	58.6	60.0	—	58.6	66.8
Co	118	6.09	7.31	9.56	11.63	13.40	14.80	15.82	11.41	2.99	10.95	4.16	19.70	2.82	0.26	11.63	11.40	正态分布	11.41	15.00
Cr	321	20.60	25.00	40.20	63.1	75.3	81.3	83.8	57.6	21.72	52.4	10.94	108	10.70	0.38	63.1	45.10	偏峰分布	45.10	83.0
Cu	321	11.00	12.10	16.30	25.00	31.10	35.00	40.30	24.59	10.28	22.54	6.73	80.8	6.00	0.42	25.00	28.80	正态分布	24.59	35.00
F	10	349	391	410	466	578	636	642	487	112	475	31.90	648	308	0.23	466	400	—	466	603
Ga	10	13.23	13.56	14.59	15.59	16.20	16.68	17.70	15.44	1.63	15.37	4.62	18.71	12.91	0.11	15.59	15.41	—	15.59	16.00
Ge	10	1.30	1.32	1.33	1.40	1.46	1.47	1.48	1.40	0.07	1.39	1.21	1.49	1.29	0.05	1.40	1.32	—	1.40	1.56
Hg	308	0.05	0.06	0.07	0.10	0.17	0.22	0.27	0.13	0.07	0.11	3.59	0.33	0.02	0.56	0.10	0.12	剔除后对数分布	0.11	0.15
I	10	1.84	1.89	2.42	3.80	4.17	4.66	5.38	3.51	1.35	3.27	2.13	6.10	1.80	0.39	3.80	3.70	—	3.80	1.80
La	10	33.17	33.85	37.00	38.00	39.50	41.10	41.55	37.75	2.92	37.65	7.72	42.00	32.50	0.08	38.00	38.00	—	38.00	37.51
Li	10	30.36	31.21	32.33	34.90	40.62	44.89	47.09	36.92	6.35	36.46	7.46	49.30	29.50	0.17	34.90	38.00	—	34.90	48.76
Mn	118	274	302	414	526	659	760	872	543	180	511	37.07	956	152	0.33	526	505	正态分布	543	518
Mo	321	0.51	0.58	0.69	0.87	1.20	1.60	1.76	1.00	0.47	0.92	1.49	3.90	0.32	0.47	0.87	0.92	对数正态分布	0.92	0.62
N	321	0.63	0.73	0.99	1.31	1.92	2.33	2.59	1.45	0.62	1.33	1.63	3.26	0.37	0.43	1.31	1.46	对数正态分布	1.33	1.10
Nb	10	15.84	15.84	16.09	17.82	18.56	18.91	19.35	17.52	1.40	17.47	5.03	19.80	15.84	0.08	17.82	17.82	—	17.82	15.84
Ni	321	9.60	11.00	15.00	25.00	31.10	34.50	36.60	23.51	9.36	21.40	6.51	52.1	5.50	0.40	25.00	27.00	其他分布	27.00	36.00
P	311	0.20	0.23	0.38	0.53	0.69	0.78	0.92	0.53	0.22	0.48	1.81	1.14	0.16	0.42	0.53	0.20	剔除后正态分布	0.53	0.69
Pb	321	22.90	23.70	26.40	29.30	32.60	35.30	37.30	29.53	4.84	29.16	7.19	65.5	18.80	0.16	29.30	29.40	正态分布	29.53	32.00

续表 4-11

元素/指标	N	$X_{5\%}$	$X_{10\%}$	$X_{25\%}$	$X_{50\%}$	$X_{75\%}$	$X_{90\%}$	$X_{95\%}$	$\bar{X}$	S	$\bar{X}_g$	S_g	X_{max}	X_{min}	CV	X_{me}	X_{mo}	分布类型	中酸性火成岩类风化物背景值	嘉兴市背景值
Rb	10	89.8	91.6	96.8	110	116	117	119	106	11.83	106	13.64	121	88.0	0.11	110	105	—	110	119
S	10	160	170	190	228	270	287	305	230	55.1	224	20.78	323	150	0.24	228	231	—	228	262
Sb	10	0.46	0.47	0.56	0.60	0.65	0.79	0.81	0.62	0.12	0.61	1.43	0.83	0.45	0.20	0.60	0.59	—	0.60	0.55
Sc	10	9.45	9.49	9.80	10.47	11.10	11.69	12.54	10.64	1.20	10.58	3.77	13.40	9.40	0.11	10.47	10.64	对数正态分布	10.47	12.31
Se	321	0.18	0.22	0.27	0.35	0.42	0.55	0.66	0.37	0.16	0.34	2.07	1.19	0.09	0.43	0.35	0.30	—	0.34	0.29
Sn	10	4.03	4.66	5.50	8.00	11.25	13.15	16.97	9.07	5.06	7.98	3.45	20.80	3.40	0.56	8.00	8.50	—	8.00	10.75
Sr	10	82.6	91.4	97.4	112	119	128	145	111	23.52	109	14.17	162	73.8	0.21	112	109	—	112	113
Th	10	11.24	11.78	12.07	13.30	13.98	14.33	14.46	13.05	1.25	13.00	4.22	14.60	10.70	0.10	13.30	13.30	—	13.30	12.94
Ti	10	4058	4093	4327	4353	4653	4887	5069	4479	367	4466	113	5252	4023	0.08	4353	4507	—	4353	4472
Tl	10	0.51	0.52	0.59	0.62	0.67	0.68	0.70	0.62	0.07	0.62	1.37	0.73	0.51	0.11	0.62	0.61	—	0.62	0.65
U	10	2.13	2.14	2.19	2.55	2.87	2.96	2.97	2.53	0.35	2.51	1.70	2.98	2.12	0.14	2.55	2.45	—	2.55	2.39
V	118	56.8	62.2	73.7	90.2	97.8	108	111	87.1	17.45	85.2	13.14	131	42.90	0.20	90.2	105	正态分布	87.1	110
W	10	1.40	1.48	1.59	1.81	1.97	2.03	2.05	1.77	0.25	1.75	1.39	2.08	1.32	0.14	1.81	1.79	—	1.81	1.80
Y	10	21.00	21.00	21.72	24.00	25.75	27.08	27.46	23.95	2.50	23.83	5.83	27.84	21.00	0.10	24.00	24.00	正态分布	24.00	25.00
Zn	321	46.90	52.3	60.3	74.5	89.3	97.3	102	75.6	20.13	73.1	12.34	186	35.00	0.27	74.5	74.2	—	75.6	101
Zr	10	252	259	267	276	322	334	342	291	35.37	289	24.35	350	246	0.12	276	281	—	276	239
SiO_2	10	70.1	70.5	71.1	71.3	73.7	74.7	74.8	72.1	1.83	72.1	11.13	74.9	69.7	0.03	71.3	72.2	—	71.3	67.6
Al_2O_3	10	11.58	11.82	12.80	13.02	13.59	14.05	14.29	13.06	0.95	13.03	4.21	14.53	11.35	0.07	13.02	13.02	—	13.02	14.43
TFe_2O_3	10	3.54	3.56	3.72	4.17	4.37	4.45	4.46	4.05	0.37	4.04	2.19	4.47	3.53	0.09	4.17	4.17	—	4.17	4.87
MgO	10	0.75	0.85	1.04	1.26	1.33	1.42	1.56	1.20	0.29	1.16	1.31	1.70	0.66	0.24	1.26	1.30	—	1.26	1.56
CaO	10	0.43	0.50	0.58	0.80	1.03	1.47	2.14	0.98	0.70	0.83	1.75	2.82	0.35	0.72	0.80	1.08	—	0.80	0.98
Na_2O	10	1.22	1.35	1.46	1.52	1.70	1.93	2.01	1.58	0.28	1.56	1.36	2.09	1.09	0.18	1.52	1.54	—	1.52	1.48
K_2O	10	1.84	1.97	2.15	2.36	2.54	2.68	2.84	2.36	0.30	2.34	1.65	3.15	1.58	0.13	2.36	2.09	剔除后正态分布	2.36	2.51
TC	10	1.09	1.12	1.16	1.34	1.51	1.61	1.76	1.36	0.26	1.34	1.26	1.90	1.06	0.19	1.34	1.42	—	1.34	1.54
Corg	10	0.91	0.92	1.00	1.06	1.15	1.27	1.55	1.13	0.27	1.10	1.21	1.83	0.91	0.24	1.06	1.00	—	1.06	1.49
pH	321	4.38	4.51	4.68	5.42	6.25	6.83	7.40	4.94	4.80	5.58	2.73	8.27	3.94	0.97	5.42	4.56	偏峰分布	4.56	6.16

表 4-12 碳酸盐岩类风化物土壤母质元素背景值参数统计表

元素/指标	N	$X_{5\%}$	$X_{10\%}$	$X_{25\%}$	$X_{50\%}$	$X_{75\%}$	$X_{90\%}$	$X_{95\%}$	$\overline{X}$	S	$\overline{X}_g$	S_g	X_{max}	X_{min}	CV	X_{me}	X_{mo}	碳酸盐岩类风化物背景值	嘉兴市背景值
As	2	12.25	13.69	18.03	25.25	32.48	36.81	38.26	25.25	20.44	20.71	7.05	39.70	10.80	0.81	25.25	10.80	25.25	10.10
B	2	47.80	47.81	47.82	47.85	47.88	47.89	47.89	47.85	0.07	47.85	6.92	47.90	47.80	0.001	47.85	47.80	47.85	63.8
Cd	2	0.20	0.20	0.22	0.25	0.28	0.30	0.30	0.25	0.08	0.24	1.89	0.31	0.19	0.34	0.25	0.19	0.25	0.16
Co	2	8.85	8.89	8.98	9.15	9.32	9.41	9.45	9.15	0.47	9.14	2.97	9.48	8.82	0.05	9.15	8.82	9.15	15.00
Cr	2	54.6	56.6	62.4	72.1	81.7	87.5	89.5	72.1	27.37	69.4	9.72	91.4	52.7	0.38	72.1	91.4	72.1	83.0
Cu	2	20.84	21.88	25.00	30.20	35.40	38.52	39.56	30.20	14.71	28.35	6.60	40.60	19.80	0.49	30.20	40.60	30.20	35.00
Hg	2	0.32	0.32	0.34	0.38	0.41	0.43	0.43	0.38	0.09	0.37	1.56	0.44	0.31	0.25	0.38	0.31	0.38	0.15
Mn	2	371	386	428	500	571	614	628	500	202	479	19.17	642	357	0.40	500	357	500	518
Mo	2	0.77	0.85	1.08	1.47	1.86	2.09	2.17	1.47	1.10	1.25	2.05	2.25	0.69	0.75	1.47	0.69	1.47	0.62
N	2	1.67	1.68	1.70	1.74	1.77	1.80	1.80	1.74	0.10	1.74	1.35	1.81	1.67	0.06	1.74	1.67	1.74	1.10
Ni	2	20.29	21.19	23.88	28.35	32.82	35.51	36.40	28.35	12.66	26.90	6.29	37.30	19.40	0.45	28.35	19.40	28.35	36.00
P	2	0.79	0.82	0.92	1.07	1.22	1.31	1.34	1.07	0.43	1.02	1.39	1.37	0.76	0.40	1.07	0.76	1.07	0.69
Pb	2	26.58	27.55	30.48	35.35	40.23	43.15	44.12	35.35	13.79	33.98	6.86	45.10	25.60	0.39	35.35	25.60	35.35	32.00
Se	2	0.38	0.40	0.43	0.50	0.56	0.60	0.62	0.50	0.18	0.48	1.42	0.63	0.37	0.37	0.50	0.37	0.50	0.29
V	2	77.5	80.0	87.3	99.5	112	119	122	99.5	34.58	96.5	11.28	124	75.1	0.35	99.5	75.1	99.5	110
Zn	2	59.8	61.8	67.7	77.6	87.5	93.4	95.4	77.6	28.00	75.0	10.02	97.4	57.8	0.36	77.6	57.8	77.6	101
K_2O	2	1.24	1.27	1.33	1.45	1.56	1.63	1.65	1.45	0.32	1.43	1.35	1.67	1.22	0.22	1.45	1.22	1.45	2.51
pH	2	4.83	4.83	4.84	4.85	4.86	4.87	4.87	4.85	6.04	4.85	2.21	4.87	4.83	1.24	4.85	4.83	4.85	6.16

注：因碳酸盐岩类风化物区面积较小，样品仅 2 件，故未能进行全部 54 项元素/指标统计。

碳酸盐岩类风化物区表层土壤各元素/指标中,大多数元素/指标变异系数小于0.40,分布相对均匀;pH、As、Mo、Cu、Ni、Mn、P变异系数不小于0.40,其中pH、As变异系数大于0.80,空间变异性较大。

与嘉兴市土壤元素背景值相比,碳酸盐岩类风化物区土壤元素背景值中 K_2O 背景值明显偏低;B、V、Co、Ni、Zn背景值略低于嘉兴市背景值;Hg、N、As、Cd、Mo、P、Se背景值明显偏高,为嘉兴市背景值的1.4倍以上,其中As、Hg背景值为嘉兴市背景值的2.0倍以上;其他元素/指标背景值则与嘉兴市背景值基本接近。

第三节 主要土壤类型元素背景值

一、红壤土壤元素背景值

红壤区土壤元素背景值数据经正态分布检验,结果表明(表4-13),原始数据中B、Co、Mn、Pb、V、Zn、K_2O、pH符合正态分布,As、Mo、N、Se符合对数正态分布,Cd、P剔除异常值后符合正态分布,Hg剔除异常值后符合对数正态分布,其他元素/指标不符合正态分布或对数正态分布。部分元素/指标因样本量少于30件,因此未进行分布检验。

红壤区表层土壤总体为酸性,土壤pH背景值为5.07,极大值为7.99,极小值为4.04,基本接近于嘉兴市背景值。

红壤区表层土壤各元素/指标中,大多数元素/指标变异系数小于0.40,分布相对均匀;pH、CaO、Au、Hg、Sn、I、Se、Mo、N变异系数大于0.40,其中pH变异系数大于0.80,空间变异性较大。

与嘉兴市土壤元素背景值相比,红壤区土壤元素背景值中Co、P、Zn、Au、Cd、Ni、Hg、Ag、Corg、As、Li、Sn背景值略低于嘉兴市背景值,为嘉兴市背景值的60%~80%;Mo、N、Br背景值略高于嘉兴市背景值,与嘉兴市背景值比值在1.2~1.4之间;I背景值明显偏高,为嘉兴市背景值的1.78倍;其他元素/指标背景值则与嘉兴市背景值基本接近。

二、潮土土壤元素背景值

潮土区土壤元素背景值数据经正态分布检验,结果表明(表4-14),原始数据中As、B、Co、Mn、N、V、K_2O、pH符合正态分布,Cd、Cr、Cu、Mo、Ni、P、Se、Zn符合对数正态分布,Pb剔除异常值后符合正态分布,Hg剔除异常值后符合对数正态分布,其他元素/指标不符合正态分布或对数正态分布。部分元素/指标因样本量少于30件,因此未进行分布检验。

潮土区表层土壤总体为酸性,土壤pH背景值为5.56,极大值为8.38,极小值为4.17,与嘉兴市背景值基本接近。

潮土区表层土壤各元素/指标中,大多数元素/指标变异系数小于0.40,分布相对均匀;pH、Au、Sn、Hg、Cr、Cd、N共7项元素/指标变异系数不小于0.40,其中pH变异系数大于0.80,空间变异性较大。

与嘉兴市土壤元素背景值相比,潮土区土壤元素背景值中Cu、Mo、Rb、Corg、Se、As背景值略低于嘉兴市背景值,为嘉兴市背景值的60%~80%;Br、CaO、I、Zr背景值略高于嘉兴市背景值,与嘉兴市背景值比值在1.2~1.4之间;其他元素/指标背景值则与嘉兴市背景值基本接近。

三、滨海盐土土壤元素背景值

滨海盐土区土壤元素背景值数据经正态分布检验,结果表明(表4-15),原始数据中B、Co、V、K_2O符合正态分布,As、Mo、N、Pb符合对数正态分布,Cd、Cr、Cu、Hg、Mn、Ni、P、Se、Zn剔除异常值后符合正态分布,pH

表 4-13 红壤元素背景值参数统计表

元素/指标	N	$X_{5\%}$	$X_{10\%}$	$X_{25\%}$	$X_{50\%}$	$X_{75\%}$	$X_{90\%}$	$X_{95\%}$	$\overline{X}$	S	$\overline{X}_g$	S_g	X_{max}	X_{min}	CV	X_{me}	X_{mo}	分布类型	红壤背景值	嘉兴市背景值
Ag	13	57.2	58.8	64.0	81.0	91.0	111	125	82.4	23.79	79.6	11.91	138	56.0	0.29	81.0	81.0	—	81.0	112
As	280	4.65	4.98	5.75	6.66	7.60	8.71	9.98	6.83	1.66	6.64	3.08	13.54	2.60	0.24	6.66	7.00	对数正态分布	6.64	10.10
Au	13	1.70	1.70	1.70	2.10	2.80	3.22	4.70	2.53	1.38	2.32	1.76	6.80	1.70	0.55	2.10	2.10	—	2.10	2.80
B	108	22.64	30.36	48.20	57.7	67.9	75.6	77.8	56.2	16.81	52.9	10.54	92.1	13.60	0.30	57.7	57.1	正态分布	56.2	63.8
Ba	13	471	488	491	499	526	719	738	545	96.6	538	35.10	738	446	0.18	499	498	—	499	474
Be	13	1.90	1.91	1.93	2.21	2.34	2.39	2.41	2.17	0.20	2.16	1.56	2.45	1.89	0.09	2.21	2.21	—	2.21	2.42
Bi	13	0.26	0.27	0.30	0.33	0.40	0.45	0.46	0.35	0.07	0.34	1.96	0.47	0.24	0.21	0.33	0.33	—	0.33	0.40
Br	13	4.43	4.53	5.09	5.95	6.89	9.58	11.30	6.60	2.49	6.26	2.86	13.13	4.32	0.38	5.95	5.95	—	5.95	4.95
Cd	269	0.05	0.06	0.09	0.12	0.16	0.18	0.20	0.12	0.05	0.11	3.58	0.25	0.03	0.37	0.12	0.12	剔除后正态分布	0.12	0.16
Ce	13	64.4	67.1	70.0	71.7	73.5	75.5	76.1	71.1	4.05	71.0	11.13	76.4	61.1	0.06	71.7	70.5	—	71.7	72.4
Cl	13	44.12	45.05	48.53	57.7	69.9	90.3	104	63.9	21.56	61.1	10.00	117	43.98	0.34	57.7	64.6	—	57.7	66.8
Co	114	6.39	7.75	10.72	12.20	13.88	14.94	15.63	11.86	2.79	11.44	4.29	16.90	2.82	0.24	12.20	12.20	正态分布	11.86	15.00
Cr	281	23.60	28.20	45.90	67.5	76.3	82.3	84.8	61.2	19.99	56.7	11.21	93.8	10.70	0.33	67.5	71.3	偏峰分布	71.3	83.0
Cu	276	10.78	11.95	18.62	26.95	30.80	36.10	38.67	25.16	8.68	23.41	6.80	46.40	6.00	0.34	26.95	28.80	偏峰分布	28.80	35.00
F	13	363	400	446	506	549	690	722	521	125	507	34.22	754	308	0.24	506	400	—	506	603
Ga	13	13.34	13.70	14.56	15.41	16.25	17.63	17.74	15.48	1.54	15.41	4.72	17.79	12.91	0.10	15.41	15.41	—	15.41	16.00
Ge	13	1.30	1.31	1.32	1.46	1.49	1.62	1.64	1.44	0.13	1.44	1.25	1.66	1.29	0.09	1.46	1.49	—	1.46	1.56
Hg	260	0.05	0.06	0.07	0.11	0.16	0.21	0.27	0.12	0.07	0.11	3.58	0.34	0.02	0.55	0.11	0.12	剔除后对数分布	0.11	0.15
I	13	1.64	1.82	2.00	3.20	4.20	5.22	5.68	3.30	1.50	2.99	2.17	6.10	1.40	0.45	3.20	3.20	—	3.20	1.80
La	13	33.40	34.20	37.00	38.00	40.00	40.00	40.00	37.50	2.42	37.43	7.82	40.00	32.50	0.06	38.00	38.00	正态分布	38.00	37.51
Li	13	30.64	31.52	33.30	37.80	45.40	46.12	47.78	39.00	7.90	38.45	7.90	50.00	29.50	0.17	37.80	45.40	—	37.80	48.76
Mn	114	273	321	451	548	688	771	864	562	178	531	38.20	1016	152	0.32	548	548	正态分布	562	518
Mo	281	0.50	0.55	0.64	0.76	1.09	1.38	1.61	0.89	0.38	0.83	1.47	3.60	0.32	0.43	0.76	0.64	对数正态分布	0.83	0.62
N	281	0.70	0.79	1.00	1.30	1.89	2.32	2.56	1.45	0.60	1.33	1.60	3.68	0.44	0.42	1.30	1.46	对数正态分布	1.33	1.10
Nb	13	15.84	15.84	16.83	17.82	18.81	19.60	19.80	17.67	1.39	17.62	5.08	19.80	15.84	0.08	17.82	17.82	—	17.82	15.84
Ni	281	10.20	11.80	17.00	27.00	31.90	34.90	36.90	24.95	8.72	23.05	6.70	41.60	5.50	0.35	27.00	27.00	其他分布	27.00	36.00
P	264	0.21	0.27	0.41	0.53	0.63	0.78	0.93	0.53	0.20	0.49	1.73	1.06	0.16	0.37	0.53	0.58	剔除后正态分布	0.53	0.69
Pb	281	22.90	23.70	26.00	29.20	31.60	34.30	36.00	29.10	4.72	28.75	7.13	65.5	18.80	0.16	29.20	26.00	正态分布	29.10	32.00

第四章 土壤元素背景值

续表 4-13

元素/指标	N	$X_{5\%}$	$X_{10\%}$	$X_{25\%}$	$X_{50\%}$	$X_{75\%}$	$X_{90\%}$	$X_{95\%}$	$\bar{X}$	S	$\bar{X}_g$	S_g	X_{max}	X_{min}	CV	X_{me}	X_{mo}	分布类型	红壤背景值	嘉兴市背景值
Rb	13	90.4	92.8	99.0	109	120	122	122	108	12.11	107	14.17	123	88.0	0.11	109	114	—	109	119
S	13	146	154	192	225	271	311	344	234	68.7	225	20.68	382	140	0.29	225	231	—	225	262
Sb	13	0.46	0.48	0.53	0.57	0.63	0.65	0.71	0.58	0.09	0.57	1.43	0.79	0.45	0.15	0.57	0.57	—	0.57	0.55
Sc	13	9.46	9.55	9.90	10.30	11.20	12.58	12.90	10.80	1.22	10.74	3.87	13.20	9.40	0.11	10.30	11.20	—	10.30	12.31
Se	281	0.18	0.20	0.25	0.32	0.40	0.51	0.60	0.35	0.16	0.32	2.14	1.19	0.08	0.45	0.32	0.21	对数正态分布	0.32	0.29
Sn	13	4.24	4.86	5.80	8.50	9.90	17.08	19.48	9.32	5.11	8.24	3.42	20.80	3.40	0.55	8.50	9.00	—	8.50	10.75
Sr	13	85.5	94.2	108	118	125	127	141	115	20.80	114	14.64	162	73.8	0.18	118	118	—	118	113
Th	13	11.42	11.98	12.40	13.30	14.00	14.24	14.34	13.11	1.08	13.07	4.29	14.40	10.70	0.08	13.30	13.30	—	13.30	12.94
Ti	13	4070	4146	4334	4437	4551	4800	5008	4488	312	4479	117	5252	4023	0.07	4437	4507	—	4437	4472
Tl	13	0.51	0.51	0.58	0.61	0.65	0.68	0.68	0.61	0.06	0.61	1.35	0.69	0.51	0.10	0.61	0.61	—	0.61	0.65
U	13	2.13	2.14	2.26	2.53	2.66	2.92	2.97	2.49	0.30	2.48	1.68	2.98	2.12	0.12	2.53	2.66	—	2.53	2.39
V	114	60.0	68.3	79.3	91.8	102	110	113	89.9	16.18	88.3	13.42	120	42.90	0.18	91.8	102	正态分布	89.9	110
W	13	1.43	1.51	1.65	1.72	1.89	2.00	2.05	1.73	0.21	1.72	1.37	2.09	1.32	0.12	1.72	1.73	—	1.72	1.80
Y	13	21.00	21.13	22.00	24.00	25.00	26.00	26.40	23.59	2.01	23.51	5.92	27.00	21.00	0.09	24.00	24.00	正态分布	24.00	25.00
Zn	281	46.90	53.5	63.2	78.7	89.4	97.3	103	76.9	17.35	74.8	12.47	122	35.00	0.23	78.7	77.9	—	76.9	101
Zr	13	236	242	255	281	308	331	339	284	37.98	282	24.23	350	229	0.13	281	281	—	281	239
SiO_2	13	69.0	69.3	69.6	71.0	72.8	74.6	74.7	71.5	2.12	71.4	11.21	74.9	68.7	0.03	71.0	71.2	—	71.2	67.6
Al_2O_3	13	11.66	11.93	12.78	13.02	13.93	14.34	14.43	13.16	1.00	13.13	4.31	14.53	11.35	0.08	13.02	13.10	—	13.02	14.43
TFe_2O_3	13	3.55	3.58	3.82	4.18	4.55	4.67	4.75	4.16	0.45	4.14	2.26	4.85	3.53	0.11	4.18	4.18	—	4.18	4.87
MgO	13	0.79	0.90	1.22	1.39	1.49	1.61	1.66	1.29	0.30	1.26	1.34	1.70	0.66	0.23	1.39	1.39	—	1.39	1.56
CaO	13	0.45	0.52	0.78	1.01	1.04	1.27	1.92	1.02	0.60	0.90	1.64	2.82	0.35	0.59	1.01	1.04	—	1.01	0.98
Na_2O	13	1.31	1.47	1.50	1.64	1.71	1.89	1.98	1.63	0.24	1.61	1.36	2.09	1.09	0.15	1.64	1.64	—	1.64	1.48
K_2O	281	1.91	1.95	2.12	2.29	2.52	2.60	2.83	2.31	0.31	2.29	1.64	3.53	1.50	0.13	2.29	2.09	正态分布	2.31	2.51
TC	13	0.90	1.07	1.13	1.31	1.48	1.71	1.78	1.32	0.31	1.28	1.31	1.81	0.67	0.23	1.31	1.31	—	1.31	1.54
Corg	13	0.70	0.82	0.92	1.04	1.16	1.30	1.44	1.05	0.26	1.02	1.29	1.61	0.55	0.24	1.04	1.00	—	1.04	1.49
pH	281	4.42	4.54	5.01	5.84	6.48	6.96	7.40	5.07	4.85	5.80	2.79	7.99	4.04	0.96	5.84	5.68	正态分布	5.07	6.16

注：氧化物、TC、Corg 单位为 %，N、P 单位为 g/kg，Au、Ag 单位为 μg/kg，pH 为无量纲，其他元素（指标）单位为 mg/kg；后表单位相同。

表 4-14 潮土元素背景值参数统计表

元素/指标	N	$X_{5\%}$	$X_{10\%}$	$X_{25\%}$	$X_{50\%}$	$X_{75\%}$	$X_{90\%}$	$X_{95\%}$	$\bar{X}$	S	$\bar{X}_g$	S_g	X_{max}	X_{min}	CV	X_{me}	X_{mo}	分布类型	潮土背景值	嘉兴市背景值
Ag	11	96.5	97.0	104	110	126	147	192	124	40.00	120	14.82	236	96.0	0.32	110	104	—	110	112
As	231	4.17	4.59	5.24	6.16	7.07	7.92	8.87	6.27	1.54	6.08	2.92	13.40	2.43	0.25	6.16	6.20	正态分布	6.27	10.10
Au	11	1.90	2.30	2.75	3.30	4.70	5.30	9.75	4.48	3.43	3.76	2.54	14.20	1.50	0.77	3.30	4.60	—	3.30	2.80
B	200	49.28	54.5	61.8	69.5	79.4	90.2	95.9	71.1	14.42	69.7	11.70	125	36.78	0.20	69.5	69.5	正态分布	71.1	63.8
Ba	11	412	413	426	469	478	485	487	454	30.14	453	31.25	489	411	0.07	469	450	—	469	474
Be	11	1.86	1.94	1.97	2.19	2.42	2.61	2.70	2.24	0.31	2.22	1.57	2.79	1.79	0.14	2.19	2.19	—	2.19	2.42
Bi	11	0.29	0.33	0.34	0.38	0.41	0.44	0.65	0.41	0.16	0.39	1.83	0.85	0.24	0.38	0.38	0.40	—	0.38	0.40
Br	11	3.27	3.33	6.01	6.47	7.46	9.98	10.38	6.69	2.34	6.29	3.15	10.78	3.20	0.35	6.47	6.59	—	6.59	4.95
Cd	231	0.09	0.09	0.11	0.14	0.17	0.21	0.25	0.15	0.08	0.14	3.22	0.86	0.04	0.52	0.14	0.15	对数正态分布	0.14	0.16
Ce	11	67.7	68.2	71.1	76.0	76.6	79.8	83.1	74.8	5.49	74.7	11.46	86.3	67.2	0.07	76.0	74.0	—	76.0	72.4
Cl	11	46.78	47.06	54.4	78.3	92.2	105	115	76.6	26.26	72.6	11.94	125	46.51	0.34	78.3	78.3	—	78.3	66.8
Co	231	9.23	9.64	10.80	12.40	14.10	15.40	16.45	12.51	2.24	12.31	4.29	19.06	7.26	0.18	12.40	12.00	正态分布	12.51	15.00
Cr	231	57.7	62.0	66.7	73.3	80.3	89.0	94.8	77.3	33.75	74.6	12.14	433	48.60	0.44	73.3	67.7	对数正态分布	74.6	83.0
Cu	231	19.46	21.28	23.45	27.10	32.00	37.10	43.05	28.99	9.68	27.83	7.07	95.3	8.99	0.33	27.10	26.80	对数正态分布	27.83	35.00
F	11	436	450	474	546	628	667	691	551	97.4	543	34.01	715	421	0.18	546	549	—	546	603
Ga	11	13.33	13.66	14.29	15.68	15.96	16.00	17.47	15.33	1.60	15.26	4.65	18.94	13.00	0.10	15.68	16.00	—	15.68	16.00
Ge	11	1.30	1.30	1.33	1.42	1.52	1.54	1.55	1.43	0.10	1.42	1.22	1.56	1.30	0.07	1.42	1.30	—	1.42	1.56
Hg	206	0.07	0.08	0.11	0.16	0.24	0.32	0.38	0.18	0.10	0.16	2.94	0.48	0.02	0.52	0.16	0.13	剔除后对数分布	0.16	0.15
I	11	1.75	1.80	2.10	2.50	3.05	3.20	3.35	2.55	0.60	2.49	1.78	3.50	1.70	0.24	2.50	3.20	—	2.50	1.80
La	11	31.30	33.84	36.50	40.50	44.00	47.00	48.00	40.19	5.96	39.77	8.25	49.00	28.77	0.15	40.50	44.00	正态分布	40.50	37.51
Li	11	30.10	32.20	36.00	43.30	45.10	54.9	57.2	42.09	9.41	41.15	7.95	59.6	28.00	0.22	43.30	43.30	正态分布	43.30	48.76
Mn	231	398	428	490	568	688	787	862	594	150	577	39.19	1172	338	0.25	568	520	—	594	518
Mo	231	0.34	0.36	0.42	0.49	0.57	0.70	0.83	0.52	0.17	0.49	1.62	1.21	0.15	0.32	0.49	0.48	对数正态分布	0.49	0.62
N	231	0.56	0.64	0.83	1.10	1.41	1.71	1.98	1.16	0.46	1.07	1.50	2.96	0.20	0.40	1.10	1.21	正态分布	1.16	1.10
Nb	11	14.80	14.85	15.72	15.84	17.32	17.82	18.31	16.35	1.30	16.30	4.90	18.81	14.76	0.08	15.84	15.84	—	15.84	15.84
Ni	231	21.50	23.30	25.40	29.30	33.60	38.50	40.60	29.89	5.85	29.33	7.06	46.30	17.40	0.20	29.30	25.00	对数正态分布	29.33	36.00
P	231	0.55	0.58	0.67	0.77	0.93	1.17	1.35	0.84	0.26	0.80	1.35	1.91	0.43	0.32	0.77	0.86	对数正态分布	0.80	0.69
Pb	220	20.00	21.78	23.90	26.40	29.08	31.82	33.30	26.55	3.95	26.25	6.72	37.60	15.90	0.15	26.40	25.00	剔除后正态分布	26.55	32.00

第四章 土壤元素背景值

续表 4-14

元素/指标	N	$X_{5\%}$	$X_{10\%}$	$X_{25\%}$	$X_{50\%}$	$X_{75\%}$	$X_{90\%}$	$X_{95\%}$	$\overline{X}$	S	$\overline{X}_g$	S_g	X_{max}	X_{min}	CV	X_{me}	X_{mo}	分布类型	潮土背景值	嘉兴市背景值
Rb	11	89.0	94.0	96.0	101	120	126	134	108	17.11	106	13.60	141	84.0	0.16	101	94.0	—	101	119
S	11	174	177	224	242	264	326	346	250	57.2	244	22.17	365	172	0.23	242	254	—	242	262
Sb	11	0.47	0.48	0.49	0.55	0.62	0.70	0.78	0.58	0.12	0.57	1.44	0.87	0.47	0.21	0.55	0.55	—	0.55	0.55
Sc	11	9.29	9.59	10.28	11.26	12.14	13.30	13.80	11.36	1.59	11.26	3.88	14.30	9.00	0.14	11.26	11.26	—	11.26	12.31
Se	231	0.12	0.14	0.17	0.21	0.26	0.30	0.34	0.22	0.08	0.21	2.57	0.66	0.04	0.36	0.21	0.20	对数正态分布	0.21	0.29
Sn	11	6.60	6.90	9.50	12.80	14.70	18.40	26.60	13.73	7.87	12.25	4.58	34.80	6.30	0.57	12.80	12.80	—	12.80	10.75
Sr	11	109	113	116	122	132	143	144	124	12.72	124	15.45	145	105	0.10	122	126	—	122	113
Th	11	12.03	12.40	12.54	13.10	14.15	15.30	15.75	13.49	1.38	13.42	4.38	16.20	11.66	0.10	13.10	13.50	—	13.10	12.94
Ti	11	4121	4396	4488	4647	4774	4892	4948	4593	310	4583	115	5004	3846	0.07	4647	4647	—	4647	4472
Tl	11	0.49	0.50	0.56	0.61	0.68	0.70	0.70	0.61	0.08	0.61	1.38	0.71	0.48	0.13	0.61	0.66	—	0.61	0.65
U	11	2.24	2.24	2.37	2.45	2.56	2.63	2.75	2.48	0.19	2.47	1.69	2.87	2.23	0.07	2.45	2.45	—	2.45	2.39
V	231	74.7	77.0	83.8	91.5	102	111	115	93.2	12.53	92.4	13.63	125	67.3	0.13	91.5	103	正态分布	93.2	110
W	11	1.60	1.61	1.67	1.73	1.91	2.00	2.05	1.79	0.17	1.78	1.38	2.10	1.60	0.09	1.73	1.78	—	1.73	1.80
Y	11	23.00	23.00	23.33	25.00	27.00	28.00	28.00	25.33	1.99	25.26	6.23	28.00	23.00	0.08	25.00	25.00	—	25.00	25.00
Zn	231	61.7	64.0	72.0	81.5	93.5	104	123	85.1	22.20	82.8	12.99	250	45.70	0.26	81.5	101	对数正态分布	82.8	101
Zr	11	229	238	240	290	356	398	432	307	78.7	299	25.87	466	220	0.26	290	238	—	290	239
SiO₂	11	65.1	67.4	68.3	70.2	72.4	72.7	74.1	70.1	3.39	70.0	11.07	75.4	62.7	0.05	70.2	70.1	正态分布	70.2	67.6
Al₂O₃	11	10.89	11.11	12.14	12.97	14.11	15.01	15.70	13.14	1.68	13.05	4.20	16.38	10.68	0.13	12.97	13.03	—	13.03	14.43
TFe₂O₃	11	3.40	3.62	3.73	4.13	4.73	4.83	5.29	4.23	0.73	4.17	2.22	5.75	3.18	0.17	4.13	4.15	—	4.13	4.87
MgO	11	1.12	1.12	1.27	1.38	1.56	1.58	1.66	1.40	0.20	1.39	1.24	1.73	1.12	0.14	1.38	1.58	—	1.38	1.56
CaO	11	0.92	0.96	1.06	1.21	1.28	1.36	1.66	1.22	0.29	1.19	1.27	1.96	0.88	0.23	1.21	1.25	—	1.21	0.98
Na₂O	11	1.36	1.47	1.54	1.67	1.75	1.87	1.88	1.64	0.18	1.63	1.37	1.88	1.25	0.11	1.67	1.54	—	1.67	1.48
K₂O	231	1.87	1.92	2.01	2.12	2.29	2.44	2.51	2.16	0.20	2.15	1.57	2.66	1.72	0.09	2.12	2.29	正态分布	2.16	2.51
TC	11	1.04	1.05	1.19	1.31	1.56	1.70	1.71	1.36	0.25	1.34	1.27	1.71	1.03	0.18	1.31	1.31	—	1.31	1.54
Corg	11	0.85	0.90	0.95	1.10	1.21	1.36	1.38	1.09	0.19	1.08	1.19	1.40	0.81	0.18	1.10	1.10	—	1.10	1.49
pH	231	4.87	5.14	5.78	6.35	7.03	7.76	7.92	5.56	5.14	6.40	2.91	8.38	4.17	0.92	6.35	6.32	正态分布	5.56	6.16

表 4-15 滨海盐土土壤元素背景值参数统计表

元素/指标	N	$X_{5\%}$	$X_{10\%}$	$X_{25\%}$	$X_{50\%}$	$X_{75\%}$	$X_{90\%}$	$X_{95\%}$	$\bar{X}$	S	$\bar{X}_g$	S_g	X_{max}	X_{min}	CV	X_{me}	X_{mo}	分布类型	滨海盐土背景值	嘉兴市背景值
Ag	6	70.5	71.0	73.0	76.5	88.2	93.0	93.5	80.2	10.28	79.6	10.92	94.0	70.0	0.13	76.5	77.0	—	76.5	112
As	179	4.16	4.46	4.94	5.58	6.51	7.58	8.23	5.92	1.88	5.73	2.79	20.20	3.26	0.32	5.58	5.20	对数正态分布	5.73	10.10
Au	6	1.32	1.35	1.42	1.70	2.05	2.40	2.55	1.82	0.53	1.76	1.42	2.70	1.30	0.29	1.70	1.90	—	1.70	2.80
B	123	45.22	51.1	58.5	65.8	74.6	84.9	88.8	66.9	14.08	65.2	11.26	102	16.20	0.21	65.8	67.2	正态分布	66.9	63.8
Ba	6	431	435	450	474	482	494	500	468	28.58	467	30.27	506	427	0.06	474	471	—	474	474
Be	6	2.08	2.10	2.14	2.18	2.25	2.31	2.33	2.20	0.10	2.19	1.55	2.36	2.06	0.05	2.18	2.21	—	2.18	2.42
Bi	6	0.30	0.30	0.33	0.35	0.36	0.36	0.37	0.34	0.03	0.34	1.85	0.37	0.29	0.09	0.35	0.36	—	0.35	0.40
Br	6	5.20	5.49	6.32	7.08	7.48	7.74	7.81	6.77	1.10	6.69	2.80	7.88	4.90	0.16	7.08	7.04	—	7.08	4.95
Cd	171	0.09	0.10	0.12	0.14	0.16	0.17	0.19	0.14	0.03	0.13	3.21	0.22	0.07	0.22	0.14	0.14	剔除后正态分布	0.14	0.16
Ce	6	67.5	69.8	75.4	79.3	82.8	94.4	99.7	81.2	13.30	80.3	11.06	105	65.2	0.16	79.3	80.1	—	79.3	72.4
Cl	6	53.5	55.9	63.6	81.7	109	117	118	84.9	28.34	80.9	10.86	120	51.1	0.33	81.7	91.3	正态分布	81.7	66.8
Co	153	9.34	9.96	10.80	12.00	13.10	14.20	15.24	12.16	2.10	12.01	4.25	24.80	8.47	0.17	12.00	11.50	剔除后正态分布	12.16	15.00
Cr	172	57.6	59.9	63.7	68.0	73.0	77.0	80.5	68.3	6.97	67.9	11.46	87.1	52.7	0.10	68.0	68.4	剔除后正态分布	68.3	83.0
Cu	170	18.14	19.56	20.80	23.25	25.25	28.50	29.89	23.41	3.44	23.15	6.22	32.41	15.10	0.15	23.25	20.50	剔除后正态分布	23.41	35.00
F	6	501	519	562	594	613	666	692	593	77.0	589	34.26	717	483	0.13	594	583	—	594	603
Ga	6	14.73	14.79	14.96	15.46	15.95	17.02	17.52	15.75	1.23	15.72	4.58	18.03	14.67	0.08	15.46	15.78	—	15.46	16.00
Ge	6	1.38	1.40	1.45	1.51	1.57	1.60	1.62	1.51	0.10	1.50	1.27	1.63	1.36	0.07	1.51	1.47	—	1.51	1.56
Hg	168	0.04	0.05	0.06	0.09	0.13	0.16	0.19	0.10	0.05	0.09	3.88	0.24	0.03	0.46	0.09	0.11	剔除后正态分布	0.10	0.15
I	6	1.73	1.75	1.80	2.15	3.03	3.50	3.65	2.47	0.87	2.35	1.82	3.80	1.70	0.35	2.15	1.80	—	2.15	1.80
La	6	36.00	37.00	39.24	41.48	43.75	44.50	44.75	40.99	3.74	40.84	7.69	45.00	35.00	0.09	41.48	39.95	—	41.48	37.51
Li	6	36.40	37.00	38.40	40.30	46.00	48.60	49.15	41.97	5.51	41.67	7.84	49.70	35.80	0.13	40.30	41.60	—	40.30	48.76
Mn	144	378	407	472	548	601	669	702	542	101	532	37.10	813	350	0.19	548	520	剔除后正态分布	542	518
Mo	179	0.32	0.36	0.41	0.49	0.62	0.86	1.06	0.59	0.44	0.52	1.72	5.11	0.24	0.76	0.49	0.36	对数正态分布	0.52	0.62
N	179	0.65	0.68	0.88	1.10	1.44	1.90	2.09	1.21	0.51	1.13	1.48	4.52	0.53	0.42	1.10	1.10	对数正态分布	1.13	1.10
Nb	6	15.10	15.34	16.14	17.44	18.56	20.30	21.04	17.69	2.45	17.56	4.83	21.78	14.85	0.14	17.44	17.82	—	17.44	15.84
Ni	171	21.55	22.60	25.08	27.80	29.90	31.80	33.55	27.57	3.68	27.31	6.80	37.00	17.90	0.13	27.80	29.00	剔除后正态分布	27.57	36.00
P	171	0.65	0.71	0.77	0.90	1.02	1.16	1.33	0.92	0.19	0.90	1.24	1.43	0.47	0.21	0.90	0.98	剔除后正态分布	0.92	0.69
Pb	179	18.50	19.64	21.60	24.30	27.30	29.62	32.51	24.90	5.70	24.41	6.53	70.3	15.20	0.23	24.30	25.70	对数正态分布	24.41	32.00

续表 4-15

元素/指标	N	$X_{5\%}$	$X_{10\%}$	$X_{25\%}$	$X_{50\%}$	$X_{75\%}$	$X_{90\%}$	$X_{95\%}$	$\bar{X}$	S	$\bar{X}_g$	S_g	X_{max}	X_{min}	CV	X_{me}	X_{mo}	分布类型	滨海盐土背景值	嘉兴市背景值
Rb	6	102	104	106	106	107	110	111	106	3.51	106	13.17	112	101	0.03	106	106	—	106	119
S	6	168	170	182	238	341	368	368	258	91.3	245	19.74	368	167	0.35	238	263	—	238	262
Sb	6	0.44	0.45	0.48	0.49	0.55	0.60	0.61	0.52	0.07	0.51	1.53	0.63	0.43	0.14	0.49	0.50	—	0.49	0.55
Sc	6	10.42	10.65	11.12	11.43	12.83	13.62	13.82	11.90	1.44	11.83	3.88	14.02	10.20	0.12	11.43	11.65	—	11.43	12.31
Se	167	0.14	0.15	0.18	0.20	0.24	0.26	0.28	0.21	0.04	0.20	2.51	0.32	0.09	0.21	0.20	0.20	剔除后正态分布	0.21	0.29
Sn	6	4.42	4.55	5.05	5.95	10.22	14.05	15.28	8.18	4.85	7.20	3.00	16.50	4.30	0.59	5.95	6.10	—	5.95	10.75
Sr	6	126	127	129	136	144	147	147	136	9.36	136	15.32	148	126	0.07	136	141	—	136	113
Th	6	11.11	11.18	11.43	12.35	13.43	14.45	14.88	12.66	1.62	12.58	4.07	15.30	11.05	0.13	12.35	12.90	—	12.35	12.94
Ti	6	4418	4443	4493	4547	4831	5020	5076	4670	288	4663	107	5131	4393	0.06	4547	4598	—	4547	4472
Tl	6	0.50	0.52	0.55	0.57	0.59	0.62	0.64	0.57	0.06	0.57	1.37	0.66	0.49	0.10	0.57	0.56	—	0.57	0.65
U	6	2.10	2.11	2.15	2.33	2.58	2.79	2.87	2.41	0.34	2.39	1.63	2.96	2.08	0.14	2.33	2.48	—	2.33	2.39
V	153	72.0	73.5	78.4	86.0	91.0	95.5	103	85.7	10.54	85.1	13.06	130	50.7	0.12	86.0	88.9	正态分布	85.7	110
W	6	1.41	1.44	1.50	1.63	1.91	2.04	2.08	1.70	0.29	1.68	1.35	2.11	1.39	0.17	1.63	1.69	—	1.63	1.80
Y	6	21.80	22.59	24.39	26.00	27.00	29.00	30.00	25.86	3.35	25.68	5.99	31.00	21.00	0.13	26.00	27.00	—	26.00	25.00
Zn	172	61.2	64.1	69.6	77.0	87.2	94.6	105	79.1	12.73	78.2	12.60	115	51.2	0.16	77.0	76.6	剔除后正态分布	79.1	101
Zr	6	280	286	298	302	307	312	313	300	13.53	299	23.22	314	275	0.05	302	301	—	302	239
SiO_2	6	68.3	68.5	68.9	69.5	70.5	71.0	71.1	69.7	1.17	69.7	10.47	71.3	68.2	0.02	69.5	69.7	—	69.5	67.6
Al_2O_3	6	12.53	12.64	12.90	13.12	13.23	13.25	13.25	13.00	0.32	13.00	4.11	13.26	12.42	0.02	13.12	13.03	—	13.12	14.43
TFe_2O_3	6	3.98	4.04	4.19	4.26	4.32	4.33	4.33	4.21	0.16	4.21	2.20	4.34	3.91	0.04	4.26	4.21	—	4.26	4.87
MgO	6	1.55	1.56	1.59	1.64	1.64	1.71	1.75	1.64	0.08	1.64	1.32	1.78	1.54	0.05	1.64	1.64	—	1.64	1.56
CaO	6	1.16	1.17	1.20	1.40	1.67	1.91	2.00	1.49	0.37	1.45	1.39	2.10	1.15	0.25	1.40	1.54	—	1.40	0.98
Na_2O	6	1.66	1.69	1.75	1.81	1.87	1.88	1.88	1.79	0.10	1.79	1.40	1.88	1.63	0.05	1.81	1.88	—	1.81	1.48
K_2O	6	1.85	1.89	2.06	2.25	2.41	2.56	2.67	2.25	0.29	2.23	1.63	3.22	0.82	0.13	2.25	1.89	正态分布	2.25	2.51
TC	6	0.97	1.01	1.10	1.23	1.53	1.71	1.75	1.31	0.33	1.28	1.27	1.80	0.94	0.25	1.23	1.27	—	1.23	1.54
Corg	6	0.62	0.65	0.76	0.97	1.29	1.43	1.45	1.02	0.35	0.97	1.41	1.47	0.60	0.35	0.97	0.99	—	0.97	1.49
pH	179	4.75	5.34	6.03	6.84	7.85	8.12	8.21	5.57	5.07	6.80	2.99	8.38	4.13	0.91	6.84	7.18	其他分布	7.18	6.16

不符合正态分布或对数正态分布。其他元素/指标因样本量少于30件,因此未进行正态分布检验。

滨海盐土区表层土壤总体为中偏碱性,土壤pH背景值为7.18,极大值为8.38,极小值为4.13,基本接近于嘉兴市背景值。

滨海盐土区表层土壤各元素/指标中,大多数元素/指标变异系数小于0.40,分布相对均匀;pH、Mo、Sn、Hg、N变异系数大于0.40,其中pH变异系数大于0.80,空间变异性较大。

与嘉兴市土壤元素背景值相比,滨海盐土区土壤元素背景值中Sn、As背景值明显低于嘉兴市背景值;TC、Zn、V、Ni、Pb、Se、Ag、Au、Cu、Hg、Corg背景值略低于嘉兴市背景值;Cl、P、Na_2O、Zr、Sr背景值略高于嘉兴市背景值,与嘉兴市背景值比值在1.2~1.4之间;CaO、Br背景值明显偏高,与嘉兴市背景值比值均在1.4以上;其他元素/指标背景值则与嘉兴市背景值基本接近。

四、渗育水稻土土壤元素背景值

渗育水稻土区土壤元素背景值数据经正态分布检验,结果表明(表4-16),原始数据中Ba、Be、Bi、Br、Ce、Cl、F、Ga、Ge、La、Li、Rb、Sc、Sn、Th、Ti、Tl、U、W、SiO_2、TFe_2O_3、MgO共22项元素/指标符合正态分布,Au、I、S、Sb、Zr、Na_2O、TC、Corg符合对数正态分布,Ag、As、B、Sr剔除异常值后符合正态分布,Cu、CaO剔除异常值后符合对数正态分布,其他元素/指标不符合正态分布或对数正态分布。

渗育水稻土区表层土壤总体为酸性,土壤pH背景值为6.38,极大值为8.54,极小值为4.06,基本接近于嘉兴市背景值。

渗育水稻土区表层土壤各元素/指标中,大多数元素/指标变异系数小于0.40,分布相对均匀;pH、Au、Hg、Sn、Sb变异系数大于0.40,其中pH变异系数大于0.80,空间变异性较大。

与嘉兴市土壤元素背景值相比,渗育水稻土区土壤元素背景值中Cd、Mo、Se、As、Corg背景值略低于嘉兴市背景值;Au背景值略高于嘉兴市背景值,为嘉兴市背景值的1.35倍;其他元素/指标背景值则与嘉兴市背景值基本接近。

五、脱潜潴育水稻土土壤元素背景值

脱潜潴育水稻土区土壤元素背景值数据经正态分布检验,结果表明(表4-17),原始数据中Be、Br、Ce、F、Ge、La、Li、Nb、Rb、Sc、Sr、Th、Ti、Tl、U、Y、SiO_2、Al_2O_3、TFe_2O_3、MgO、Na_2O、TC共22项元素/指标符合正态分布,Ag、Au、Ba、Cl、I、Sb、Sn、W、Zr、Corg共10项元素/指标符合对数正态分布,As、S、CaO剔除异常值后符合正态分布,B剔除异常值后符合对数正态分布,其他元素/指标不符合正态分布或对数正态分布。

脱潜潴育水稻土区表层土壤总体为酸性,土壤pH背景值为6.10,极大值为7.64,极小值为4.37,基本接近于嘉兴市背景值。

脱潜潴育水稻土区表层土壤各元素/指标中,大多数元素/指标变异系数小于0.40,分布相对均匀;pH、Au、Sn、Hg变异系数大于0.40,其中pH变异系数大于0.80,空间变异性较大。

与嘉兴市土壤元素背景值相比,脱潜潴育水稻土区土壤元素背景值中Sb、S、Corg、Au、TC、P背景值略高于嘉兴市背景值,与嘉兴市背景值比值在1.2~1.4之间;N背景值明显高于嘉兴市背景值,是嘉兴市背景值的2.06倍;其他元素/指标背景值则与嘉兴市背景值基本接近。

六、潴育水稻土土壤元素背景值

潴育水稻土区土壤元素背景值数据经正态分布检验,结果表明(表4-18),原始数据中Be、Ce、F、Ga、La、Li、Rb、Sc、Sr、Th、Ti、Tl、SiO_2、Al_2O_3、TFe_2O_3、Na_2O、TC符合正态分布,Ag、Br、Cl、I、S、Sn、U、Zr、CaO符合对数正态分布,Ba、W、MgO剔除异常值后符合正态分布,As、B、Bi、Sb剔除异常值后符合对数正态分布,其他元素/指标不符合正态分布或对数正态分布。

第四章 土壤元素背景值

表4-16 渗育水稻土壤元素背景值参数统计表

元素/指标	N	$X_{5\%}$	$X_{10\%}$	$X_{25\%}$	$X_{50\%}$	$X_{75\%}$	$X_{90\%}$	$X_{95\%}$	$\overline{X}$	S	$\overline{X}_g$	S_g	X_{max}	X_{min}	CV	X_{me}	X_{mo}	分布类型	渗育水稻土背景值	嘉兴市背景值
Ag	171	79.5	88.0	98.0	107	122	145	156	112	23.06	110	15.17	180	60.0	0.21	107	104	剔除后正态分布	112	112
As	4787	4.70	5.13	5.94	6.84	7.74	8.62	9.16	6.87	1.33	6.74	3.05	10.50	3.26	0.19	6.84	6.80	剔除后正态分布	6.87	10.10
Au	187	1.73	2.10	2.55	3.60	5.15	7.44	9.32	4.40	2.94	3.77	2.60	25.90	0.90	0.67	3.60	2.10	对数正态分布	3.77	2.80
B	4682	50.3	53.4	59.3	66.1	73.1	79.6	83.6	66.3	10.07	65.6	11.28	95.0	38.10	0.15	66.1	66.7	剔除后正态分布	66.3	63.8
Ba	187	422	434	448	466	481	493	502	464	24.50	464	34.31	527	395	0.05	466	463	正态分布	464	474
Be	187	1.90	2.01	2.16	2.28	2.41	2.52	2.58	2.27	0.22	2.26	1.60	3.05	1.64	0.09	2.28	2.26	正态分布	2.27	2.42
Bi	187	0.27	0.28	0.33	0.36	0.39	0.42	0.46	0.36	0.07	0.35	1.89	0.68	0.19	0.18	0.36	0.33	正态分布	0.36	0.40
Br	187	3.06	3.23	3.99	4.70	5.54	6.67	7.74	4.86	1.38	4.67	2.60	9.51	2.14	0.28	4.70	4.80	正态分布	4.86	4.95
Cd	4641	0.09	0.10	0.11	0.14	0.16	0.19	0.21	0.14	0.04	0.14	3.22	0.25	0.02	0.27	0.14	0.12	其他分布	0.12	0.16
Ce	187	62.9	65.0	68.7	71.8	74.9	77.5	78.1	71.5	4.99	71.3	11.71	85.0	55.7	0.07	71.8	72.0	正态分布	71.5	72.4
Cl	187	45.58	49.16	53.4	62.9	71.3	81.0	88.0	64.6	15.53	63.0	11.06	143	41.12	0.24	62.9	58.5	其他分布	64.6	66.8
Co	4840	9.88	10.60	12.30	14.20	15.50	16.70	17.40	13.91	2.30	13.70	4.54	20.20	7.25	0.17	14.20	14.90	其他分布	14.90	15.00
Cr	4772	60.8	64.4	71.7	79.9	86.3	91.6	95.1	79.0	10.37	78.3	12.37	108	49.80	0.13	79.9	82.8	其他分布	82.8	83.0
Cu	4620	20.70	22.30	25.20	28.60	32.00	35.70	38.10	28.78	5.17	28.31	7.01	43.50	14.50	0.18	28.60	29.80	剔除后对数分布	28.31	35.00
F	187	390	439	478	541	592	629	658	538	83.4	532	36.47	933	349	0.15	541	524	正态分布	538	603
Ga	187	13.18	13.98	14.66	15.76	16.72	17.39	18.00	15.63	1.42	15.56	4.84	18.87	11.00	0.09	15.76	16.00	正态分布	15.63	16.00
Ge	187	1.32	1.38	1.44	1.51	1.56	1.60	1.62	1.49	0.09	1.49	1.26	1.67	1.15	0.06	1.51	1.56	正态分布	1.49	1.56
Hg	4542	0.06	0.07	0.11	0.16	0.24	0.33	0.38	0.18	0.10	0.16	3.00	0.50	0.004	0.55	0.16	0.13	其他分布	0.13	0.15
I	187	1.20	1.40	1.70	2.10	2.40	2.90	3.20	2.10	0.65	2.01	1.65	5.00	0.70	0.31	2.10	2.20	对数正态分布	2.01	1.80
La	187	32.59	33.67	35.00	37.35	39.00	41.00	42.02	37.25	3.21	37.11	8.09	49.00	27.50	0.09	37.35	38.00	正态分布	37.25	37.51
Li	187	33.78	34.82	39.50	44.50	47.95	50.6	52.5	43.63	6.32	43.14	8.61	64.9	24.60	0.14	44.50	45.10	正态分布	43.63	48.76
Mn	4838	400	435	511	628	752	860	928	639	164	618	40.55	1120	162	0.26	628	566	其他分布	566	518
Mo	4649	0.32	0.36	0.42	0.49	0.57	0.67	0.73	0.50	0.12	0.49	1.60	0.84	0.20	0.24	0.49	0.46	其他分布	0.46	0.62
N	4715	0.61	0.70	0.87	1.09	1.39	1.76	1.96	1.16	0.40	1.09	1.45	2.30	0.14	0.35	1.09	1.10	其他分布	1.10	1.10
Nb	183	14.68	14.85	15.80	16.41	17.59	17.82	18.81	16.44	1.39	16.38	5.02	20.48	12.87	0.08	16.41	16.83	其他分布	16.83	15.84
Ni	4834	23.10	25.00	29.30	34.10	37.80	40.90	42.70	33.54	5.98	32.98	7.52	50.6	16.20	0.18	34.10	34.00	其他正态分布	34.00	36.00
P	4619	0.49	0.53	0.61	0.72	0.88	1.05	1.17	0.76	0.20	0.73	1.36	1.37	0.17	0.27	0.72	0.69	其他分布	0.69	0.69
Pb	4723	20.60	22.30	24.60	27.30	30.30	33.30	34.90	27.51	4.28	27.17	6.88	39.51	15.70	0.16	27.30	27.00	其他分布	27.00	32.00

续表 4-16

元素/指标	N	$X_{5\%}$	$X_{10\%}$	$X_{25\%}$	$X_{50\%}$	$X_{75\%}$	$X_{90\%}$	$X_{95\%}$	$\bar{X}$	S	$\bar{X}_g$	S_g	X_{max}	X_{min}	CV	X_{me}	X_{mo}	分布类型	渗育水稻土背景值	嘉兴市背景值
Rb	187	89.3	93.0	102	113	118	124	129	111	12.56	110	14.79	152	77.0	0.11	113	114	正态分布	111	119
S	187	146	154	189	227	270	305	353	235	81.9	225	22.98	986	126	0.35	227	248	对数正态分布	225	262
Sb	187	0.45	0.47	0.50	0.53	0.61	0.65	0.71	0.57	0.23	0.56	1.51	3.22	0.41	0.41	0.53	0.50	对数正态分布	0.56	0.55
Sc	187	9.30	9.70	10.73	11.76	12.83	13.60	14.18	11.75	1.52	11.65	4.07	15.11	7.42	0.13	11.76	11.20	正态分布	11.75	12.31
Se	4731	0.11	0.13	0.17	0.21	0.26	0.31	0.34	0.22	0.07	0.20	2.56	0.39	0.04	0.31	0.21	0.21	其他分布	0.21	0.29
Sn	187	5.73	6.86	8.20	11.60	15.25	18.64	22.05	12.46	5.80	11.29	4.26	37.10	2.30	0.47	11.60	9.50	正态分布	12.46	10.75
Sr	182	106	108	112	119	128	136	140	120	10.63	120	15.98	152	99.1	0.09	119	114	剔除后正态分布	120	113
Th	187	10.74	11.00	11.70	12.40	13.20	14.00	14.57	12.50	1.28	12.44	4.27	17.40	8.86	0.10	12.40	12.30	正态分布	12.50	12.94
Ti	187	3959	4086	4239	4440	4594	4741	4823	4417	265	4409	126	5153	3447	0.06	4440	4508	正态分布	4417	4472
Tl	187	0.47	0.49	0.54	0.59	0.65	0.68	0.71	0.59	0.08	0.59	1.42	0.77	0.29	0.13	0.59	0.65	正态分布	0.59	0.65
U	187	1.95	2.04	2.16	2.29	2.44	2.52	2.63	2.30	0.22	2.29	1.63	3.24	1.67	0.10	2.29	2.13	其他分布	2.30	2.39
V	4861	81.4	85.3	92.7	103	111	117	121	102	12.31	101	14.36	137	67.0	0.12	103	106	正态分布	106	110
W	187	1.33	1.45	1.59	1.72	1.85	1.92	2.02	1.71	0.23	1.70	1.38	2.74	0.91	0.13	1.72	1.72	其他分布	1.71	1.80
Y	184	22.00	22.08	23.59	24.15	26.00	27.00	28.00	24.64	1.84	24.57	6.32	29.02	20.00	0.07	24.15	24.00	其他分布	24.00	25.00
Zn	4636	64.0	68.6	78.2	87.1	95.8	105	112	87.2	14.01	86.1	13.20	125	50.8	0.16	87.1	101	其他分布	101	101
Zr	187	226	232	242	253	274	301	309	259	26.11	258	24.97	350	213	0.10	253	253	对数正态分布	258	239
SiO₂	187	66.1	66.6	67.5	68.6	70.9	72.1	73.0	69.1	2.25	69.0	11.55	75.5	62.0	0.03	68.6	68.3	偏峰分布	69.1	67.6
Al₂O₃	185	11.60	12.10	12.79	13.69	14.14	14.51	14.83	13.48	0.98	13.44	4.43	16.24	10.63	0.07	13.69	14.47	正态分布	14.47	14.43
TFe₂O₃	187	3.54	3.68	4.03	4.53	4.88	5.10	5.23	4.47	0.56	4.43	2.34	6.46	3.19	0.12	4.53	4.80	正态分布	4.47	4.87
MgO	187	1.15	1.21	1.35	1.50	1.61	1.72	1.77	1.48	0.19	1.47	1.27	1.94	0.98	0.13	1.50	1.59	正态分布	1.48	1.56
CaO	176	0.85	0.89	0.97	1.05	1.14	1.31	1.38	1.07	0.16	1.06	1.16	1.50	0.71	0.15	1.05	0.98	剔除后对数正态分布	1.06	0.98
Na₂O	187	1.40	1.44	1.50	1.61	1.73	1.86	1.92	1.62	0.16	1.61	1.36	2.02	1.20	0.10	1.61	1.65	其他分布	1.61	1.48
K₂O	187	1.83	1.88	1.96	2.08	2.35	2.54	2.64	2.15	0.26	2.14	1.57	2.93	1.39	0.12	2.08	2.03	其他分布	2.03	2.51
TC	4859	0.87	0.92	1.04	1.23	1.45	1.71	1.90	1.28	0.34	1.24	1.32	2.60	0.69	0.27	1.23	1.03	对数正态分布	1.24	1.54
Corg	195	0.60	0.68	0.79	0.95	1.14	1.35	1.54	1.00	0.31	0.96	1.34	2.19	0.47	0.31	0.95	1.00	对数正态分布	0.96	1.49
pH	4879	4.89	5.24	5.84	6.41	7.03	7.67	7.88	5.59	5.13	6.42	2.92	8.54	4.06	0.92	6.41	6.38	其他分布	6.38	6.16

表 4-17 脱潜潴育水稻土土壤元素背景值参数统计表

元素/指标	N	$X_{5\%}$	$X_{10\%}$	$X_{25\%}$	$X_{50\%}$	$X_{75\%}$	$X_{90\%}$	$X_{95\%}$	$\overline{X}$	S	$\overline{X}_g$	S_g	X_{max}	X_{min}	CV	X_{me}	X_{mo}	分布类型		脱潜潴育水稻土背景值	嘉兴市背景值
Ag	325	89.0	94.4	107	120	140	170	198	130	44.95	125	16.36	577	74.0	0.34	120	117	对数正态分布		125	112
As	10 442	6.34	6.75	7.46	8.27	9.11	9.85	10.30	8.29	1.20	8.20	3.41	11.62	4.95	0.14	8.27	10.10	剔除后正态分布		8.29	10.10
Au	325	2.00	2.30	2.70	3.30	4.20	6.10	8.70	3.88	2.12	3.51	2.30	18.80	1.50	0.55	3.30	2.80	对数正态分布		3.51	2.80
B	9387	44.50	48.30	54.8	62.9	71.3	79.5	84.9	63.4	12.08	62.3	10.94	97.6	29.32	0.19	62.9	58.5	剔除后对数分布		62.3	63.8
Ba	325	447	453	464	476	489	502	515	479	31.01	478	35.10	833	430	0.06	476	472	对数正态分布		478	474
Be	325	2.23	2.27	2.36	2.44	2.54	2.66	2.72	2.45	0.15	2.45	1.68	3.01	2.01	0.06	2.44	2.45	正态分布		2.45	2.42
Bi	325	0.35	0.36	0.40	0.43	0.48	0.54	0.56	0.44	0.07	0.43	1.67	0.62	0.27	0.15	0.43	0.41	偏峰分布		0.41	0.40
Br	325	3.48	3.77	4.31	5.10	6.09	7.01	7.92	5.30	1.38	5.14	2.70	11.74	2.20	0.26	5.10	4.90	正态分布		5.30	4.95
Cd	9902	0.11	0.13	0.15	0.18	0.21	0.24	0.27	0.18	0.04	0.18	2.74	0.31	0.07	0.24	0.18	0.18	其他分布		0.18	0.16
Ce	325	63.7	66.6	69.4	72.8	75.8	78.2	79.5	72.4	4.67	72.3	11.82	85.0	56.0	0.06	72.8	74.0	正态分布		72.4	72.4
Cl	325	51.5	56.7	63.9	73.2	83.9	96.2	116	76.3	19.81	74.1	11.82	167	36.68	0.26	73.2	81.7	对数正态分布		74.1	66.8
Co	8583	13.00	13.50	14.30	15.30	16.30	17.10	17.70	15.31	1.40	15.25	4.82	19.20	11.40	0.09	15.30	14.80	其他分布		14.80	15.00
Cr	10 374	76.0	78.0	82.1	87.0	91.9	96.2	98.5	87.1	6.97	86.8	13.16	106	67.1	0.08	87.0	82.0	其他分布		82.0	83.0
Cu	9842	27.80	29.30	31.70	35.00	39.00	43.70	46.80	35.71	5.69	35.27	7.99	52.7	19.60	0.16	35.00	35.00	正态分布		35.00	35.00
F	325	526	548	587	629	685	718	751	634	71.3	630	41.37	846	349	0.11	629	658	正态分布		634	603
Ga	316	13.29	14.00	15.54	16.55	17.47	18.27	19.01	16.41	1.63	16.32	5.08	20.62	12.21	0.10	16.55	16.00	偏峰分布		16.00	16.00
Ge	325	1.34	1.37	1.41	1.49	1.55	1.60	1.61	1.48	0.09	1.48	1.27	1.68	1.24	0.06	1.49	1.39	正态分布		1.48	1.56
Hg	9756	0.08	0.11	0.15	0.19	0.25	0.33	0.38	0.21	0.09	0.19	2.62	0.47	0.01	0.41	0.19	0.17	其他分布		0.17	0.15
I	325	1.20	1.40	1.70	2.00	2.50	2.90	3.20	2.08	0.61	1.99	1.68	3.90	0.80	0.29	2.00	1.80	其他正态分布		1.99	1.80
La	325	30.72	32.63	34.52	36.90	39.32	41.85	43.46	37.06	3.87	36.86	8.04	55.5	27.90	0.10	36.90	40.00	对数正态分布		37.06	37.51
Li	325	43.22	45.10	47.20	50.3	53.0	56.1	57.1	50.3	4.28	50.1	9.62	60.7	32.70	0.09	50.3	51.8	正态分布		50.3	48.76
Mn	9702	397	424	476	548	646	754	812	569	126	555	38.01	935	248	0.22	548	482	其他分布		482	518
Mo	9961	0.46	0.51	0.58	0.66	0.76	0.85	0.91	0.67	0.13	0.66	1.36	1.03	0.32	0.20	0.66	0.66	正态分布		0.66	0.62
N	10 319	0.96	1.22	1.68	2.11	2.48	2.80	3.01	2.07	0.60	1.96	1.72	3.70	0.48	0.29	2.11	2.27	其他分布		2.27	1.10
Nb	325	13.77	14.02	14.85	15.84	16.83	17.82	18.81	15.94	1.53	15.87	4.99	20.79	10.12	0.10	15.84	16.83	正态分布		15.94	15.84
Ni	10 343	31.70	33.00	35.00	37.60	40.00	42.20	43.50	37.56	3.59	37.39	8.10	47.42	27.60	0.10	37.60	36.00	其他分布		36.00	36.00
P	9756	0.53	0.56	0.66	0.80	0.98	1.18	1.31	0.84	0.24	0.81	1.35	1.56	0.16	0.28	0.80	0.83	偏峰分布		0.83	0.69
Pb	10 121	26.10	27.59	29.80	32.00	34.20	36.90	38.40	32.05	3.57	31.85	7.50	41.80	22.70	0.11	32.00	32.00	其他分布		32.00	32.00

续表 4-17

元素/指标	N	$X_{5\%}$	$X_{10\%}$	$X_{25\%}$	$X_{50\%}$	$X_{75\%}$	$X_{90\%}$	$X_{95\%}$	$\overline{X}$	S	$\overline{X}_g$	S_g	X_{max}	X_{min}	CV	X_{me}	X_{mo}	分布类型	脱潴潴育水稻土背景值	嘉兴市背景值
Rb	325	108	110	116	122	127	131	133	121	8.07	121	15.99	141	92.0	0.07	122	125	正态分布	121	119
S	322	194	221	267	334	387	436	463	330	82.5	318	27.15	544	101	0.25	334	364	剔除后正态分布	330	262
Sb	325	0.52	0.55	0.61	0.72	0.84	0.96	1.04	0.76	0.27	0.73	1.41	2.81	0.47	0.35	0.72	0.72	对数正态分布	0.73	0.55
Sc	325	10.02	10.57	11.50	12.46	13.70	14.55	15.20	12.55	1.60	12.45	4.36	18.70	8.36	0.13	12.46	11.70	正态分布	12.55	12.31
Se	10 203	0.18	0.21	0.26	0.30	0.34	0.38	0.40	0.30	0.06	0.29	2.06	0.46	0.14	0.21	0.30	0.30	其他分布	0.30	0.29
Sn	325	6.90	7.80	9.20	11.10	13.80	17.16	19.58	12.12	5.88	11.37	4.22	89.3	4.80	0.48	11.10	9.70	对数正态分布	11.37	10.75
Sr	325	104	105	108	112	116	120	124	112	6.48	112	15.26	142	96.6	0.06	112	112	正态分布	112	113
Th	325	10.39	10.97	11.83	12.80	13.88	14.66	15.55	12.82	1.69	12.70	4.38	20.34	4.43	0.13	12.80	14.00	正态分布	12.82	12.94
Ti	325	4067	4105	4225	4397	4564	4715	4844	4412	254	4404	127	5226	3764	0.06	4397	4387	正态分布	4412	4472
Tl	325	0.55	0.58	0.62	0.66	0.70	0.73	0.75	0.66	0.06	0.65	1.31	0.86	0.41	0.10	0.66	0.67	正态分布	0.66	0.65
U	325	2.12	2.17	2.26	2.40	2.54	2.68	2.81	2.42	0.22	2.41	1.66	3.31	1.82	0.09	2.40	2.30	正态分布	2.42	2.39
V	8616	94.4	97.7	102	108	113	117	119	107	7.56	107	14.87	129	85.6	0.07	108	108	其他分布	108	110
W	325	1.55	1.62	1.71	1.83	2.00	2.17	2.34	1.89	0.41	1.87	1.47	6.63	1.28	0.22	1.83	1.72	对数正态分布	1.87	1.80
Y	325	20.38	21.27	23.24	25.01	26.82	28.11	29.00	24.98	2.70	24.83	6.46	34.00	17.65	0.11	25.01	27.00	正态分布	24.98	25.00
Zn	9858	80.9	84.9	91.2	98.5	107	116	122	99.5	12.23	98.7	14.32	134	66.1	0.12	98.5	101	其他分布	101	101
Zr	325	217	220	225	233	243	251	260	235	13.73	234	23.32	301	199	0.06	233	233	对数正态分布	234	239
SiO₂	325	64.3	64.7	65.6	66.6	67.8	68.6	69.0	66.7	1.65	66.7	11.27	76.0	61.9	0.02	66.6	66.5	正态分布	66.7	67.6
Al₂O₃	325	13.45	13.75	14.17	14.58	14.97	15.27	15.46	14.54	0.64	14.52	4.69	16.23	11.85	0.04	14.58	14.30	正态分布	14.54	14.43
TFe₂O₃	325	4.39	4.50	4.68	4.89	5.13	5.32	5.41	4.90	0.34	4.88	2.51	5.87	3.51	0.07	4.89	4.84	正态分布	4.90	4.87
MgO	325	1.31	1.38	1.49	1.56	1.64	1.74	1.77	1.56	0.14	1.55	1.32	1.86	0.96	0.09	1.56	1.56	正态分布	1.56	1.56
CaO	299	0.88	0.90	0.95	0.99	1.04	1.09	1.12	1.00	0.07	1.00	1.08	1.21	0.81	0.07	0.99	0.98	剔除后正态分布	1.00	0.98
Na₂O	325	1.26	1.29	1.34	1.40	1.47	1.56	1.59	1.41	0.10	1.41	1.24	1.79	1.09	0.07	1.40	1.43	正态分布	1.41	1.48
K₂O	10 303	2.08	2.15	2.34	2.49	2.60	2.69	2.75	2.46	0.20	2.45	1.68	2.99	1.93	0.08	2.49	2.57	其他分布	2.57	2.51
TC	325	1.30	1.40	1.63	1.93	2.20	2.37	2.48	1.90	0.40	1.86	1.50	3.41	0.71	0.21	1.93	2.14	正态分布	1.90	1.54
Corg	1207	1.08	1.26	1.56	1.91	2.30	2.75	2.99	1.96	0.60	1.87	1.62	4.52	0.30	0.30	1.91	1.93	对数正态分布	1.87	1.49
pH	10 130	5.07	5.27	5.59	5.95	6.36	6.79	7.10	5.62	5.40	5.99	2.81	7.64	4.37	0.96	5.95	6.10	其他分布	6.10	6.16

第四章 土壤元素背景值

表4-18 潴育水稻土土壤元素背景值参数统计表

元素/指标	N	$X_{5\%}$	$X_{10\%}$	$X_{25\%}$	$X_{50\%}$	$X_{75\%}$	$X_{90\%}$	$X_{95\%}$	$\overline{X}$	S	$\overline{X}_g$	S_g	X_{max}	X_{min}	CV	X_{me}	X_{mo}	分布类型	潴育水稻土背景值	嘉兴市背景值
Ag	396	83.0	86.0	97.8	109	128	158	181	120	49.87	115	15.21	806	71.0	0.42	109	99.0	对数正态分布	115	112
As	10 008	5.62	6.10	6.95	7.81	8.72	9.60	10.17	7.84	1.34	7.72	3.31	11.42	4.24	0.17	7.81	10.10	剔除后对数分布	7.72	10.10
Au	372	1.80	2.00	2.30	2.90	3.80	4.99	5.50	3.18	1.19	2.96	2.03	6.70	0.15	0.37	2.90	2.20	其他分布	2.20	2.80
B	8819	48.70	51.9	57.7	64.7	72.5	79.8	84.7	65.4	10.80	64.5	11.14	95.9	35.00	0.17	64.7	63.7	剔除后对数分布	64.5	63.8
Ba	384	448	453	464	475	487	497	506	475	17.39	475	35.05	520	431	0.04	475	468	剔除后正态分布	475	474
Be	396	2.18	2.24	2.34	2.44	2.56	2.66	2.73	2.45	0.17	2.44	1.67	2.97	1.92	0.07	2.44	2.34	正态分布	2.45	2.42
Bi	384	0.32	0.34	0.37	0.41	0.46	0.50	0.54	0.42	0.06	0.41	1.73	0.59	0.24	0.15	0.41	0.40	剔除后正态分布	0.41	0.40
Br	396	3.28	3.56	4.10	4.80	5.67	6.65	7.25	4.97	1.27	4.82	2.59	10.61	2.45	0.26	4.80	4.80	对数正态分布	4.82	4.95
Cd	9768	0.10	0.11	0.13	0.16	0.19	0.23	0.25	0.16	0.05	0.16	2.94	0.30	0.03	0.29	0.16	0.16	其他分布	0.16	0.16
Ce	396	63.4	65.8	69.7	73.0	76.1	78.6	79.8	72.6	4.94	72.4	11.89	89.0	58.9	0.07	73.0	74.0	正态分布	72.6	72.4
Cl	396	44.10	47.25	53.2	61.2	70.0	83.5	94.1	63.8	16.17	62.0	10.67	148	32.65	0.25	61.2	66.2	对数正态分布	62.0	66.8
Co	9090	12.20	12.90	14.20	15.40	16.50	17.50	18.10	15.32	1.76	15.22	4.83	20.00	10.52	0.11	15.40	15.70	其他分布	15.70	15.00
Cr	9794	70.8	74.7	80.9	86.5	91.5	95.9	98.7	86.0	8.18	85.6	13.08	108	63.7	0.10	86.5	85.0	其他分布	85.0	83.0
Cu	9585	24.48	26.20	29.30	32.80	36.80	41.20	44.00	33.24	5.81	32.74	7.68	50.00	17.20	0.17	32.80	35.00	偏峰分布	35.00	35.00
F	396	485	520	572	612	658	688	718	609	71.0	605	39.89	805	238	0.12	612	658	正态分布	609	603
Ga	396	14.58	15.00	15.91	17.00	17.83	18.78	19.33	16.82	1.49	16.75	5.11	21.64	11.91	0.09	17.00	17.00	正态分布	16.82	16.00
Ge	392	1.36	1.39	1.45	1.51	1.56	1.61	1.62	1.50	0.08	1.50	1.28	1.68	1.29	0.06	1.51	1.54	偏峰分布	1.54	1.56
Hg	9379	0.06	0.08	0.11	0.16	0.22	0.29	0.35	0.18	0.08	0.16	2.94	0.44	0.01	0.48	0.16	0.11	其他分布	0.11	0.15
I	396	1.30	1.40	1.70	2.10	2.60	3.20	3.60	2.24	0.74	2.13	1.74	6.40	0.70	0.33	2.10	2.20	对数正态分布	2.13	1.80
La	396	31.96	33.50	35.50	38.39	41.00	43.00	44.00	38.24	3.87	38.05	8.27	52.8	26.00	0.10	38.39	39.00	正态分布	38.24	37.51
Li	396	40.30	42.95	46.50	49.60	52.5	56.3	58.5	49.63	5.22	49.36	9.42	67.9	37.00	0.11	49.60	48.10	正态分布	49.63	48.76
Mn	9692	430	462	527	627	753	862	928	646	154	628	40.80	1105	186	0.24	627	547	其他分布	547	518
Mo	9840	0.38	0.42	0.51	0.61	0.72	0.83	0.90	0.62	0.16	0.60	1.46	1.08	0.18	0.25	0.61	0.63	其他分布	0.63	0.62
N	10 144	0.70	0.83	1.10	1.54	2.12	2.53	2.74	1.63	0.65	1.49	1.68	3.68	0.19	0.40	1.54	1.23	其他分布	1.23	1.10
Nb	388	14.10	14.85	15.83	16.48	17.82	18.81	18.81	16.55	1.48	16.48	5.08	20.79	12.87	0.09	16.48	16.83	其他分布	16.83	15.84
Ni	9924	28.90	31.00	34.50	37.70	40.50	43.10	44.70	37.37	4.67	37.07	8.08	50.1	24.70	0.12	37.70	38.00	正态分布	38.00	36.00
P	9466	0.49	0.53	0.60	0.71	0.86	1.05	1.17	0.75	0.20	0.73	1.36	1.36	0.19	0.27	0.71	0.75	其他分布	0.75	0.69
Pb	9904	23.00	24.60	27.00	29.80	32.50	35.10	36.99	29.81	4.14	29.52	7.23	41.40	18.40	0.14	29.80	30.00	其他分布	30.00	32.00

续表 4-18

元素/指标	N	$X_{5\%}$	$X_{10\%}$	$X_{25\%}$	$X_{50\%}$	$X_{75\%}$	$X_{90\%}$	$X_{95\%}$	$\bar{X}$	S	$\bar{X}_g$	S_g	X_{max}	X_{min}	CV	X_{me}	X_{mo}	分布类型	潴育水稻土背景值	嘉兴市背景值
Rb	396	107	110	116	121	127	133	136	121	8.85	121	15.87	145	97.0	0.07	121	120	正态分布	121	119
S	396	142	162	194	243	300	364	416	256	85.8	243	23.35	699	85.0	0.33	243	265	对数正态分布	243	262
Sb	363	0.47	0.49	0.53	0.58	0.63	0.72	0.78	0.59	0.09	0.58	1.43	0.84	0.43	0.15	0.58	0.55	剔除后对数分布	0.58	0.55
Sc	396	10.10	10.70	11.60	12.60	13.37	14.30	14.86	12.53	1.44	12.44	4.28	16.59	8.46	0.11	12.60	13.10	正态分布	12.53	12.31
Se	10 019	0.13	0.15	0.20	0.26	0.31	0.36	0.39	0.26	0.08	0.24	2.32	0.48	0.04	0.31	0.26	0.27	其他分布	0.27	0.29
Sn	396	6.00	6.55	7.90	9.95	12.60	16.85	19.62	11.14	6.67	10.22	3.97	110	4.20	0.60	9.95	8.90	对数正态分布	10.22	10.75
Sr	396	101	104	107	111	117	122	125	112	7.82	112	15.26	166	89.0	0.07	111	112	正态分布	112	113
Th	396	10.92	11.60	12.30	13.20	14.10	15.00	15.40	13.24	1.38	13.16	4.47	17.70	9.00	0.10	13.20	12.80	正态分布	13.24	12.94
Ti	396	4162	4225	4361	4547	4704	4883	4962	4546	250	4539	129	5496	3944	0.05	4547	4628	正态分布	4546	4472
Tl	396	0.53	0.57	0.61	0.65	0.70	0.74	0.77	0.65	0.07	0.65	1.32	0.85	0.31	0.11	0.65	0.65	正态分布	0.65	0.65
U	396	2.11	2.16	2.27	2.39	2.54	2.70	2.76	2.41	0.21	2.40	1.67	3.26	1.82	0.09	2.39	2.39	对数正态分布	2.40	2.39
V	9151	90.8	94.9	101	108	114	120	123	108	9.62	107	14.87	133	81.6	0.09	108	110	其他分布	110	110
W	384	1.51	1.59	1.70	1.82	1.93	2.04	2.13	1.82	0.18	1.81	1.42	2.28	1.37	0.10	1.82	1.82	剔除后正态分布	1.82	1.80
Y	391	22.12	23.00	24.00	25.38	27.00	28.00	29.00	25.66	2.11	25.57	6.53	31.00	19.79	0.08	25.38	25.00	其他分布	25.00	25.00
Zn	9556	74.9	79.7	87.0	94.9	103	113	119	95.4	12.79	94.6	14.02	131	61.1	0.13	94.9	102	其他分布	102	101
Zr	396	218	222	230	239	250	262	270	242	17.73	241	23.85	369	211	0.07	239	236	对数正态分布	241	239
SiO_2	396	64.6	65.2	66.2	67.4	68.5	69.9	70.7	67.4	1.82	67.4	11.39	73.4	61.4	0.03	67.4	66.0	正态分布	67.4	67.6
Al_2O_3	396	12.96	13.28	13.90	14.38	14.85	15.23	15.48	14.33	0.75	14.31	4.62	16.39	11.80	0.05	14.38	13.90	正态分布	14.33	14.43
TFe_2O_3	396	4.16	4.35	4.65	4.93	5.18	5.43	5.66	4.91	0.43	4.89	2.49	6.24	3.80	0.09	4.93	4.65	剔除后正态分布	4.91	4.87
MgO	379	1.36	1.43	1.50	1.56	1.63	1.71	1.74	1.56	0.11	1.56	1.30	1.82	1.29	0.07	1.56	1.53	对数正态分布	1.56	1.56
CaO	396	0.80	0.84	0.89	0.95	1.04	1.15	1.26	0.99	0.17	0.97	1.16	2.33	0.71	0.17	0.95	0.92	正态分布	0.97	0.98
Na_2O	396	1.26	1.29	1.37	1.46	1.54	1.64	1.68	1.46	0.13	1.46	1.28	1.92	1.15	0.09	1.46	1.43	正态分布	1.46	1.48
K_2O	9886	1.97	2.06	2.30	2.45	2.56	2.65	2.71	2.41	0.21	2.40	1.67	2.97	1.87	0.09	2.45	2.50	正态分布	2.50	2.51
TC	396	0.93	1.04	1.24	1.50	1.82	2.11	2.26	1.54	0.41	1.49	1.40	2.90	0.66	0.27	1.50	1.12	其他分布	1.54	1.54
Corg	922	0.71	0.82	1.09	1.52	2.10	2.57	2.91	1.63	0.68	1.48	1.63	3.60	0.26	0.42	1.52	1.24	其他分布	1.24	1.49
pH	10 012	4.93	5.22	5.67	6.14	6.66	7.35	7.78	5.58	5.20	6.20	2.85	8.19	4.16	0.93	6.14	6.16	其他分布	6.16	6.16

潴育水稻土区表层土壤总体为酸性,土壤pH背景值为6.16,极大值为8.19,极小值为4.16,与嘉兴市背景值相等。

潴育水稻土区表层土壤各元素/指标中,大多数元素/指标变异系数小于0.40,分布相对均匀;pH、Sn、Hg、Ag、Corg、N变异系数不小于0.40,其中pH变异系数大于0.80,空间变异性较大。

与嘉兴市土壤元素背景值相比,潴育水稻土区土壤元素背景值中Au、As、Hg背景值略低于嘉兴市背景值,为嘉兴市背景值的60%～80%;其他元素/指标背景值则与嘉兴市背景值基本接近。

七、潜育水稻土土壤元素背景值

潜育水稻土区土壤元素背景值数据经正态分布检验,结果表明(表4-19),原始数据中As、B、Co、Cr、Mn、Mo、N、Ni、P、Pb、Se、V、K_2O、pH符合正态分布,Cd、Cu、Zn符合对数正态分布,Hg剔除异常值后符合正态分布。部分元素/指标样本量少于30件,因此未进行分布检验。

潜育水稻土区表层土壤总体为酸性,土壤pH背景值为5.51,极大值为7.46,极小值为4.68,基本接近于嘉兴市背景值。

潜育水稻土区表层土壤各元素/指标中,大多数元素/指标变异系数小于0.40,分布相对均匀;Cd、Au、pH变异系数大于0.40,其中Au、pH变异系数大于0.80,空间变异性较大。

与嘉兴市土壤元素背景值相比,潜育水稻土区土壤元素背景值中As、F、Tl背景值略低于嘉兴市背景值,为嘉兴市背景值的60%～80%;Zr、P、Hg背景值略偏高,与嘉兴市背景值比值在1.2～1.4之间;Au、N、I背景值明显偏高,其中Au背景值为嘉兴市背景值的2.125倍;其他元素/指标背景值则与嘉兴市背景值基本接近。

第四节 主要土地利用类型元素背景值

一、水田土壤元素背景值

水田区土壤元素背景值数据经正态分布检验,结果表明(表4-20),原始数据中Ba、Be、Ce、Ga、La、Li、Rb、Sc、Th、Ti、U、Y、SiO_2、Na_2O、TC、Corg共16项元素/指标符合正态分布,Ag、Br、Cl、Sn、Sr、Tl、W、Zr符合对数正态分布,As、F、Al_2O_3、TFe_2O_3、MgO、CaO剔除异常值后符合正态分布,Au、B、Bi、I、Sb剔除异常值后符合对数正态分布,其他元素/指标不符合正态分布或对数正态分布。

水田区表层土壤总体为酸性,土壤pH背景值为6.06,极大值为7.92,极小值为4.32,基本接近于嘉兴市背景值。

水田区表层土壤各元素/指标中,大多数元素/指标变异系数小于0.40,分布相对均匀;pH、Sn、Hg、Ag变异系数不小于0.40,其中pH变异系数大于0.80,空间变异性较大。

与嘉兴市土壤元素背景值相比,水田区土壤元素背景值中As背景值略低于嘉兴市背景值,为嘉兴市背景值的78%;Corg背景值略高于嘉兴市背景值,为嘉兴市背景值的1.28倍;其他元素/指标背景值则与嘉兴市背景值基本接近。

二、旱地土壤元素背景值

旱地区土壤元素背景值数据经正态分布检验,结果表明(表4-21),原始数据中Ag、As、Au、Ba、Be、Bi、Br、Ce、Cl、F、Ga、Ge、I、La、Li、Mn、Nb、Rb、S、Sb、Sc、Sn、Sr、Th、Ti、Tl、U、W、Y、Zr、SiO_2、Al_2O_3、

嘉兴市土壤元素背景值

表4-19 潜育水稻土土壤元素背景值参数统计表

元素/指标	N	$X_{5\%}$	$X_{10\%}$	$X_{25\%}$	$X_{50\%}$	$X_{75\%}$	$X_{90\%}$	$X_{95\%}$	$\bar{X}$	S	$\bar{X}_g$	S_g	X_{max}	X_{min}	CV	X_{me}	X_{mo}	分布类型	潜育水稻土背景值	嘉兴市背景值
Ag	2	83.0	85.0	91.0	101	111	117	119	101	28.28	99.0	11.09	121	81.0	0.28	101	81.0	—	101	112
As	73	4.25	4.45	5.83	6.79	9.16	9.88	10.60	7.26	2.07	6.96	3.23	11.60	3.05	0.29	6.79	7.45	正态分布	7.26	10.10
Au	2	2.21	2.63	3.88	5.95	8.03	9.27	9.68	5.95	5.87	4.26	4.23	10.10	1.80	0.99	5.95	10.10	—	5.95	2.80
B	57	52.2	54.9	61.6	68.0	76.4	84.2	94.5	69.9	14.64	68.7	11.38	139	48.90	0.21	68.0	61.6	正态分布	69.9	63.8
Ba	2	431	432	436	441	446	450	451	441	15.56	441	20.74	452	430	0.04	441	430	—	441	474
Be	2	1.99	2.01	2.06	2.16	2.25	2.31	2.33	2.16	0.27	2.15	1.42	2.35	1.97	0.12	2.16	2.35	—	2.16	2.42
Bi	2	0.35	0.35	0.35	0.36	0.36	0.37	0.37	0.36	0.01	0.36	1.69	0.37	0.35	0.04	0.36	0.35	—	0.36	0.40
Br	2	4.99	5.07	5.33	5.77	6.21	6.47	6.55	5.77	1.23	5.70	2.25	6.64	4.90	0.21	5.77	4.90	—	5.77	4.95
Cd	73	0.11	0.11	0.14	0.16	0.20	0.25	0.31	0.18	0.07	0.17	2.90	0.58	0.06	0.42	0.16	0.15	对数正态分布	0.17	0.16
Ce	2	72.3	72.3	72.4	72.5	72.7	72.8	72.8	72.5	0.43	72.5	8.54	72.8	72.2	0.01	72.5	72.2	—	72.5	72.4
Cl	2	77.4	77.6	78.4	79.6	80.9	81.7	81.9	79.6	3.58	79.6	8.78	82.2	77.1	0.04	79.6	77.1	—	79.6	66.8
Co	60	10.39	10.60	12.05	14.20	15.22	15.92	16.14	13.65	2.05	13.49	4.51	17.80	9.58	0.15	14.20	14.20	正态分布	13.65	15.00
Cr	73	63.9	68.1	74.1	81.0	85.0	89.2	90.9	79.4	8.18	78.9	12.43	94.2	58.4	0.10	81.0	81.0	正态分布	79.4	83.0
Cu	73	21.04	22.96	26.46	31.30	34.49	40.65	54.9	32.37	10.06	31.14	7.49	67.6	18.38	0.31	31.30	34.00	对数正态分布	31.14	35.00
F	2	417	417	418	419	420	421	421	419	2.83	419	20.52	421	417	0.01	419	417	—	419	603
Ga	2	15.23	15.27	15.39	15.59	15.78	15.90	15.94	15.59	0.56	15.58	3.90	15.98	15.19	0.04	15.59	15.98	—	15.59	16.00
Ge	2	1.33	1.33	1.35	1.39	1.42	1.44	1.44	1.39	0.09	1.38	1.16	1.45	1.32	0.07	1.39	1.32	—	1.39	1.56
Hg	70	0.10	0.11	0.14	0.17	0.23	0.30	0.33	0.19	0.07	0.18	2.65	0.38	0.09	0.38	0.17	0.15	剔除后正态分布	0.19	0.15
I	2	2.44	2.47	2.58	2.75	2.92	3.03	3.06	2.75	0.49	2.73	1.58	3.10	2.40	0.18	2.75	2.40	—	2.75	1.80
La	2	38.25	38.50	39.25	40.50	41.75	42.50	42.75	40.50	3.54	40.42	6.17	43.00	38.00	0.09	40.50	38.00	—	40.50	37.51
Li	2	37.77	38.03	38.83	40.15	41.47	42.27	42.53	40.15	3.75	40.06	6.13	42.80	37.50	0.09	40.15	37.50	—	40.15	48.76
Mn	73	328	367	439	500	543	631	680	499	104	488	35.09	810	276	0.21	500	500	正态分布	499	518
Mo	73	0.45	0.51	0.56	0.64	0.77	0.93	0.99	0.68	0.16	0.66	1.38	1.14	0.39	0.24	0.64	0.62	正态分布	0.68	0.62
N	73	0.97	1.03	1.37	1.77	2.12	2.43	2.60	1.78	0.60	1.69	1.61	4.15	0.56	0.34	1.77	1.77	正态分布	1.78	1.10
Nb	2	17.82	17.82	17.82	17.82	17.82	17.82	17.82	17.82	0	17.82	4.22	17.82	17.82	0	17.82	17.82	—	17.82	15.84
Ni	73	24.75	25.82	30.00	34.80	37.60	39.96	41.36	33.74	5.34	33.30	7.61	43.90	22.94	0.16	34.80	35.00	正态分布	33.74	36.00
P	73	0.59	0.63	0.69	0.85	1.03	1.20	1.34	0.90	0.25	0.86	1.32	1.70	0.53	0.28	0.85	0.65	正态分布	0.90	0.69
Pb	73	23.70	24.60	27.20	29.40	31.48	32.98	33.82	29.36	3.77	29.12	7.09	43.60	18.90	0.13	29.40	30.00	正态分布	29.36	32.00

续表 4-19

元素/指标	N	$X_{5\%}$	$X_{10\%}$	$X_{25\%}$	$X_{50\%}$	$X_{75\%}$	$X_{90\%}$	$X_{95\%}$	$\overline{X}$	S	$\overline{X}_g$	S_g	X_{max}	X_{min}	CV	X_{me}	X_{mo}	分布类型	潜育水稻土背景值	嘉兴市背景值
Rb	2	102	102	102	103	104	104	104	103	1.41	103	10.10	104	102	0.01	103	102	—	103	119
S	2	251	254	261	273	285	292	295	273	33.94	272	17.26	297	249	0.12	273	249	—	273	262
Sb	2	0.48	0.48	0.50	0.53	0.56	0.58	0.58	0.53	0.08	0.53	1.33	0.59	0.47	0.16	0.53	0.59	—	0.53	0.55
Sc	2	9.96	10.06	10.37	10.88	11.39	11.70	11.80	10.88	1.44	10.83	3.15	11.90	9.86	0.13	10.88	9.86	—	10.88	12.31
Se	73	0.18	0.20	0.22	0.27	0.31	0.35	0.40	0.27	0.07	0.26	2.17	0.46	0.09	0.25	0.27	0.22	正态分布	0.27	0.29
Sn	2	9.61	9.81	10.43	11.45	12.47	13.09	13.29	11.45	2.90	11.26	3.11	13.50	9.40	0.25	11.45	9.40	—	11.45	10.75
Sr	2	124	124	124	125	125	126	126	125	1.85	125	11.11	126	123	0.01	125	126	—	125	113
Th	2	12.72	12.75	12.82	12.95	13.07	13.15	13.17	12.95	0.35	12.95	3.56	13.20	12.70	0.03	12.95	12.70	—	12.95	12.94
Ti	2	4201	4245	4377	4597	4818	4950	4994	4597	623	4576	64.5	5038	4157	0.14	4597	4157	—	4597	4472
Tl	2	0.45	0.45	0.47	0.51	0.54	0.56	0.56	0.51	0.09	0.50	1.54	0.57	0.44	0.18	0.51	0.57	—	0.51	0.65
U	2	2.40	2.40	2.40	2.41	2.42	2.42	2.42	2.41	0.01	2.41	1.56	2.42	2.40	0.01	2.41	2.42	—	2.41	2.39
V	60	80.1	81.7	87.1	95.3	103	111	113	95.5	11.10	94.8	13.80	119	71.9	0.12	95.3	101	正态分布	95.5	110
W	2	1.52	1.54	1.61	1.71	1.82	1.89	1.91	1.71	0.30	1.70	1.42	1.93	1.50	0.18	1.71	1.50	—	1.71	1.80
Y	2	24.10	24.20	24.50	25.00	25.50	25.80	25.90	25.00	1.41	24.98	4.90	26.00	24.00	0.06	25.00	24.00	—	25.00	25.00
Zn	73	66.0	68.9	80.0	87.2	96.0	107	133	90.4	19.88	88.5	13.58	161	53.8	0.22	87.2	81.0	对数正态分布	88.5	101
Zr	2	280	283	292	306	321	330	333	306	41.72	305	16.67	336	277	0.14	306	277	—	306	239
SiO_2	2	70.9	71.0	71.1	71.2	71.4	71.5	71.6	71.2	0.49	71.2	8.42	71.6	70.9	0.01	71.2	70.9	—	71.2	67.6
Al_2O_3	2	12.73	12.74	12.78	12.83	12.88	12.92	12.93	12.83	0.16	12.83	3.60	12.94	12.72	0.01	12.83	12.72	—	12.83	14.43
TFe_2O_3	2	4.08	4.09	4.09	4.11	4.12	4.13	4.14	4.11	0.04	4.11	2.02	4.14	4.08	0.01	4.11	4.08	—	4.11	4.87
MgO	2	1.23	1.24	1.25	1.26	1.27	1.28	1.29	1.26	0.04	1.26	1.11	1.29	1.23	0.03	1.26	1.23	—	1.26	1.56
CaO	2	1.09	1.09	1.09	1.10	1.10	1.10	1.10	1.10	0.01	1.09	1.04	1.10	1.09	0.01	1.10	1.10	—	1.10	0.98
Na_2O	2	1.60	1.61	1.65	1.70	1.76	1.79	1.80	1.70	0.16	1.70	1.27	1.81	1.59	0.09	1.70	1.81	—	1.70	1.48
K_2O	73	1.98	2.00	2.14	2.28	2.40	2.50	2.54	2.27	0.18	2.26	1.61	2.63	1.85	0.08	2.28	2.20	正态分布	2.27	2.51
TC	2	1.17	1.18	1.20	1.24	1.28	1.30	1.31	1.24	0.11	1.24	1.10	1.32	1.16	0.09	1.24	1.16	—	1.26	1.54
Corg	10	0.94	1.05	1.16	1.64	1.79	2.56	2.57	1.63	0.59	1.54	1.49	2.58	0.84	0.36	1.64	1.57	—	1.64	1.49
pH	73	4.78	5.05	5.56	5.97	6.28	6.86	7.17	5.51	5.31	5.94	2.79	7.46	4.68	0.96	5.97	5.97	正态分布	5.51	6.16

表 4-20 水田土壤元素背景值参数统计表

元素/指标	N	$X_{5\%}$	$X_{10\%}$	$X_{25\%}$	$X_{50\%}$	$X_{75\%}$	$X_{90\%}$	$X_{95\%}$	$\overline{X}$	S	$\overline{X}_g$	S_g	X_{max}	X_{min}	CV	X_{me}	X_{mo}	分布类型	水田背景值	嘉兴市背景值
Ag	346	84.2	88.0	99.0	111	127	156	188	121	48.87	116	15.49	806	73.0	0.40	111	110	对数正态分布	116	112
As	17 232	5.53	6.09	6.99	7.89	8.81	9.62	10.10	7.88	1.36	7.76	3.32	11.60	4.21	0.17	7.89	10.10	剔除后正态分布	7.88	10.10
Au	317	1.90	2.00	2.40	3.00	3.70	4.80	5.40	3.18	1.08	3.00	2.03	6.40	0.15	0.34	3.00	2.80	剔除后对数分布	3.00	2.80
B	15 505	46.30	49.90	56.1	63.7	71.9	79.6	84.7	64.3	11.53	63.3	11.02	96.9	31.85	0.18	63.7	65.7	剔除后对数分布	63.3	63.8
Ba	346	440	450	462	475	486	498	508	474	20.61	473	34.89	533	395	0.04	475	472	正态分布	474	474
Be	346	2.08	2.20	2.31	2.42	2.52	2.62	2.67	2.41	0.17	2.41	1.66	2.88	1.87	0.07	2.42	2.41	正态分布	2.41	2.42
Bi	332	0.32	0.34	0.37	0.41	0.44	0.50	0.54	0.41	0.06	0.41	1.75	0.59	0.24	0.16	0.41	0.40	剔除后对数分布	0.41	0.40
Br	346	3.25	3.60	4.14	4.90	5.88	6.74	7.46	5.12	1.38	4.95	2.62	11.74	2.45	0.27	4.90	4.61	对数正态分布	4.95	4.95
Cd	16 698	0.10	0.11	0.14	0.17	0.20	0.24	0.26	0.17	0.05	0.17	2.85	0.31	0.04	0.28	0.17	0.16	其他分布	0.16	0.16
Ce	346	63.7	65.5	69.4	72.5	76.1	78.3	79.8	72.4	5.01	72.2	11.83	89.0	56.0	0.07	72.5	72.0	正态分布	72.4	72.4
Cl	346	44.74	48.19	56.6	64.9	77.2	89.4	96.2	68.0	17.60	65.9	11.03	156	32.65	0.26	64.9	63.9	对数正态分布	65.9	66.8
Co	15 096	12.20	12.90	14.10	15.20	16.20	17.20	17.80	15.12	1.65	15.03	4.79	19.40	10.71	0.11	15.20	15.20	其他分布	15.20	15.00
Cr	16 810	71.0	75.0	80.9	86.4	91.4	96.0	98.5	85.9	8.09	85.5	13.08	108	63.8	0.09	86.4	83.0	其他分布	83.0	83.0
Cu	16 378	24.10	26.20	29.78	33.30	37.40	42.00	44.90	33.73	6.11	33.17	7.75	51.1	17.20	0.18	33.30	36.00	其他分布	36.00	35.00
F	337	478	506	563	610	658	688	718	609	73.7	604	39.91	788	425	0.12	610	658	剔除后对数正态分布	609	603
Ga	346	13.61	14.45	15.54	16.44	17.46	18.48	19.00	16.45	1.64	16.37	5.06	22.00	11.36	0.10	16.44	16.00	正态分布	16.45	16.00
Ge	344	1.34	1.38	1.43	1.50	1.56	1.61	1.62	1.49	0.09	1.49	1.27	1.68	1.25	0.06	1.50	1.56	偏峰分布	1.56	1.56
Hg	16 246	0.07	0.09	0.13	0.18	0.24	0.31	0.36	0.19	0.08	0.17	2.78	0.45	0.004	0.44	0.18	0.15	其他分布	0.15	0.15
I	336	1.20	1.40	1.60	2.10	2.50	2.90	3.12	2.10	0.59	2.01	1.67	3.60	0.70	0.28	2.10	2.20	剔除后对数分布	2.01	1.80
La	346	32.29	33.50	35.00	37.80	40.00	43.00	44.47	37.88	3.87	37.69	8.18	55.5	28.26	0.10	37.80	39.00	正态分布	37.88	37.51
Li	346	38.45	41.20	45.30	49.10	52.1	54.9	56.3	48.51	5.46	48.18	9.29	63.7	31.50	0.11	49.10	49.80	正态分布	48.51	48.76
Mn	16 510	401	429	485	568	687	804	868	594	144	578	38.81	1011	177	0.24	568	517	其他分布	517	518
Mo	16 799	0.39	0.44	0.53	0.63	0.74	0.84	0.91	0.64	0.16	0.62	1.44	1.08	0.21	0.25	0.63	0.62	其他分布	0.62	0.62
N	17 279	0.77	0.91	1.27	1.89	2.36	2.71	2.92	1.84	0.69	1.70	1.75	3.98	0.14	0.37	1.89	1.10	其他分布	1.10	1.10
Nb	335	13.86	14.40	15.26	16.08	17.07	17.82	18.81	16.23	1.43	16.17	5.03	19.80	12.79	0.09	16.08	15.84	剔除后对数分布	15.84	15.84
Ni	16 851	29.20	31.20	34.40	37.30	40.00	42.50	44.00	37.11	4.35	36.85	8.05	48.80	25.30	0.12	37.30	36.00	正态分布	36.00	36.00
P	16 321	0.51	0.55	0.63	0.76	0.93	1.11	1.24	0.80	0.22	0.77	1.35	1.46	0.14	0.28	0.76	0.75	偏峰分布	0.75	0.69
Pb	16 841	23.60	25.20	28.00	30.90	33.40	36.00	37.70	30.73	4.13	30.45	7.35	41.90	19.60	0.13	30.90	32.00	其他分布	32.00	32.00

第四章 土壤元素背景值

续表4-20

元素/指标	N	$X_{5\%}$	$X_{10\%}$	$X_{25\%}$	$X_{50\%}$	$X_{75\%}$	$X_{90\%}$	$X_{95\%}$	$\overline{X}$	S	$\overline{X}_g$	S_g	X_{max}	X_{min}	CV	X_{me}	X_{mo}	分布类型	水田背景值	嘉兴市背景值
Rb	346	100.0	106	114	120	126	130	134	119	10.11	119	15.68	144	88.0	0.08	120	120	正态分布	119	119
S	343	155	177	213	267	346	399	427	280	85.4	267	24.27	524	117	0.31	267	225	偏峰分布	225	262
Sb	327	0.47	0.49	0.54	0.60	0.71	0.84	0.92	0.63	0.13	0.62	1.45	1.00	0.44	0.21	0.60	0.55	剔除后对数分布	0.62	0.55
Sc	346	10.02	10.39	11.40	12.45	13.53	14.43	15.00	12.43	1.58	12.33	4.29	16.64	7.42	0.13	12.45	14.90	其他分布	12.43	12.31
Se	17 237	0.14	0.17	0.22	0.28	0.33	0.37	0.40	0.27	0.08	0.26	2.22	0.49	0.06	0.28	0.28	0.30	对数正态分布	0.30	0.29
Sn	346	6.20	6.90	8.30	10.25	13.85	17.30	19.77	11.66	6.91	10.71	4.09	110	4.20	0.59	10.25	9.50	对数正态分布	10.71	10.75
Sr	346	104	105	108	112	117	123	130	114	8.31	113	15.44	152	89.0	0.07	112	113	正态分布	113	113
Th	346	10.70	11.10	12.05	13.00	13.89	14.70	15.20	12.94	1.51	12.85	4.41	20.34	4.43	0.12	13.00	13.20	对数正态分布	12.94	12.94
Ti	346	4085	4147	4266	4452	4620	4772	4867	4455	249	4448	128	5214	3447	0.06	4452	4147	正态分布	4455	4472
Tl	346	0.51	0.55	0.60	0.65	0.69	0.73	0.75	0.64	0.08	0.64	1.35	0.82	0.29	0.12	0.65	0.65	对数正态分布	0.64	0.65
U	346	2.08	2.13	2.25	2.39	2.54	2.66	2.78	2.41	0.23	2.39	1.66	3.31	1.82	0.09	2.39	2.41	正态分布	2.41	2.39
V	15 270	90.4	94.5	101	107	113	118	121	107	9.06	106	14.81	130	83.1	0.08	107	110	其他分布	110	110
W	346	1.48	1.56	1.68	1.80	1.93	2.09	2.19	1.82	0.25	1.80	1.43	3.31	1.18	0.14	1.80	1.82	对数正态分布	1.80	1.80
Y	346	21.20	22.23	24.00	25.01	27.00	28.20	29.02	25.37	2.50	25.24	6.49	34.00	17.65	0.10	25.01	25.00	正态分布	25.37	25.00
Zn	16 321	74.6	80.0	87.8	95.7	104	113	120	96.2	13.10	95.3	14.07	132	61.1	0.14	95.7	101	其他分布	101	101
Zr	346	218	222	230	239	253	266	289	243	20.95	242	23.97	369	199	0.09	239	236	对数正态分布	242	239
SiO_2	346	64.7	65.3	66.2	67.3	68.6	70.5	71.4	67.6	2.00	67.5	11.40	74.5	61.9	0.03	67.3	67.4	正态分布	67.6	67.6
Al_2O_3	337	12.85	13.20	13.87	14.35	14.83	15.21	15.39	14.29	0.75	14.27	4.61	16.23	12.36	0.05	14.35	14.43	剔除后正态分布	14.29	14.43
TFe_2O_3	330	4.10	4.29	4.61	4.86	5.09	5.30	5.42	4.84	0.39	4.82	2.47	5.79	3.85	0.08	4.86	4.76	剔除后正态分布	4.84	4.87
MgO	336	1.31	1.37	1.48	1.56	1.63	1.73	1.76	1.55	0.13	1.55	1.30	1.88	1.22	0.09	1.56	1.59	剔除后正态分布	1.55	1.56
CaO	324	0.82	0.85	0.92	0.98	1.05	1.11	1.18	0.98	0.10	0.98	1.11	1.26	0.73	0.10	0.98	0.98	剔除后正态分布	0.98	0.98
Na_2O	346	1.28	1.31	1.36	1.46	1.57	1.67	1.76	1.48	0.15	1.47	1.29	1.94	1.09	0.10	1.46	1.32	正态分布	1.48	1.48
K_2O	17 270	1.93	2.01	2.23	2.44	2.56	2.66	2.72	2.39	0.24	2.38	1.67	3.06	1.73	0.10	2.44	2.46	其他分布	2.46	2.51
TC	346	0.96	1.06	1.28	1.64	1.97	2.26	2.37	1.65	0.46	1.58	1.44	3.41	0.74	0.28	1.64	1.32	正态分布	1.65	1.54
Corg	1389	0.80	0.98	1.38	1.89	2.36	2.86	3.10	1.90	0.70	1.76	1.69	4.52	0.26	0.37	1.89	2.15	正态分布	1.90	1.49
pH	16 980	5.09	5.31	5.66	6.07	6.53	7.04	7.43	5.66	5.37	6.12	2.84	7.92	4.32	0.95	6.07	6.06	其他分布	6.06	6.16

注：氧化物、TC、Corg单位为%，N、P单位为g/kg，Au、Ag单位为μg/kg，其他元素/指标单位为mg/kg；pH为无量纲；后表单位相同。

表 4-21 旱地土壤元素背景值参数统计表

元素/指标	N	$X_{5\%}$	$X_{10\%}$	$X_{25\%}$	$X_{50\%}$	$X_{75\%}$	$X_{90\%}$	$X_{95\%}$	$\overline{X}$	S	$\overline{X}_g$	S_g	X_{max}	X_{min}	CV	X_{me}	X_{mo}	分布类型	旱地背景值	嘉兴市背景值
Ag	34	92.0	99.0	103	118	147	169	175	127	34.52	123	15.54	243	72.0	0.27	118	104	正态分布	127	112
As	596	4.75	5.23	6.21	7.36	8.56	9.48	10.06	7.41	1.72	7.21	3.21	15.90	2.60	0.23	7.36	7.20	正态分布	7.41	10.10
Au	34	1.83	2.13	2.80	4.00	5.28	6.17	7.04	4.19	2.09	3.75	2.37	11.90	1.30	0.50	4.00	4.70	正态分布	4.19	2.80
B	473	49.26	52.4	58.7	66.1	73.8	80.9	87.1	66.4	11.31	65.5	11.27	97.3	36.50	0.17	66.1	60.4	剔除后正态分布	66.4	63.8
Ba	34	434	436	456	466	482	490	497	466	20.59	466	33.64	501	414	0.04	466	464	正态分布	466	474
Be	34	2.07	2.11	2.22	2.39	2.47	2.55	2.60	2.35	0.18	2.35	1.62	2.65	1.89	0.08	2.39	2.44	正态分布	2.35	2.42
Bi	34	0.28	0.30	0.35	0.39	0.43	0.45	0.50	0.39	0.07	0.38	1.82	0.57	0.24	0.18	0.39	0.39	正态分布	0.39	0.40
Br	34	3.14	3.24	3.99	4.43	6.07	7.70	7.91	5.02	1.59	4.80	2.66	8.04	2.86	0.32	4.43	4.10	正态分布	5.02	4.95
Cd	558	0.09	0.10	0.12	0.14	0.18	0.22	0.24	0.15	0.05	0.14	3.12	0.29	0.04	0.31	0.14	0.12	剔除后正态分布	0.14	0.16
Ce	34	66.1	69.1	71.0	74.0	77.5	80.0	80.0	74.0	4.95	73.8	11.81	83.0	60.7	0.07	74.0	74.0	正态分布	74.0	72.4
Cl	34	51.3	52.0	55.8	65.7	72.6	81.7	96.8	67.8	17.83	66.0	10.88	134	49.07	0.26	65.7	68.3	正态分布	67.8	66.8
Co	491	10.90	11.60	13.60	14.90	16.10	17.10	17.70	14.71	2.05	14.56	4.71	19.70	9.52	0.14	14.90	14.80	偏峰分布	14.80	15.00
Cr	580	61.0	65.0	74.0	82.2	87.8	92.7	96.0	80.6	10.43	79.9	12.56	109	52.7	0.13	82.2	80.2	偏峰分布	80.2	83.0
Cu	553	20.56	22.90	27.00	30.90	34.90	40.08	42.74	31.06	6.36	30.39	7.38	48.10	15.10	0.20	30.90	30.00	剔除后正态分布	31.06	35.00
F	34	468	480	553	600	629	659	698	591	70.5	587	37.99	751	447	0.12	600	629	正态分布	591	603
Ga	34	13.86	14.41	15.41	16.40	17.66	18.00	19.23	16.53	1.66	16.45	5.02	20.83	13.58	0.10	16.40	17.00	正态分布	16.53	16.00
Ge	34	1.35	1.38	1.43	1.49	1.56	1.60	1.62	1.48	0.09	1.48	1.26	1.67	1.27	0.06	1.49	1.50	正态分布	1.48	1.56
Hg	538	0.05	0.07	0.10	0.16	0.24	0.34	0.40	0.19	0.11	0.16	3.05	0.54	0.02	0.59	0.16	0.14	剔除后对数分布	0.16	0.15
I	34	1.27	1.43	1.60	1.90	2.27	2.87	3.83	2.09	0.72	1.99	1.70	4.10	1.00	0.35	1.90	2.20	正态分布	2.09	1.80
La	34	32.35	33.43	35.60	38.11	41.38	42.85	44.52	38.51	4.19	38.28	8.20	49.00	29.04	0.11	38.11	38.00	正态分布	38.51	37.51
Li	34	37.02	39.43	45.62	48.45	51.6	55.2	58.7	48.30	6.85	47.83	9.03	67.9	34.70	0.14	48.45	47.50	正态分布	48.30	48.76
Mn	527	447	483	566	680	792	907	993	689	170	668	42.60	1373	84.4	0.25	680	698	正态分布	689	518
Mo	589	0.35	0.38	0.46	0.57	0.70	0.87	1.04	0.62	0.33	0.58	1.59	4.88	0.20	0.53	0.57	0.45	对数正态分布	0.62	0.62
N	589	0.60	0.70	0.93	1.24	1.60	2.05	2.34	1.32	0.53	1.21	1.56	3.26	0.17	0.40	1.24	1.34	对数正态分布	1.21	1.10
Nb	34	13.98	15.10	15.84	16.52	17.05	17.82	18.17	16.51	1.38	16.45	5.04	20.79	13.86	0.08	16.52	16.83	正态分布	16.51	15.84
Ni	587	23.33	25.82	30.40	35.10	38.45	41.07	43.11	34.30	5.87	33.75	7.67	48.59	18.70	0.17	35.10	36.00	偏峰分布	36.00	36.00
P	589	0.49	0.55	0.63	0.79	1.02	1.33	1.54	0.88	0.38	0.82	1.46	3.50	0.34	0.43	0.79	1.08	对数正态分布	0.82	0.69
Pb	574	21.10	23.13	25.62	28.80	32.00	34.90	37.62	28.93	4.83	28.52	7.12	42.10	15.90	0.17	28.80	27.00	剔除后正态分布	28.93	32.00

续表 4-21

元素/指标	N	$X_{5\%}$	$X_{10\%}$	$X_{25\%}$	$X_{50\%}$	$X_{75\%}$	$X_{90\%}$	$X_{95\%}$	$\bar{X}$	S	$\bar{X}_g$	S_g	X_{max}	X_{min}	CV	X_{me}	X_{mo}	分布类型	旱地背景值	嘉兴市背景值
Rb	34	99.6	106	110	120	124	131	132	118	10.69	117	15.19	143	95.0	0.09	120	123	正态分布	118	119
S	34	146	176	217	254	297	358	394	261	78.3	250	23.25	458	124	0.30	254	297	正态分布	261	262
Sb	34	0.48	0.49	0.52	0.56	0.66	0.74	0.81	0.61	0.17	0.60	1.49	1.43	0.48	0.28	0.56	0.55	正态分布	0.61	0.55
Sc	34	10.71	10.77	11.66	12.37	13.07	14.40	14.81	12.53	1.37	12.45	4.25	15.70	9.97	0.11	12.37	13.07	对数正态分布	12.53	12.31
Se	596	0.12	0.13	0.17	0.22	0.28	0.34	0.40	0.24	0.11	0.22	2.50	1.80	0.04	0.48	0.22	0.21	正态分布	0.22	0.29
Sn	34	5.83	6.73	9.00	10.70	13.47	16.34	18.70	11.54	4.40	10.80	4.03	24.80	4.80	0.38	10.70	10.70	正态分布	11.54	10.75
Sr	34	103	104	108	112	119	126	130	114	9.96	114	15.24	148	98.6	0.09	112	111	正态分布	114	113
Th	34	10.96	11.02	11.88	12.90	13.67	14.97	15.80	12.92	1.55	12.84	4.37	17.00	10.66	0.12	12.90	12.90	正态分布	12.92	12.94
Ti	34	4131	4190	4296	4395	4673	4911	5054	4493	327	4482	123	5496	3910	0.07	4395	4480	正态分布	4493	4472
Tl	34	0.51	0.54	0.59	0.62	0.67	0.72	0.75	0.63	0.08	0.62	1.35	0.82	0.49	0.12	0.62	0.59	正态分布	0.63	0.65
U	34	2.07	2.13	2.20	2.29	2.40	2.54	2.59	2.32	0.21	2.32	1.63	3.04	1.91	0.09	2.29	2.26	偏峰分布	2.32	2.39
V	502	79.9	84.8	95.1	104	111	117	119	103	11.85	102	14.42	130	70.3	0.12	104	109	正态分布	109	110
W	34	1.50	1.59	1.69	1.81	1.91	1.99	2.06	1.79	0.20	1.78	1.40	2.32	1.27	0.11	1.81	1.84	正态分布	1.79	1.80
Y	34	22.33	23.00	24.00	25.66	27.00	28.13	29.69	25.57	2.39	25.46	6.47	31.00	20.38	0.09	25.66	26.00	正态分布	25.57	25.00
Zn	558	67.7	72.5	82.0	92.1	100.0	110	119	91.8	14.28	90.6	13.67	128	55.8	0.16	92.1	101	剔除后正态分布	91.8	101
Zr	34	223	225	231	238	252	290	301	247	24.52	246	23.79	311	213	0.10	238	252	正态分布	247	239
SiO₂	34	65.1	65.4	66.2	67.0	68.6	70.3	71.1	67.5	1.92	67.5	11.22	72.1	64.3	0.03	67.0	68.6	正态分布	67.5	67.6
Al₂O₃	34	12.65	13.05	13.87	14.23	14.82	15.10	15.20	14.15	0.87	14.12	4.52	15.57	11.58	0.06	14.23	13.87	正态分布	14.15	14.43
TFe₂O₃	34	4.00	4.12	4.42	4.88	5.03	5.22	5.32	4.76	0.45	4.74	2.42	5.77	3.75	0.09	4.88	4.92	正态分布	4.76	4.87
MgO	34	1.26	1.34	1.50	1.53	1.65	1.77	1.81	1.55	0.17	1.54	1.30	1.98	1.17	0.11	1.53	1.52	正态分布	1.55	1.56
CaO	34	0.84	0.87	0.95	0.99	1.12	1.29	1.41	1.06	0.24	1.04	1.21	2.10	0.77	0.23	0.99	0.96	正态分布	1.06	0.98
Na₂O	34	1.28	1.31	1.41	1.50	1.62	1.72	1.76	1.51	0.15	1.50	1.31	1.84	1.26	0.10	1.50	1.54	正态分布	1.51	1.48
K₂O	594	1.84	1.88	2.01	2.28	2.51	2.65	2.73	2.27	0.30	2.25	1.62	3.17	1.54	0.13	2.28	2.03	其他分布	2.03	2.51
TC	34	0.93	0.97	1.25	1.48	1.78	2.02	2.20	1.51	0.40	1.45	1.38	2.36	0.80	0.27	1.48	1.44	正态分布	1.51	1.54
Corg	43	0.70	0.80	0.96	1.21	1.54	2.00	2.09	1.30	0.45	1.23	1.41	2.72	0.61	0.35	1.21	1.18	其他分布	1.30	1.49
pH	596	4.71	5.02	5.53	6.33	7.30	7.86	8.11	5.42	5.05	6.38	2.91	8.68	4.16	0.93	6.33	7.83	其他分布	7.83	6.16

TFe_2O_3、MgO、CaO、Na_2O、TC、Corg 符合正态分布,Mo、N、P、Se 符合对数正态分布,B、Cu、Pb、Zn 剔除异常值后符合正态分布,Cd、Hg 剔除异常值后符合对数正态分布,其他元素/指标不符合正态分布或对数正态分布。

旱地区表层土壤总体为碱性,土壤 pH 背景值为 7.83,极大值为 8.68,极小值为 4.16,略高于嘉兴市背景值。

旱地区表层土壤各元素/指标中,大部分元素/指标变异系数小于 0.40,分布相对均匀;pH、Hg、Mo、Au、Se、P、N 变异系数不小于 0.40,其中 pH 变异系数大于 0.80,空间变异性较大。

与嘉兴市土壤元素背景值相比,旱地区土壤元素背景值中 Se、As 背景值略低于嘉兴市背景值,为嘉兴市背景值的 60%～80%;Mn 背景值略高于嘉兴市背景值,为嘉兴市背景值的 1.33 倍;Au 背景值明显偏高,为嘉兴市背景值的 1.50 倍;其他元素/指标背景值则与嘉兴市背景值基本接近。

三、园地土壤元素背景值

园地区土壤元素背景值数据经正态分布检验,结果表明(表 4-22),原始数据中 Ba、Be、Bi、Br、Ce、Cl、F、Ga、Ge、La、Li、Nb、Rb、Sc、Th、Ti、Tl、U、Y、SiO_2、Al_2O_3、TFe_2O_3、Na_2O、TC、Corg 共 25 项元素/指标符合正态分布,Ag、Au、I、Mn、Sb、Sn、Sr、W、CaO 符合对数正态分布,As、Pb、S、Zr、MgO 剔除异常值后符合正态分布,B、Cu 剔除异常值后符合对数正态分布,其他元素/指标不符合正态分布或对数正态分布。

园地区表层土壤总体为酸性,土壤 pH 背景值为 6.36,极大值为 8.50,极小值为 3.72,基本接近于嘉兴市背景值。

园地区表层土壤各元素/指标中,大部分元素/指标变异系数小于 0.40,分布相对均匀;pH、Hg、Au、Ag、Sb、Sn、N、Corg 变异系数不小于 0.40,其中 pH 变异系数大于 0.80,空间变异性较大。

与嘉兴市土壤元素背景值相比,园地区土壤元素背景值中 Mo、As、Se 背景值略低于嘉兴市背景值;Mn、I 背景值略高于嘉兴市背景值,与嘉兴市背景值比值在 1.2～1.4 之间;其他元素/指标背景值则与嘉兴市背景值基本接近。

四、林地土壤元素背景值

林地区土壤元素背景值数据经正态分布检验,结果表明(表 4-23),原始数据中 Ag、Au、Be、Bi、Ce、Cl、F、Ga、Ge、I、La、Li、Nb、Rb、S、Sb、Sc、Sn、Sr、Th、Ti、Tl、U、W、Y、Zr、SiO_2、Al_2O_3、TFe_2O_3、MgO、CaO、Na_2O、TC、Corg 符合正态分布,Br、N、pH 符合对数正态分布,As、B、Pb 剔除异常值后符合正态分布,Mo 剔除异常值后符合对数正态分布,其他元素/指标不符合正态分布或对数正态分布。Ba 样本量少于 30 件,因此未进行分布检验。

林地区表层土壤总体为酸性,土壤 pH 背景值为 6.16,极大值为 8.67,极小值为 3.94,与嘉兴市背景值相等。

林地区表层土壤各元素/指标中,大多数元素/指标变异系数小于 0.40,分布相对均匀;pH、Hg、I、Sn、N、CaO 变异系数不小于 0.40,其中 pH 变异系数大于 0.80,空间变异性较大。

与嘉兴市土壤元素背景值相比,林地区土壤元素背景值中 As 背景值略低于嘉兴市背景值;P 背景值明显偏低,仅为嘉兴市背景值的 29%;N 背景值略高于嘉兴市背景值;其他元素/指标背景值则与嘉兴市背景值基本接近。

第四章 土壤元素背景值

表 4-22 园地土壤元素背景值参数统计表

元素/指标	N	$X_{5\%}$	$X_{10\%}$	$X_{25\%}$	$X_{50\%}$	$X_{75\%}$	$X_{90\%}$	$X_{95\%}$	$\overline{X}$	S	$\overline{X}_g$	S_g	X_{max}	X_{min}	CV	X_{me}	X_{mo}	分布类型	园地背景值	嘉兴市背景值
Ag	123	81.0	85.0	94.0	104	119	141	156	113	49.74	108	14.60	577	67.0	0.44	104	94.0	对数正态分布	108	112
As	4204	5.08	5.55	6.46	7.40	8.45	9.36	9.96	7.45	1.45	7.31	3.22	11.52	3.45	0.20	7.40	10.10	剔除后正态分布	7.45	10.10
Au	123	1.71	1.92	2.30	2.80	3.60	5.08	6.49	3.22	1.49	2.96	2.04	10.40	0.90	0.46	2.80	2.40	对数正态分布	2.96	2.80
B	3744	50.3	53.2	58.7	65.4	72.8	79.8	84.0	66.1	10.29	65.3	11.21	95.3	37.40	0.16	65.4	63.7	剔除后对数分布	65.3	63.8
Ba	123	438	446	460	476	493	505	511	477	26.13	476	34.93	623	421	0.05	476	465	正态分布	477	474
Be	123	2.13	2.21	2.28	2.44	2.55	2.70	2.75	2.43	0.21	2.42	1.66	3.01	1.65	0.09	2.44	2.45	正态分布	2.43	2.42
Bi	123	0.29	0.30	0.34	0.39	0.44	0.49	0.51	0.39	0.08	0.39	1.81	0.76	0.19	0.20	0.39	0.35	正态分布	0.39	0.40
Br	123	3.30	3.50	4.11	4.94	5.65	6.65	7.05	4.98	1.17	4.85	2.61	8.10	2.28	0.23	4.94	4.70	正态分布	4.98	4.95
Cd	4057	0.09	0.10	0.12	0.15	0.18	0.21	0.23	0.15	0.04	0.14	3.10	0.27	0.03	0.29	0.15	0.14	其他分布	0.14	0.16
Ce	123	65.3	67.4	69.9	72.7	76.3	78.8	79.7	72.7	5.00	72.5	11.87	84.0	55.7	0.07	72.7	72.0	正态分布	72.7	72.4
Cl	123	42.72	45.62	51.6	58.5	67.4	77.7	83.8	61.5	15.66	59.9	10.64	142	40.37	0.25	58.5	65.5	正态分布	61.5	66.8
Co	3855	10.70	11.60	13.40	14.90	16.10	17.20	17.80	14.65	2.09	14.49	4.71	20.20	9.12	0.14	14.90	15.00	其他分布	15.00	15.00
Cr	4137	64.4	68.4	76.4	83.4	89.2	94.5	97.0	82.5	9.75	81.9	12.77	109	56.2	0.12	83.4	83.0	偏峰分布	83.0	83.0
Cu	4036	21.90	23.70	27.30	31.20	35.70	40.30	43.50	31.67	6.43	31.01	7.47	49.90	14.10	0.20	31.20	32.00	剔除后对数分布	31.01	35.00
F	123	423	479	544	583	632	690	715	583	81.5	576	38.61	754	349	0.14	583	583	正态分布	583	603
Ga	123	13.72	14.49	15.31	16.36	17.81	18.71	19.26	16.50	1.74	16.41	5.05	21.00	11.00	0.11	16.36	16.00	正态分布	16.50	16.00
Ge	123	1.36	1.38	1.44	1.52	1.58	1.61	1.63	1.51	0.09	1.51	1.28	1.68	1.30	0.06	1.52	1.61	正态分布	1.51	1.56
Hg	3964	0.06	0.08	0.11	0.16	0.23	0.32	0.37	0.18	0.09	0.16	2.97	0.48	0.01	0.52	0.16	0.13	其他分布	0.13	0.15
I	123	1.30	1.50	1.80	2.10	2.70	3.20	3.78	2.27	0.76	2.16	1.74	5.00	1.10	0.33	2.10	2.20	对数正态分布	2.16	1.80
La	123	31.40	33.43	36.04	38.50	41.00	43.00	44.00	38.43	3.74	38.24	8.26	49.50	28.00	0.10	38.50	39.00	正态分布	38.43	37.51
Li	123	38.11	40.30	44.55	48.10	51.5	55.7	57.7	48.01	6.12	47.59	9.18	62.1	25.40	0.13	48.10	48.10	正态分布	48.01	48.76
Mn	4009	424	461	532	635	757	878	952	655	168	634	41.18	1693	122	0.26	635	601	对数正态分布	634	518
Mo	4091	0.34	0.39	0.45	0.55	0.67	0.78	0.86	0.57	0.16	0.55	1.54	1.03	0.19	0.27	0.55	0.47	其他分布	0.47	0.62
N	4177	0.66	0.77	0.95	1.25	1.72	2.19	2.43	1.37	0.54	1.26	1.55	2.93	0.26	0.40	1.25	1.31	其他分布	1.31	1.10
Nb	123	13.60	14.20	15.49	16.83	17.82	18.81	18.81	16.52	1.78	16.42	5.07	21.78	11.88	0.11	16.83	16.83	正态分布	16.52	15.84
Ni	4168	25.10	27.30	31.90	36.00	39.20	42.10	43.70	35.37	5.53	34.91	7.82	50.3	20.30	0.16	36.00	35.00	其他分布	35.00	36.00
P	3920	0.49	0.53	0.61	0.73	0.91	1.13	1.27	0.78	0.24	0.75	1.39	1.51	0.15	0.30	0.73	0.62	其他分布	0.62	0.69
Pb	4141	21.40	23.00	25.60	28.50	31.50	34.40	36.50	28.64	4.46	28.28	7.06	40.90	16.70	0.16	28.50	31.00	剔除后正态分布	28.64	32.00

续表 4-22

元素/指标	N	$X_{5\%}$	$X_{10\%}$	$X_{25\%}$	$X_{50\%}$	$X_{75\%}$	$X_{90\%}$	$X_{95\%}$	$\bar{X}$	S	$\bar{X}_g$	S_g	X_{max}	X_{min}	CV	X_{me}	X_{mo}	分布类型	园地背景值	嘉兴市背景值
Rb	123	97.0	105	112	120	126	132	135	118	11.70	118	15.49	142	79.0	0.10	120	124	正态分布	118	119
S	118	137	150	174	216	263	308	339	223	60.8	214	22.30	392	85.0	0.27	216	207	剔除后正态分布	223	262
Sb	123	0.46	0.48	0.50	0.55	0.61	0.68	0.74	0.59	0.26	0.57	1.50	3.23	0.43	0.44	0.55	0.53	对数正态分布	0.57	0.55
Sc	123	9.60	10.30	11.40	12.27	13.20	14.00	14.30	12.25	1.46	12.16	4.20	15.62	7.90	0.12	12.27	11.20	正态分布	12.25	12.31
Se	4198	0.13	0.15	0.19	0.24	0.29	0.34	0.38	0.24	0.08	0.23	2.41	0.46	0.04	0.32	0.24	0.21	其他分布	0.21	0.29
Sn	123	6.10	6.32	7.55	9.00	11.90	15.32	16.60	10.15	4.22	9.48	3.80	34.80	3.60	0.42	9.00	8.90	对数正态分布	9.48	10.75
Sr	123	101	105	109	115	121	133	140	116	11.51	116	15.62	173	98.9	0.10	115	116	对数正态分布	116	113
Th	123	11.01	11.41	12.26	13.20	14.25	15.08	15.75	13.22	1.46	13.14	4.44	17.70	9.50	0.11	13.20	13.20	正态分布	13.22	12.94
Ti	123	4153	4272	4422	4566	4746	4909	5029	4578	268	4570	129	5388	3726	0.06	4566	4474	正态分布	4578	4472
Tl	123	0.49	0.53	0.58	0.63	0.68	0.73	0.75	0.63	0.08	0.63	1.35	0.81	0.42	0.12	0.63	0.66	正态分布	0.63	0.65
U	123	2.00	2.09	2.24	2.41	2.53	2.72	2.93	2.40	0.26	2.39	1.67	3.07	1.67	0.11	2.41	2.48	正态分布	2.40	2.39
V	3873	86.0	89.9	98.2	107	113	119	122	106	10.96	105	14.70	135	75.1	0.10	107	105	其他分布	105	110
W	123	1.43	1.53	1.62	1.79	1.89	2.10	2.24	1.81	0.42	1.78	1.44	5.59	0.91	0.23	1.79	1.81	对数正态分布	1.78	1.80
Y	123	21.77	23.00	24.00	25.08	27.00	28.00	29.00	25.41	2.28	25.31	6.47	32.00	18.00	0.09	25.08	24.00	正态分布	25.41	25.00
Zn	4051	67.3	72.5	82.2	92.1	102	115	122	92.9	16.16	91.5	13.78	138	49.50	0.17	92.1	102	其他分布	102	101
Zr	115	220	224	235	242	252	264	269	243	14.73	243	23.82	281	213	0.06	242	243	剔除后正态分布	243	239
SiO₂	123	65.0	65.3	66.8	67.8	69.0	71.0	71.5	68.1	2.10	68.0	11.42	75.5	64.1	0.03	67.8	68.3	正态分布	68.1	67.6
Al₂O₃	123	12.44	12.89	13.68	14.24	14.64	15.05	15.26	14.05	0.92	14.02	4.55	15.53	9.75	0.07	14.24	14.24	正态分布	14.05	14.43
TFe₂O₃	123	3.85	4.07	4.46	4.83	5.13	5.41	5.52	4.78	0.51	4.75	2.44	5.94	3.35	0.11	4.83	4.75	正态分布	4.78	4.87
MgO	116	1.33	1.37	1.50	1.58	1.64	1.71	1.76	1.56	0.12	1.56	1.30	1.84	1.28	0.08	1.58	1.56	剔除后正态分布	1.56	1.56
CaO	123	0.84	0.86	0.90	0.98	1.07	1.20	1.34	1.03	0.28	1.01	1.20	3.54	0.71	0.27	0.98	0.89	对数正态分布	1.01	0.98
Na₂O	123	1.30	1.34	1.42	1.51	1.61	1.79	1.88	1.53	0.17	1.52	1.32	2.02	1.23	0.11	1.51	1.51	正态分布	1.53	1.48
K₂O	4248	1.87	1.92	2.03	2.30	2.51	2.63	2.70	2.28	0.28	2.26	1.62	3.22	1.50	0.12	2.30	2.50	其他分布	2.50	2.51
TC	123	0.86	0.92	1.08	1.32	1.69	2.05	2.17	1.41	0.43	1.35	1.39	2.67	0.66	0.30	1.32	1.12	正态分布	1.41	1.54
Corg	236	0.71	0.78	0.97	1.37	1.92	2.32	2.54	1.48	0.60	1.36	1.55	3.27	0.46	0.40	1.37	0.92	正态分布	1.48	1.49
pH	4275	4.72	5.00	5.54	6.14	6.78	7.50	7.82	5.39	4.96	6.18	2.86	8.50	3.72	0.92	6.14	6.36	其他分布	6.36	6.16

第四章 土壤元素背景值

表 4-23 林地土壤元素背景值参数统计表

元素/指标	N	$X_{5\%}$	$X_{10\%}$	$X_{25\%}$	$X_{50\%}$	$X_{75\%}$	$X_{90\%}$	$X_{95\%}$	$\bar{X}$	S	$\bar{X}_g$	S_g	X_{max}	X_{min}	CV	X_{me}	X_{mo}	分布类型	林地背景值	嘉兴市背景值
Ag	30	59.8	63.8	86.0	110	132	144	153	107	30.14	103	13.93	159	56.0	0.28	110	119	正态分布	119	112
As	1167	5.39	6.01	7.03	7.94	8.87	9.75	10.20	7.91	1.42	7.77	3.34	11.80	4.16	0.18	7.94	10.20	剔除后正态分布	7.91	10.10
Au	30	1.79	1.99	2.32	3.25	4.30	4.80	5.07	3.33	1.16	3.13	2.03	5.50	1.70	0.35	3.25	2.80	正态分布	2.80	2.80
B	1069	45.84	49.28	56.1	64.1	71.3	78.7	85.4	64.2	11.56	63.1	11.04	95.3	32.40	0.18	64.1	62.5	剔除后正态分布	64.2	63.8
Ba	26	446	452	459	478	499	510	515	480	23.41	479	34.18	519	436	0.05	478	478	—	478	474
Be	30	1.91	1.93	2.17	2.29	2.44	2.54	2.57	2.28	0.22	2.27	1.59	2.78	1.89	0.10	2.29	2.33	正态分布	2.33	2.42
Bi	30	0.27	0.30	0.33	0.38	0.42	0.49	0.50	0.38	0.07	0.38	1.86	0.51	0.24	0.19	0.38	0.38	正态分布	0.38	0.40
Br	30	3.36	3.49	4.56	5.12	5.94	6.42	9.14	5.47	2.02	5.20	2.80	13.13	2.77	0.37	5.12	4.80	对数正态分布	4.80	4.95
Cd	1157	0.07	0.09	0.12	0.15	0.18	0.22	0.24	0.15	0.05	0.14	3.14	0.29	0.02	0.34	0.15	0.14	其他分布	0.14	0.16
Ce	30	65.7	67.6	69.0	72.0	73.9	76.5	78.3	71.9	4.30	71.7	11.49	82.1	61.1	0.06	72.0	72.0	正态分布	72.0	72.4
Cl	30	44.45	46.12	55.0	66.7	72.5	83.5	87.0	65.8	15.92	64.1	10.67	117	43.98	0.24	66.7	66.0	正态分布	66.0	66.8
Co	978	11.88	12.70	14.13	15.30	16.40	17.40	17.91	15.19	1.79	15.08	4.80	19.90	10.50	0.12	15.30	15.10	偏峰分布	15.10	15.00
Cr	1084	69.0	74.0	80.7	86.0	91.1	95.2	98.6	85.5	8.52	85.1	13.00	109	59.9	0.10	86.0	85.0	偏峰分布	85.0	83.0
Cu	1078	20.95	24.80	28.70	32.00	35.80	40.30	42.61	32.20	6.23	31.56	7.58	49.00	15.40	0.19	32.00	32.00	其他分布	32.00	35.00
F	30	374	400	490	596	653	680	694	568	112	555	36.48	773	308	0.20	596	610	正态分布	610	603
Ga	30	13.23	14.47	15.00	15.92	17.52	18.09	18.60	16.04	1.65	15.95	4.84	19.04	12.75	0.10	15.92	15.00	正态分布	15.00	16.00
Ge	30	1.32	1.34	1.40	1.48	1.56	1.58	1.60	1.48	0.09	1.47	1.26	1.61	1.29	0.06	1.48	1.46	正态分布	1.46	1.56
Hg	1148	0.05	0.06	0.10	0.16	0.23	0.31	0.35	0.17	0.09	0.15	3.09	0.47	0.01	0.54	0.16	0.14	其他分布	0.14	0.15
I	30	1.50	1.50	1.70	2.10	2.65	4.11	4.36	2.41	1.09	2.23	1.87	6.10	1.40	0.45	2.10	1.70	正态分布	1.70	1.80
La	30	33.43	34.00	35.81	37.70	39.67	42.45	44.18	37.78	3.26	37.65	7.99	45.50	32.50	0.09	37.70	38.00	正态分布	38.00	37.51
Li	30	31.67	32.63	38.15	45.85	49.58	52.5	55.8	44.13	7.92	43.40	8.42	57.5	29.50	0.18	45.85	48.30	正态分布	48.30	48.76
Mn	1113	412	453	520	632	760	863	919	645	161	625	40.78	1120	211	0.25	632	501	偏峰后对数分布	501	518
Mo	1111	0.35	0.40	0.49	0.59	0.69	0.80	0.89	0.60	0.16	0.57	1.50	1.06	0.18	0.27	0.59	0.59	正态分布	0.57	0.62
N	1200	0.62	0.72	0.99	1.44	1.93	2.39	2.64	1.50	0.64	1.36	1.69	5.39	0.22	0.43	1.44	1.46	对数正态分布	1.36	1.10
Nb	30	14.57	14.71	15.82	16.83	17.80	18.81	18.86	16.67	1.52	16.60	5.02	19.80	13.86	0.09	16.83	15.84	正态分布	15.84	15.84
Ni	1080	28.00	30.90	34.60	37.60	40.10	42.41	43.90	37.09	4.61	36.78	8.03	49.90	23.30	0.12	37.60	34.00	偏峰分布	34.00	36.00
P	1131	0.29	0.46	0.58	0.72	0.88	1.05	1.18	0.73	0.24	0.69	1.52	1.41	0.15	0.33	0.72	0.20	其他分布	0.20	0.69
Pb	1162	22.80	24.31	26.80	29.60	32.20	35.00	36.70	29.59	4.09	29.31	7.20	40.80	18.80	0.14	29.60	32.00	剔除后正态分布	29.59	32.00

元素/指标	N	$X_{5\%}$	$X_{10\%}$	$X_{25\%}$	$X_{50\%}$	$X_{75\%}$	$X_{90\%}$	$X_{95\%}$	$\bar{X}$	S	$\bar{X}_g$	S_g	X_{max}	X_{min}	CV	X_{me}	X_{mo}	分布类型	林地背景值	嘉兴市背景值
Rb	30	92.0	95.6	106	117	122	131	133	114	12.94	114	14.81	133	88.0	0.11	117	117	正态分布	117	119
S	30	160	179	200	264	326	372	389	268	78.5	257	23.33	429	141	0.29	264	235	正态分布	235	262
Sb	30	0.48	0.50	0.55	0.62	0.75	0.83	0.87	0.64	0.13	0.63	1.41	0.90	0.45	0.20	0.62	0.61	正态分布	0.61	0.55
Sc	30	9.45	9.74	10.85	11.61	13.16	14.32	15.29	11.97	1.86	11.83	4.05	16.16	8.85	0.16	11.61	11.02	正态分布	11.02	12.31
Se	1155	0.12	0.14	0.19	0.25	0.31	0.35	0.39	0.25	0.08	0.23	2.40	0.49	0.04	0.33	0.25	0.28	其他分布	0.28	0.29
S_1	30	4.93	6.54	7.60	10.20	13.38	19.52	20.30	11.19	4.91	10.19	3.91	22.40	3.40	0.44	10.20	10.90	正态分布	10.90	10.75
S-	30	95.1	97.8	106	116	119	124	126	113	14.52	112	14.88	162	73.8	0.13	116	105	正态分布	105	113
Th	30	10.60	10.97	11.90	12.73	14.08	15.52	16.68	13.05	1.87	12.93	4.33	17.60	10.06	0.14	12.73	11.90	正态分布	11.90	12.94
Ti	30	4048	4079	4194	4339	4517	4848	4888	4409	295	4400	122	5252	3996	0.07	4339	4079	正态分布	4079	4472
Tl	30	0.51	0.52	0.60	0.64	0.67	0.69	0.73	0.63	0.06	0.63	1.34	0.78	0.51	0.10	0.64	0.67	正态分布	0.67	0.65
U	30	2.14	2.15	2.29	2.40	2.62	2.74	2.86	2.44	0.24	2.43	1.68	2.98	2.12	0.10	2.40	2.30	正态分布	2.30	2.39
V	980	90.0	94.2	103	108	114	119	122	108	9.44	107	14.89	133	81.6	0.09	108	110	其他分布	110	110
W	30	1.52	1.60	1.73	1.83	1.98	2.07	2.09	1.84	0.20	1.83	1.42	2.26	1.32	0.11	1.83	1.82	正态分布	1.82	1.80
Y	30	21.00	21.06	23.49	24.29	26.78	28.10	29.18	24.80	2.60	24.67	6.23	30.68	21.00	0.10	24.29	24.00	正态分布	24.00	25.00
Zn	1112	64.6	73.9	84.7	92.8	101	111	117	92.6	14.58	91.4	13.84	131	55.0	0.16	92.8	102	其他分布	102	101
Zr	30	223	228	236	247	271	304	331	259	34.44	257	24.56	350	218	0.13	247	247	正态分布	247	239
SiO_2	30	64.3	66.1	66.8	67.5	71.3	74.2	74.8	68.9	3.31	68.8	11.38	76.0	63.4	0.05	67.5	71.4	正态分布	71.4	67.6
Al_2O_3	30	11.87	12.36	13.04	13.97	14.57	14.83	15.25	13.82	1.08	13.78	4.44	15.85	11.35	0.08	13.97	13.82	正态分布	13.82	14.43
TFe_2O_3	30	3.54	3.67	4.20	4.68	4.95	5.26	5.48	4.56	0.60	4.52	2.34	5.57	3.51	0.13	4.68	4.70	正态分布	4.70	4.87
MgO	30	0.91	1.00	1.24	1.51	1.60	1.71	1.82	1.44	0.29	1.40	1.33	1.85	0.66	0.20	1.51	1.50	正态分布	1.50	1.56
CaO	30	0.52	0.67	0.86	0.99	1.12	1.32	1.41	1.03	0.42	0.97	1.43	2.82	0.35	0.40	0.99	1.06	正态分布	1.06	0.98
Na_2O	30	1.26	1.30	1.40	1.48	1.60	1.73	1.89	1.51	0.21	1.50	1.32	2.09	1.09	0.14	1.48	1.43	其他分布	1.43	1.48
K_2O	1190	1.91	1.98	2.20	2.45	2.59	2.70	2.78	2.39	0.28	2.38	1.67	3.16	1.67	0.12	2.45	2.60	正态分布	2.60	2.51
TC	30	1.04	1.12	1.27	1.47	1.80	2.02	2.15	1.53	0.36	1.49	1.35	2.25	0.93	0.24	1.47	1.47	正态分布	1.47	1.54
Corg	99	0.92	0.99	1.19	1.62	1.94	2.38	2.59	1.65	0.55	1.56	1.53	2.93	0.53	0.33	1.62	1.09	正态分布	1.65	1.49
pH	1211	4.62	4.88	5.46	6.05	6.72	7.70	8.02	5.35	5.01	6.16	2.85	8.67	3.94	0.94	6.05	6.26	对数正态分布	6.16	6.16

第五章　土壤碳与碳储量估算

土壤是陆地生态系统的核心,是"地球关键带"研究中的重点内容之一。土壤碳库是地球陆地碳库的主要组成部分,在陆地水、大气、生物等不同系统中的碳循环研究中有着重要作用。

第一节　土壤碳与有机碳的区域分布

一、深层土壤碳与有机碳的区域分布

如表 5-1 所示,在嘉兴市深层土壤中总碳(TC)算术平均值为 0.76%,极大值为 2.27%,极小值为 0.24%。TC 基准值(0.76%)与浙江省基准值及中国基准值相比,远高于浙江省基准值,接近于中国基准值。低值区分布在南部沿海海宁市—海盐县—平湖市一带,高值区主要分布于桐乡市北部。

嘉兴市深层土壤有机碳(TOC)算术平均值为 0.36%,极大值为 2.10%,极小值为 0.12%。TOC 基准值(0.32%)与浙江省基准值及中国基准值相比,略低于浙江省基准值,接近于中国基准值。高值区主要分布于桐乡市北部,低值区主要分布于南部海宁市、中部南湖区—秀洲区一带。

表 5-1　嘉兴市深层土壤总碳与有机碳统计参数表

元素/指标	N/件	$\overline{X}$/%	$\overline{X}_g$/%	S/%	CV	X_{max}/%	X_{min}/%	X_{mo}/%	X_{me}/%	浙江省基准值/%	中国基准值/%
TC	232	0.76	0.72	0.25	0.33	2.27	0.24	0.85	0.73	0.43	0.90
TOC	232	0.36	0.32	0.19	0.55	2.10	0.12	0.25	0.31	0.42	0.30

注:浙江省基准值引自《浙江省土壤元素背景值》(黄春雷等,2023);中国基准值引自《全国地球化学基准网建立与土壤地球化学基准值特征》(王学求等,2016)。

二、表层土壤碳与有机碳的区域分布

如表 5-2 所示,在嘉兴市表层土壤中,总碳(TC)算术平均值为 1.61%,极大值为 2.91%,极小值为 0.66%。TC 背景值(1.54%)与浙江省背景值、中国背景值相比,接近于浙江省背景值和中国背景值。低值区分布在南部桐乡市、海宁市一带,高值区主要分布于北部嘉善县—平湖市一带。

土壤有机碳(TOC)算术平均值为 1.71%,极大值为 3.56%,极小值为 0.26%。TOC 背景值(1.49%)与浙江省背景值、中国背景值相比,接近于浙江省背景值,而远高于中国背景值,是中国背景值的 2.48 倍。在区域分布上,TOC 含量分布基本与 TC 相同,低值区分布于南部桐乡市、海宁市一带,高值区主要分布于北部嘉善县—平湖市一带。

表 5-2　嘉兴市表层土壤总碳与有机碳参数统计表

元素/指标	N/件	$\overline{X}$/%	$\overline{X}_g$/%	S/%	CV	X_{max}/%	X_{min}/%	X_{mo}/%	X_{me}/%	浙江省背景值/%	中国背景值/%
TC	951	1.61	1.61	0.46	0.28	3.41	0.66	1.53	1.57	1.43	1.30
TOC	2365	1.71	1.59	0.65	3.38	3.56	0.26	1.49	1.71	1.31	0.60

注：浙江省背景值引自《浙江省土壤元素背景值》(黄春雷等,2023)；中国背景值引自《全国地球化学基准网建立与土壤地球化学基准值特征》(王学求等,2016)。

第二节　单位土壤碳量与碳储量计算方法

依据奚小环等(2009)提出的碳储量计算方法,利用多目标地球化学调查数据,根据《多目标区域地球化学调查规范(1：250 000)》(DZ/T 0258—2014)》要求,计算单位土壤碳量与碳储量,即以多目标区域地球化学调查确定的土壤表层样品分析单元为最小计算单位,土壤表层碳含量单元为4km²,深层土壤样根据与表深层土样的对应关系,利用ArcGIS对深层样测试分析结果进行空间插值,碳含量单元为4km²,依据其不同的分布模式计算得到单位土壤碳量,通过对单位土壤碳量进行加和计算得到土壤碳储量。

研究表明,土壤碳含量由表层至深层存在两种分布模式,其中有机碳含量分布为指数模式,无机碳含量为直线模式。区域土壤容重利用《浙江土壤》(俞震豫等,1994)中的土壤容重统计结果进行计算(表5-3)。

表 5-3　浙江省主要土壤类型土壤容重统计表　　　　单位:t/m³

土壤类型	红壤	黄壤	紫色土	石灰岩土	粗骨土	潮土	滨海盐土	水稻土
土壤容重	1.20	1.20	1.20	1.20	1.20	1.33	1.33	1.08

一、有机碳(TOC)单位土壤碳量(USCA)计算

1. 深层土壤有机碳单位碳量计算

深层土壤有机碳单位碳量计算公式为：
$$USCA_{TOC,0-120cm} = TOC \times D \times 4 \times 10^4 \times \rho \qquad (5-1)$$

式中：$USCA_{TOC,0-120cm}$为0~1.20m深度(即0~120cm)土壤有机碳单位碳量(t)；TOC为有机碳含量(%)；D为采样深度(1.20m)；4为表层土壤单位面积(4km²)；10^4为单位土壤面积换算系数；ρ为土壤容重(t/m³)。式(5-1)中TOC的计算公式为：

$$TOC = \frac{(TOC_{表} - TOC_{深}) \times (d_1 - d_2)}{d_2(\ln d_1 - \ln d_2)} + TOC_{深} \qquad (5-2)$$

式中：$TOC_{表}$为表层土壤有机碳含量(%)；$TOC_{深}$为深层土壤有机碳含量(%)；d_1取表样采样深度中间值0.1m；d_2取深层样平均采样深度1.20m(或实际采样深度)。

2. 中层土壤有机碳单位碳量计算

中层土壤(计算深度为1.00m)有机碳单位碳量计算公式为：

$$\text{USCA}_{\text{TOC},0-100\text{cm}} = \text{TOC} \times D \times 4 \times 10^4 \times \rho \quad (5-3)$$

式中：$\text{USCA}_{\text{TOC},0-100\text{cm}}$ 表示采样深度为 1.20m 以下时，计算 1.00m(100cm)深度土壤有机碳含量(t)；其他参数同前。其中，TOC 的计算公式为：

$$\text{TOC} = \frac{(\text{TOC}_\text{表} - \text{TOC}_\text{深}) \times [(d_1 - d_3) + (\ln d_3 - \ln d_2)]}{d_3(\ln d_1 - \ln d_2)} + \text{TOC}_\text{深} \quad (5-4)$$

式中：d_3 为计算深度 1.00m；其他参数同前。

3. 表层土壤有机碳单位碳量计算

表层土壤有机碳单位碳量计算公式为：

$$\text{USCA}_{\text{TOC},0-20\text{cm}} = \text{TOC} \times D \times 4 \times 10^4 \times \rho \quad (5-5)$$

式中：TOC 为表层土壤有机碳实测值(%)；D 为采样深度(0~20cm)；其他参数同前。

二、无机碳(TIC)单位土壤碳量(USCA)计算

1. 深层土壤无机碳单位碳量计算

深层土壤无机碳单位碳量计算公式为：

$$\text{USCA}_{\text{TIC},0-120\text{cm}} = [(\text{TIC}_\text{表} + \text{TIC}_\text{深})/2] \times D \times 4 \times 10^4 \times \rho \quad (5-6)$$

式中：$\text{TIC}_\text{表}$ 与 $\text{TIC}_\text{深}$ 分别由总碳实测数据减去有机碳数据取得(%)；其他参数同前。

2. 中层土壤无机碳单位碳量计算

中层土壤无机碳单位碳量计算公式为：

$$\text{USCA}_{\text{TIC},0-100\text{cm}(\text{深}120\text{cm})} = [(\text{TIC}_\text{表} + \text{TIC}_{100\text{cm}})/2] \times D \times 4 \times 10^4 \times \rho \quad (5-7)$$

式中：$\text{USCA}_{\text{TIC},0-100\text{cm}(\text{深}120\text{cm})}$ 表示采样深度为 1.20m 时，计算 1.00m 深度(即 100cm)土壤无机碳单位碳量(t)；D 为 1.00m；$\text{TIC}_{100\text{cm}}$ 采用内插法确定；其他参数同前。

3. 表层土壤无机碳单位碳量计算

表层土壤无机碳单位碳量计算公式为：

$$\text{USCA}_{\text{TIC},0-20\text{cm}} = \text{TIC}_\text{表} \times D \times 4 \times 10^4 \times \rho \quad (5-8)$$

式中：$\text{TIC}_\text{表}$ 由总碳实测数据减去有机碳数据取得(%)；其他参数同前。

三、总碳(TC)单位土壤碳量(USCA)计算

1. 深层土壤总碳单位碳量计算

深层土壤总碳单位碳量计算公式为：

$$\text{USCA}_{\text{TC},0-120\text{cm}} = \text{USCA}_{\text{TOC},0-120\text{cm}} + \text{USCA}_{\text{TIC},0-120\text{cm}} \quad (5-9)$$

当实际采样深度超过 1.20m(120cm)时，取实际采样深度值。

2. 中层土壤总碳单位碳量计算

中层土壤总碳单位碳量计算公式为：

$$\text{USCA}_{\text{TC},0-100\text{cm}(\text{深}120\text{cm})} = \text{USCA}_{\text{TOC},0-100\text{cm}(\text{深}120\text{cm})} + \text{USCA}_{\text{TIC},0-100\text{cm}(\text{深}120\text{cm})} \quad (5-10)$$

3. 表层土壤总碳单位碳量计算

表层土壤总碳单位碳量计算公式为：

$$\text{USCA}_{\text{TC},0-20\text{cm}} = \text{USCA}_{\text{TOC},0-20\text{cm}} + \text{USCA}_{\text{TIC},0-20\text{cm}} \tag{5-11}$$

四、土壤碳储量（SCR）

土壤碳储量为研究区内所有单位碳量总和，其计算公式为：

$$\text{SCR} = \sum_{i=1}^{n} \text{USCA} \tag{5-12}$$

式中：SCR 为土壤碳储量（t）；USCA 为单位土壤碳量（t）；n 为土壤碳储量计算范围内单位土壤碳量的加和个数。

第三节 土壤碳密度与碳储量分布特征

一、土壤碳密度总体分布特征

嘉兴市土壤碳密度空间分布特征如图 5-1～图 5-3 所示，土壤碳密度由表层→中层→深层呈现规律性变化。整体分布态势表现为东北部嘉善县—平湖市一带呈现出高值区，南西侧桐乡市—海宁市一带为低值区。土壤碳密度与嘉兴区内湖沼相成土母质、地表水系发育程度等有关。

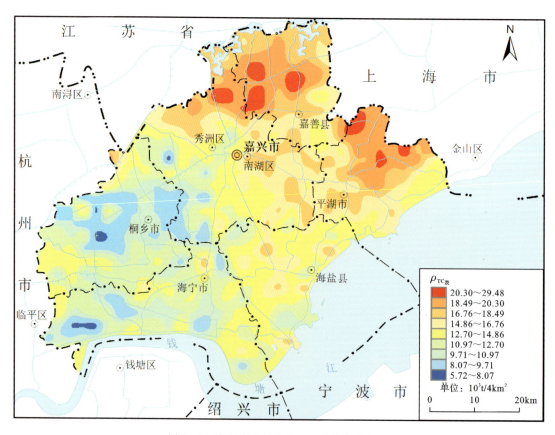

图 5-1 嘉兴市表层土壤 TC 碳密度分布图

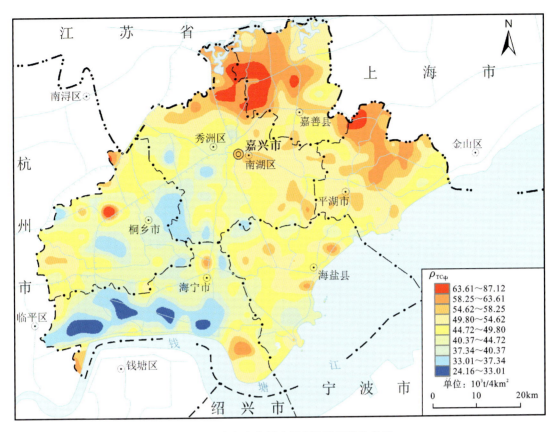

图 5-2　嘉兴市中层土壤 TC 碳密度分布图

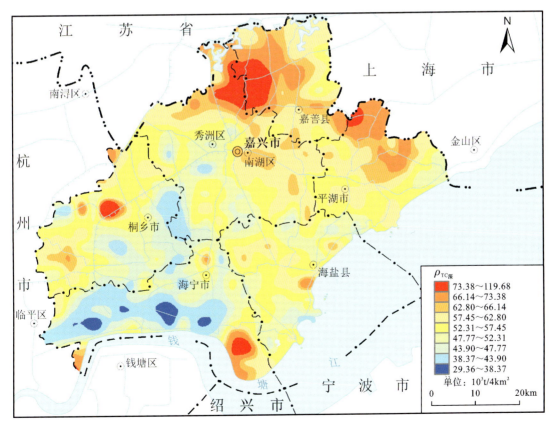

图 5-3　嘉兴市深层土壤 TC 碳密度分布图

表层(0~0.2m)土壤碳密度高值区分布于嘉兴市东北部嘉善县—平湖市一带,低值区主要分布于南西侧桐乡市—海宁市一带。碳密度极大值为 $29.48×10^3 t/4km^2$,极小值为 $5.72×10^3 t/4km^2$。

中层(0~1.0m)土壤碳密度分布与表层态势大体相同。碳密度极大值为 $87.12×10^3 t/4km^2$,极小值为 $24.16×10^3 t/4km^2$。

深层(0~1.2m)土壤碳密度与表层、中层基本相同。土壤中碳密度极大值为 $119.68×10^3 t/4km^2$,极小值为 $29.36×10^3 t/4km^2$。

二、不同深度土壤碳密度与碳储量分布特征

根据土壤碳量及碳储量计算方法,嘉兴市不同深度土壤的碳密度及碳储量计算结果如表 5-4 所示。

表 5-4 嘉兴市不同深度土壤碳密度及碳储量统计表

土壤层	碳密度/$10^3 t·km^{-2}$			碳储量/$10^6 t$			TOC 储量占比/%
	TOC	TIC	TC	TOC	TIC	TC	
表层	2.86	0.65	3.51	10.85	2.47	13.32	81.46
中层	8.43	3.54	11.97	31.99	13.42	45.41	70.45
深层	9.28	4.58	13.86	35.24	17.37	52.61	66.98

嘉兴市表层、中层、深层土壤中 TIC 密度分别为 $0.65×10^3 t/km^2$、$3.54×10^3 t/km^2$、$4.58×10^3 t/km^2$;TOC 密度分别为 $2.86×10^3 t/km^2$、$8.43×10^3 t/km^2$、$9.28×10^3 t/km^2$;TC 密度分别为 $3.51×10^3 t/km^2$、$11.97×10^3 t/km^2$、$13.86×10^3 t/km^2$;其中表层 TC 密度略高于中国总碳密度 $3.19×10^3 t/km^2$(奚小环等,2010),中层 TC 密度略高于中国总碳密度平均值 $11.65×10^3 t/km^2$。

从不同深度土壤碳密度可以看出,随着土壤深度的增加,TOC、TIC、TC 均逐渐增加。在表层(0~0.2m)、中层(0~1.0m)、深层(0~1.2m)不同深度土体中,TOC 密度之比为 1∶2.95∶3.24,TIC 密度之比为 1∶5.45∶7.05,TC 密度之比为 1∶3.41∶3.95。

嘉兴市土壤中(0~1.2m)碳储量为 $52.61×10^6 t$,其中 TOC 储量为 $35.24×10^6 t$,TIC 储量为 $17.37×10^6 t$,TOC 储量与 TIC 储量之比约为 2.03∶1。土壤中的碳以 TOC 为主,占 TC 的 66.98%。随着土体深度的增加,TOC 储量的比例有减少趋势,TIC 储量的比例逐渐增加,但仍以 TOC 为主。

三、不同土壤类型土壤碳密度与碳储量分布

嘉兴市主要分布有 6 种土壤类型,不同土壤类型土壤碳密度及碳储量(SCR)统计结果如表 5-5 所示。

深层土壤中,TOC 密度以红壤为最高($10.72×10^3 t/km^2$),其次为脱潜潴育水稻土、潮土、滨海盐土、潴育水稻土,最低为渗育水稻土($8.21×10^3 t/km^2$)。TIC 密度以滨海盐土为最高($6.87×10^3 t/km^2$),其次为潮土等,而最低则为红壤($4.15×10^3 t/km^2$)。

中层土壤中,TOC 密度以脱潜潴育水稻土最高($9.46×10^3 t/km^2$),其次为红壤、潮土、滨海盐土、潴育水稻土,最低为渗育水稻土($7.30×10^3 t/km^2$)。TIC 密度以滨海盐土为最高($5.60×10^3 t/km^2$),其次为潮土、脱潜潴育水稻土、潴育水稻土等,最低为红壤($3.08×10^3 t/km^2$)。

表层土壤中,TOC 密度以脱潜潴育水稻土最高,达 $3.39×10^3 t/km^2$,其次为红壤、潴育水稻土、潮土、滨海盐土,最低为渗育水稻土($2.22×10^3 t/km^2$)。TIC 密度以滨海盐土为最高,为 $1.09×10^3 t/km^2$,其次为脱潜潴育水稻土、潴育水稻土、潮土等,最低为红壤($0.54×10^3 t/km^2$)。

表 5-5 嘉兴市不同土壤类型土壤碳密度及碳储量统计表

土壤类型	面积	表层(0~0.2m)			中层(0~1.0m)			深层(0~1.2m)		
		TOC密度	TIC密度	SCR	TOC密度	TIC密度	SCR	TOC密度	TIC密度	SCR
	km^2	$10^3 t/km^2$		$10^6 t$	$10^3 t/km^2$		$10^6 t$	$10^3 t/km^2$		$10^6 t$
滨海盐土	52	2.55	1.09	0.19	8.26	5.60	0.72	9.18	6.87	0.83
潮土	104	2.60	0.64	0.34	8.27	3.66	1.24	9.24	4.92	1.47
红壤	68	2.72	0.54	0.22	9.37	3.08	0.85	10.72	4.15	1.01
渗育水稻土	748	2.22	0.60	2.11	7.30	3.26	7.90	8.21	4.23	9.31
脱潜潴育水稻土	1412	3.39	0.67	5.72	9.46	3.61	18.45	10.30	4.66	21.13
潴育水稻土	1412	2.70	0.66	4.74	7.96	3.55	16.25	8.77	4.59	18.86

表层土壤碳储量为 $13.32×10^6$ t,最高为脱潜潴育水稻土,碳储量为 $5.72×10^6$ t,占表层 TC 储量的 42.94%;其次为潴育水稻土,碳储量为 $4.74×10^6$ t,占表层碳储量的 35.59%;最低为滨海盐土,碳储量为 $0.19×10^6$ t。表层土壤中整体碳储量从大到小的分布规律为脱潜潴育水稻土、潴育水稻土、渗育水稻土、潮土、红壤、滨海盐土。

中层土壤碳储量为 $45.41×10^6$ t,储量从大到小依次为脱潜潴育水稻土、潴育水稻土、渗育水稻土、潮土、红壤、滨海盐土。

深层土壤碳储量为 $52.61×10^6$ t,碳储量从大到小依次为脱潜潴育水稻土、潴育水稻土、渗育水稻土、潮土、红壤、滨海盐土。

嘉兴市深层、中层、表层土壤碳储量从大到小基本分布规律为脱潜潴育水稻土、潴育水稻土、渗育水稻土、潮土、红壤、滨海盐土。

整体来看,土壤中碳储量的分布主要与不同土壤类型中有机碳(TOC)密度、分布面积、人为耕种影响(水稻土长期农业耕种)等因素有关。

四、不同土壤母质类型土壤碳密度与碳储量分布

嘉兴市土壤母质类型主要为松散岩类(海相)沉积物、松散岩类(陆相)沉积物、中酸性火成岩类风化物。在分布面积上以松散岩类(海相)沉积物、松散岩类(陆相)沉积物为主,中酸性火成岩类风化物相对较少。

嘉兴市不同土壤母质类型土壤碳密度分布统计结果如表 5-6 所示。

表 5-6 嘉兴市不同土壤母质类型土壤碳密度统计表 单位:$10^3 t/km^2$

土壤母质类型	表层(0~0.2m)			中层(0~1.0m)			深层(0~1.2m)		
	TOC	TIC	TC	TOC	TIC	TC	TOC	TIC	TC
松散岩类(海相)沉积物	2.69	0.65	3.34	8.07	3.51	11.58	8.92	4.51	13.43
松散岩类(陆相)沉积物	3.73	0.67	4.40	10.26	3.72	13.98	11.16	4.92	16.08
中酸性火成岩类风化物	2.60	0.53	3.13	8.13	3.17	11.30	9.04	4.40	13.44

由表 5-5 中可以看出,TOC 密度在不同深度土壤中有异,TOC 密度在中层和深层土壤由高至低依次为松散岩类(陆相)沉积物、中酸性火成岩类风化物、松散岩类(海相)沉积物;在表层土壤由高至低依次为松散岩类(陆相)沉积物、中酸性火成岩类风化物、松散岩类(海相)沉积物。

TIC密度在深层、中层、表层土壤中完全相同,由高至低依次为松散岩类(陆相)沉积物、松散岩类(海相)沉积物、中酸性火成岩类风化物。

土壤TC密度在表层、中层土壤中由高至低依次为松散岩类(陆相)沉积物、松散岩类(海相)沉积物、中酸性火成岩类风化物;在深层土壤中由高至低依次为松散岩类(陆相)沉积物、中酸性火成岩类风化物、松散岩类(海相)沉积物。

嘉兴市不同土壤母质类型土壤碳储量统计结果如表5-7、表5-8所示。

表5-7 嘉兴市不同土壤母质类型土壤碳储量分类统计表(一)　　　　　　　　　　单位:10^6t

土壤母质类型	表层(0~0.2m)			中层(0~1.0m)			深层(0~1.2m)		
	TOC	TIC	TC	TOC	TIC	TC	TOC	TIC	TC
松散岩类(海相)沉积物	8.41	2.03	10.44	25.25	10.96	36.21	27.90	14.09	41.99
松散岩类(陆相)沉积物	2.31	0.41	2.72	6.36	2.30	8.66	6.89	3.04	9.93
中酸性火成岩类风化物	0.13	0.03	0.16	0.38	0.16	0.54	0.45	0.24	0.69

表5-8 嘉兴市不同土壤母质类型土壤碳储量统计表(二)

土壤母质类型	面积	表层(0~0.2m)SCR	中层(0~1.0m)SCR	深层(0~1.2m)SCR	深层碳储量全市占比
	km^2	10^6t	10^6t	10^6t	%
松散岩类(海相)沉积物	3136	10.44	36.21	41.99	79.81
松散岩类(陆相)沉积物	616	2.72	8.66	9.93	18.88
中酸性火成岩类风化物	44	0.16	0.54	0.69	1.31

全市碳储量以松散岩类(海相)沉积物,约占嘉兴市碳储量的79.81%,在不同深度的土体中,TOC、TIC、TC储量分布规律相同,由高到低依次为松散岩类(海相)沉积物、松散岩类(陆相)沉积物、中酸性火成岩类风化物。

五、不同土地利用现状条件土壤碳密度与碳储量

土地利用对土壤碳储量的空间分布有较大影响。周涛和史培军(2006)研究认为,土地利用方式的改变潜在地改变了土壤的理化性状,进而改变了不同生态系统中的初级生产力及相应土壤的有机碳输入(表5-9~表5-11)。

表5-9~表5-11为嘉兴市不同土地利用现状条件土壤碳密度及碳储量统计结果。

由表中可以看出,TOC密度在不同深度的土体中,由高到低总体上表现为建筑用地及其他用地、水田、林地、旱地、园地;TIC密度在表层和中层由高到低表现为建筑用地及其他用地、水田、林地、园地、旱地,深层由高到低表现为林地、建筑用地及其他用地、水田、旱地、园地;TC密度与TOC密度在不同深度的土体中总体表现相同,由高到低总体上表现为建筑用地及其他用地、水田、林地、旱地、园地;就碳储量而言,在嘉兴市不同深度土体中,TOC、TIC、TC储量均以水田、建筑用地及其他用地为主,二者碳储量之和占嘉兴市TC储量的81.24%,是全市主要的"碳储库"。

表5-9 嘉兴市不同土地利用现状条件土壤碳密度统计表　　　　　　　　　　　　　　　　单位：10^3 t/km²

土地利用类型	表层(0~0.2m)			中层(0~1.0m)			深层(0~1.2m)		
	TOC	TIC	TC	TOC	TIC	TC	TOC	TIC	TC
水田	2.92	0.66	3.58	8.50	3.54	12.04	9.34	4.55	13.89
旱地	2.67	0.59	3.26	8.21	3.33	11.54	9.23	4.48	13.71
园地	2.46	0.62	3.08	7.64	3.43	11.07	8.44	4.48	12.92
林地	2.75	0.63	3.38	8.16	3.52	11.68	9.02	4.68	13.70
建筑用地及其他用地	2.95	0.66	3.61	8.63	3.58	12.21	9.50	4.62	14.12

表5-10 嘉兴市不同土地利用现状条件土壤碳储量分类统计表(一)　　　　　　　　　　　单位：10^6 t

土地利用类型	表层(0~0.2m)			中层(0~1.0m)			深层(0~1.2m)		
	TOC	TIC	TC	TOC	TIC	TC	TOC	TIC	TC
水田	3.73	0.84	4.57	10.88	4.53	15.41	11.96	5.82	17.78
旱地	0.36	0.08	0.44	1.12	0.45	1.57	1.26	0.62	1.88
园地	1.21	0.31	1.52	3.76	1.69	5.45	4.15	2.20	6.35
林地	0.34	0.08	0.42	0.98	0.42	1.40	1.08	0.56	1.64
建筑用地及其他用地	5.21	1.16	6.37	15.25	6.33	21.58	16.79	8.17	24.96

表5-11 嘉兴市不同土地利用现状条件土壤碳储量统计表(二)

土地利用类型	面积	表层(0~0.2m)SCR	中层(0~1.0m)SCR	深层(0~1.2m)SCR	深层碳储量全市占比
	km²	10^6 t	10^6 t	10^6 t	%
水田	1280	4.57	15.41	17.78	33.80
旱地	136	0.44	1.57	1.88	3.57
园地	492	1.52	5.45	6.35	12.07
林地	120	0.41	1.40	1.64	3.12
建筑用地及其他用地	1768	6.37	21.58	24.96	47.44

第六章 结 语

土壤来自岩石,土壤中元素的组成和含量继承了岩石的地球化学特征。组成地壳的岩石具有原生不均匀性的分布特征,这种不均匀性决定了地壳不同部位地球化学元素的地域分异。在岩土体中,元素的绝对含量水平对于生态环境具有决定性作用。大量的研究表明,现代土壤中元素的含量与分布与成土作用、生物作用,土壤理化性状(土壤质地、土壤酸碱性、土壤有机质等)及人类活动关系密切。

20世纪70年代,地质工作者便开展了土壤元素背景值的调查,目的是通过对土壤元素地球化学背景的研究,发现存在于区域内的地球化学异常,进而为地质找矿指出方向。这一找矿方法成效显著,我国的勘查地球化学也因此得到快速发展,并在这一领域走在了世界的前列。随着分析测试技术的进步和社会经济发展的需要,自20世纪90年代,土壤背景值的调查研究按下了快进键,尤其是"浙江省土地质量地质调查行动计划"的实施,使背景值的调查精度和研究深度有了质的提升,嘉兴市土壤元素背景值研究就建立在这一基础之上。

土壤元素背景值,在自然资源评价、生态环境保护、土壤环境监测、土壤环境标准制定及土壤环境科学研究(如土壤环境容量、土壤环境生态效应等)等方面,都具有重要的科学价值。《嘉兴市土壤元素背景值》的出版,也是浙江省地质工作者为嘉兴市生态文明建设所做出的一份贡献。

主要参考文献

陈永宁,邢润华,贾十军,等,2014.合肥市土壤地球化学基准值与背景值及其应用研究[M].北京:地质出版社.

代杰瑞,庞绪贵,2019.山东省县(区)级土壤地球化学基准值与背景值[M].北京:海洋出版社.

黄春雷,林钟扬,魏迎春,等,2023.浙江省土壤元素背景值[M].武汉:中国地质大学出版社.

苗国文,马瑛,姬丙艳,等,2020.青海东部土壤地球化学背景值[M].武汉:中国地质大学出版社.

王学求,周建,徐善法,等,2016.全国地球化学基准网建立与土壤地球化学基准值特征[J].中国地质,43(5):1469-1480.

奚小环,杨忠芳,廖启林,等,2010.中国典型地区土壤碳储量研究[J].第四纪研究,30(3):573-583.

奚小环,杨忠芳,夏学齐,等,2009.基于多目标区域地球化学调查的中国土壤碳储量计算方法研究[J].地学前缘,16(1):194-205.

俞震豫,严学芝,魏孝孚,等,1994.浙江土壤[M].杭州:浙江科学技术出版社.

张伟,刘子宁,贾磊,等,2021.广东省韶关市土壤环境背景值[M].武汉:中国地质大学出版社.

周涛,史培军,2006.土地利用变化对中国土壤碳储量变化的间接影响[J].地球科学进展,21(2):138-143.